水力学

第2版

宮井善弘
木田輝彦
仲谷仁志
巻幡敏秋

共著

HYDRAULICS

森北出版株式会社

●本書のサポート情報を当社Webサイトに掲載する場合があります．下記のURLにアクセスし，サポートの案内をご覧ください．

https://www.morikita.co.jp/support/

●本書の内容に関するご質問は，森北出版 出版部「(書名を明記)」係宛に書面にて，もしくは下記のe-mailアドレスまでお願いします．なお，電話でのご質問には応じかねますので，あらかじめご了承ください．

editor@morikita.co.jp

●本書により得られた情報の使用から生じるいかなる損害についても，当社および本書の著者は責任を負わないものとします．

■本書に記載している製品名，商標および登録商標は，各権利者に帰属します．

■本書を無断で複写複製（電子化を含む）することは，著作権法上での例外を除き，禁じられています．複写される場合は，そのつど事前に(一社)出版者著作権管理機構（電話03-5244-5088, FAX03-5244-5089, e-mail：info@jcopy.or.jp）の許諾を得てください．また本書を代行業者等の第三者に依頼してスキャンやデジタル化することは，たとえ個人や家庭内での利用であっても一切認められておりません．

第 2 版のまえがき

　この改訂版では旧版の第 5 章にキャビテーションと水撃の節を加え，さらに第 8 章「流体のもつエネルギー」を追加した．また，旧版の 5.8 節「複合管路における流れ」は削除した．改訂版は代表著者である宮井の強い希望によりスタートしたものである．

　第 8 章は 2011 年 3 月 11 日の東日本大震災と福島の原子力発電所の事故にともない，津波と自然エネルギーが重要であるとの認識のもとに追加された．ただ，宮井は改訂版の完成を見ることなく死去したので，木田が引き継いで全体の取りまとめと第 5 章の追加項目を記載した．第 8 章は巻幡が主に担当した．第 7 章までの例題と図の変更は木田が担当した．追加した例題は本文を補足するものや理解の助けになるよう心掛けた．旧版の例題の一部は演習問題とした．上記の追加と例題，図の変更以外は，宮井の意図を尊重し最少の修正に留めた．本書の執筆にあたり，参考にさせていただいた書物・文献の著者，および資料をご提供いただいた植田芳昭氏（摂南大学）に対して，深甚な謝意を表する．

　著者等に熱心に協力いただいた森北出版の石田昇司氏に感謝の意を表すとともに，初校の見直しから校正，完成に至るまで支援いただいた上村紗帆様に感謝の意を表する．

　2014 年 9 月

著　者

まえがき

"水力学"は古くから発達した学問であるが，近年，工学の発展にともない水力学の応用範囲は，機械工学のうちにとどまらず，航空機・船・化学原料製造・土木などの水ばかりでなく空気や油などの流体を取り扱う工学分野にまで拡がっている．

本書は工学の基礎の一つである水力学を，大学・高等専門学校の学生や現場の技術者のために，できるだけ丁寧に解説したものであって，初等的な数学と物理学の知識さえあれば，本書の内容を理解できるよう記述することに努めた．

本書の執筆にあたって，とくに留意したことはつぎの通りである．

1. 現在我が国をはじめ各国においては，従来より使用されてきた単位（工学単位）を国際単位 (SI) に変えつつあるので，本書においては SI 単位で統一した．しかし現場においては工学単位を使用しているところが少なくないので，付録 III に工学単位と SI 単位との換算表を掲げて，両単位の換算を容易にした．

2. 流体の流動に関する複雑な物理現象を，止むを得ない場合を除いて，なるべく一次元理論によって平易に解説した．また文中に小さい活字の部分を設けてやや詳細に説明したが，この部分をあとまわしにして通読しても，全体をはあくできるようにした．さらに脚注を多く設けて理解を助けるようにした．

3. 水力学を実際の工学上の諸問題に応用するときに必要な種々の基礎資料や実験データを多く掲げ，必要とされる結果が容易に算出できるようにした．

4. 重要なことがらについて，本文中に随所に例題を挿入して本文の理解を助け，実際問題への応用に習熟できるように試みた．さらに各章末には問題を付して計算能力の向上を計った．

本書を草するにあたって，内外の先輩諸賢の著書や論文を参考にさせて頂いた．これらの方々に対し感謝申し上げると共に，筆のおそい著者らに熱心に協力していただいた森北出版の太田三郎氏・渡辺武巳氏らに感謝の意を表すしだいである．

1983 年 4 月

著　者

目　次

第 1 章　流体の性質 ・・ 1
　1.1　流体の力学 ・・・ 1
　1.2　流体の密度，比重，比体積 ・・・・・・・・・・・・・・・・・・・・・・・・・・・・・・・ 2
　1.3　流体の圧縮率 ・・ 5
　1.4　流体の粘性 ・・ 7
　1.5　表面張力 ・・・ 11
　　演習問題 ・・ 14

第 2 章　流体静力学 ・・・ 16
　2.1　静止流体の圧力 ・・ 16
　2.2　流体の圧力，密度と高さの関係 ・・・・・・・・・・・・・・・・・・・・・・・・・・ 18
　2.3　圧力の測定 ・・・ 21
　2.4　容器壁に及ぼす液体の力 ・・・・・・・・・・・・・・・・・・・・・・・・・・・・・・・・ 25
　2.5　浮力と浮揚体 ・・ 28
　　演習問題 ・・ 33

第 3 章　完全流体の流れの諸定理 ・・・・・・・・・・・・・・・・・・・・・・・・・・ 37
　3.1　完全流体の流れ ・・ 37
　3.2　一次元流れの連続の式 ・・・・・・・・・・・・・・・・・・・・・・・・・・・・・・・・・・ 39
　3.3　運動方程式 ・・・ 40
　3.4　ベルヌーイの式 ・・ 43
　3.5　ベルヌーイの式の応用 ・・・・・・・・・・・・・・・・・・・・・・・・・・・・・・・・・・・ 44
　3.6　回転座標系の運動方程式 ・・・・・・・・・・・・・・・・・・・・・・・・・・・・・・・・ 49
　3.7　運動量の法則 ・・ 51
　3.8　運動量の法則の応用 ・・・・・・・・・・・・・・・・・・・・・・・・・・・・・・・・・・・・・ 53
　3.9　角運動量の法則と物体のうけるトルク ・・・・・・・・・・・・・・・・・・ 58
　3.10　流体の回転運動 ・・ 59
　　演習問題 ・・ 67

第4章　粘性流体の流れと管摩擦　　71

- 4.1　層流と乱流　　71
- 4.2　管摩擦による圧力損失　　73
- 4.3　円管内の層流（ハーゲン–ポアズイユの法則）　　74
- 4.4　乱流の摩擦応力　　77
- 4.5　滑らかな管内の乱流速度分布　　79
- 4.6　粘性流体に対するベルヌーイの式の拡張　　84
- 4.7　管摩擦係数の実用公式　　86
- 4.8　円形断面以外の管の摩擦損失　　92
- 演習問題　　94

第5章　管路系の損失ヘッド　　96

- 5.1　水力勾配線およびエネルギー勾配線　　96
- 5.2　断面積の急変化にともなう損失ヘッド　　100
- 5.3　断面が漸次広がる場合の損失ヘッド　　106
- 5.4　曲がり管の損失ヘッド　　110
- 5.5　弁およびコックの損失ヘッド　　113
- 5.6　分岐管，合流管における損失ヘッド　　115
- 5.7　キャビテーション　　117
- 5.8　水　撃　　121
- 5.9　管路によって送られる流体動力　　125
- 演習問題　　127

第6章　水路の流れ　　131

- 6.1　水路（開きょ）　　131
- 6.2　一様な流れの平均速度公式　　133
- 6.3　常流と射流および限界水深　　137
- 6.4　一様でない定常流れと跳ね水　　140
- 演習問題　　144

第7章　物体の抵抗と揚力　　146

- 7.1　物体に作用する力　　146
- 7.2　境界層　　148
- 7.3　平板の摩擦抵抗　　150
- 7.4　圧力抵抗　　156

 7.5 翼および翼列 ・・・・・・・・・・・・・・・・・・・・・・ 162
 7.6 翼まわりの循環と揚力の発生 ・・・・・・・・・・・・・・ 167
 演習問題 ・・・・・・・・・・・・・・・・・・・・・・・・・・ 172

第8章 流体のもつエネルギー ・・・・・・・・・・・・・ 174
 8.1 エネルギーと効率 ・・・・・・・・・・・・・・・・・・・ 174
 8.2 水車と風車の理論 ・・・・・・・・・・・・・・・・・・・ 176
 8.3 波と波エネルギー ・・・・・・・・・・・・・・・・・・・ 186

付録Ⅰ 流量測定 ・・・・・・・・・・・・・・・・・・・・・・ 192
付録Ⅱ 次元解析と相似則 ・・・・・・・・・・・・・・・・・・ 198
付録Ⅲ 単　位 ・・・・・・・・・・・・・・・・・・・・・・・ 203
演習問題の解答 ・・・・・・・・・・・・・・・・・・・・・・・ 207
参考文献 ・・・・・・・・・・・・・・・・・・・・・・・・・・ 211
さくいん ・・・・・・・・・・・・・・・・・・・・・・・・・・ 213

第1章
流体の性質

水や空気を流体という．流体は固体と異なり自由に変形することができる．水をコップに入れるとコップの形状に変形するが，固体ではその形を変えない．この特性は流体の物性に関連する．また，液体と気体では違いがある．たとえば，これらを風船に閉じ込め周りから力を加えると，液体ではほとんど収縮しないが気体では収縮するし，液体は気体にくらべ粘りけがある．これも物性の違いである．このような流体のもつ物性について，この章でのべる．

1.1 流体の力学

一般に，物質の状態は，固体 (solid) と流体 (fluid) とに分類される．流体はさらに液体 (liquid) と気体 (gas) とに分けられる．物質を構成する分子の間隔や分子の運動しうる範囲は，気体では大きく液体では小さく，また固体では極端に小さい．それで分子間の凝集力 (cohesion) は固体では大きく，液体，気体の順に小さくなっている．したがって，固体はかたくてその形状を保っている．液体は自由に形を変えることができるが，その体積はほとんど変化しないので，容器の中にあっては自由表面をもっている．また，気体は自由表面をもたず限りなくひろがって，つねに容器内の全空間を充満する．このように，流体は微視的に考えれば流体分子の集まったものであるが，この本においては，流体を連続した物質として取り扱うことにする．

固体と流体との中間の性質をもつ物質があるので，固体と流体とを厳密に区別することは難しいが，一般につぎのような違いがある．固体にせん断力を加えるとせん断変形を生じるが，もしせん断力が弾性限界内にあれば，力と変形量とは比例し，力を取り去るともとの形に戻る（弾性がある）．これに対し，流体にせん断力が加わったときは，それがどんなに小さくても流体はゆっくりせん断変形していく．このとき，せん断の変形速度がほぼせん断力に比例し，変形の量（せん断ひずみ）には関係しない．変形速度がゼロになればせん断力も消失するので，流体はもとの形に戻らない．このような特性のため，流体はその形を自由に変えて流れることができる．

流体の平衡や運動を力学的に取り扱う学問を広義の**流体の力学** (fluid mechanics) といい，この中には**水力学** (hydraulics) と狭義の**流体力学** (fluid dynamics) とが含まれる．

また，水力学は静力学 (statics) または**静水力学** (hydrostatics) と，流動中の流体の状態を調べる動力学 (dynamics) または**動水力学** (hydrodynamics) とに分かれる．さらに水力学は，元来，水を取り扱った学問であるが，水以外の液体や気体にも適用できる．ただし，気体の場合には温度や圧力による密度の変化が大きいので，これらを考慮しなければならないことがある．いずれにせよ，水力学は実際的な観点に立って，実験結果などを取り入れて，流体による力やエネルギーをできるだけ簡潔に論じようとするものである．

流体力学は流体の運動をできるだけ数理的に考察を行う学問であって，実際の流れを厳密に表しうるが，数学的に難解な場合が多い．そこで，流体に粘性がなく縮まないなどの仮定を用いると数学的にかなり容易に解が得られるが，実際の流れと縁遠いものになることもある[*1]．1900 年代になって，粘性のある流体運動を比較的簡単に取り扱うことができる境界層理論などが発達し，その結果が実際問題にも利用されるようになった．そのため今日では，水力学と流体力学とはその差が明確さを欠くようになったが，水力学は多分に実験を加味して取り扱っているのが特徴である．

1.2 流体の密度，比重，比体積

流体を連続体と見なしたとき，その単位体積あたりの質量 (mass) を**密度** (density) といい，これを ρ で表す．密度の単位は**国際単位系 SI** [Systéme International d'Unites (International System of Units)] では $\mathrm{kg/m^3}$ である．

標準気圧，$101.3\,\mathrm{kPa}$（キロパスカル）[*2] における乾燥した空気は 15℃ において
$$\rho = 1.226\,\mathrm{kg/m^3}$$
である．また，4℃ の純粋の水の密度は
$$\rho = 1000\,\mathrm{kg/m^3}$$
である．表 1.1 に標準気圧における水の性質を示す．

流体の密度 ρ と標準気圧で 4℃ の水の密度 ρ_w との比を**比重** (specific weight) s という．
$$s = \frac{\rho}{\rho_\mathrm{w}} \tag{1.1}$$
たとえば，標準気圧で 0℃ の水銀の比重 s はほぼ 13.6 であるので，その密度は，$\rho = s\rho_\mathrm{w}$ より $13.6 \times 10^3\,\mathrm{kg/m^3}$ となる．各種の液体の比重を表 1.2 に示す．

[*1] 粘性がなく，縮まない流体中を等速運動する物体には抵抗が作用しない，というような結果がでる．これを**ダランベールの背理** (d'Alembert paradox) という．

[*2] $1\,\mathrm{kPa} = 1000\,\mathrm{Pa}$，$1\,\mathrm{Pa} = 1\,\mathrm{N/m^2} = 1\,\mathrm{kg/(m \cdot s^2)}$．なお，標準気圧については式 (2.6) を参照．

表1.1 101.3 kPa における水の性質

温度 °C	密度 ρ [kg/m^3]	動粘度 ν [mm^2/s]	体積弾性係数 K [kPa]
0	999.8	1.792	1.98×10^6
5	1000.0	1.520	2.05×10^6
10	999.7	1.307	2.10×10^6
15	999.1	1.139	2.15×10^6
20	998.2	1.004	2.17×10^6
25	997.1	0.893	2.22×10^6
30	995.7	0.801	2.25×10^6
40	992.2	0.658	2.28×10^6
50	988.1	0.554	2.29×10^6
60	983.2	0.475	2.28×10^6
70	977.8	0.413	2.25×10^6
80	971.8	0.365	2.20×10^6
90	965.3	0.326	2.14×10^6
100	958.4	0.295	2.07×10^6

表1.2 101.3 kPa における比重（4°C の水を基準とした値）[27]

液体	温度 [°C]	比重	液体	温度 [°C]	比重
アセトン	15	0.790	ブタン（ノルマル）	−0.5	0.601
ガソリン	15	0.66〜0.75	四塩化炭素	10	1.614
原油	15	0.7〜1.0	〃	15	1.604
コールタール	15	1.2	〃	20	1.594
ひまし油	15	0.97	四クロルエタン	10	1.620
オリーブ油	15	0.92	〃	15	1.612
綿実油	15	0.93	〃	20	1.604
エチルアルコール100%	15	0.794	海水	15	1.01〜1.05
90%	15	0.822	グリセリン	15	1.264
80%	15	0.848	〃	20	1.261
メチルアルコール100%	15	0.796	ベンゾール	15	0.884
90%	15	0.825	〃	20	0.879
80%	15	0.851	水銀	0	13.595
純硫酸	20	1.831	〃	10	13.571
純硝酸	20	1.513	〃	15	13.559
純酢酸	20	1.049	〃	20	13.546

図表の表題についた上付き数字[27] は，巻末に示す参考文献の番号を示す（以下同じ）．

つぎに，流体の単位質量あたりの体積を**比体積** (specific volume) といい，これを v で表す．v は密度の逆数である．

$$v = \frac{1}{\rho} \tag{1.2}$$

気体は圧縮されやすい流体であって，圧力や温度によってその体積は著しく変化する．空気やその他の気体が液化される状態から十分はなれていれば，これらは**完全気体** (perfect gas) と見なすことができ，完全気体の**状態方程式** (equation of state)

$$pv = RT, \qquad \frac{p}{\rho} = RT \tag{1.3}$$

が成り立つ．ここに，p は圧力，R は**気体定数** (gas constant)，T は**絶対温度** (absolute temperature) である．R の値は気体の種類によって異なる．これを表1.3に示す．圧力 p および温度 T がそれぞれ等しい2種類の気体があり，それらの密度および気体定数を，それぞれ ρ_1, ρ_2; R_1, R_2 とすると，$p/\rho_1 = R_1/T$, $p/\rho_2 = R_2 T$ と書けるから，この2式の両辺を互いに割ると

$$\frac{\rho_2}{\rho_1} = \frac{R_1}{R_2}$$

となる．**アボガドロの法則**[*1] (Avogadro's principle) によれば，上の2種類の気体の密度 ρ_1, ρ_2 はそれぞれの分子量 m_1, m_2 に比例するから $\rho_2/\rho_1 = m_2/m_1$ となり，結局

$$m_1 R_1 = m_2 R_2$$

となる．すなわち，分子量 m と R との積は，すべての完全気体に対して一定の値となる．これを**普遍気体定数** (universal gas constant) といい，$\mathfrak{R}$ で示す．

表1.3 101.3 kPa, 20℃における各種気体の性質

気体	分子記号	分子量 m	気体定数 R J/(kg·K) = m²/(s²·K)	断熱指数 $\gamma = c_p/c_v$
乾き空気		28.96	287	1.40
酸素	O_2	32.00	260	1.40
窒素	N_2	28.01	296	1.40
炭酸ガス	CO_2	44.01	189	1.30
一酸化炭素	CO	28.01	297	1.40
水素	H_2	2.02	4124	1.41
ヘリウム	He	4.00	2077	1.67
メタン	CH_4	16.04	518	1.31
水蒸気（100℃ 標準気圧）	H_2O	18.02	462	1.33

[*1] アボガドロの法則：同じ圧力，温度の気体の単位体積中に含まれる分子の数は同じである．

$$\mathfrak{R} = mR = 8313\,\mathrm{J/(kg \cdot mol \cdot K)} \tag{1.4}^{*1}$$

完全気体はその温度が一定のとき，式 (1.3) よりわかるように，$pv = $ 一定または $p/\rho = $ 一定に従って圧力と密度が変化する．これを**等温変化** (isothermal change) における**ボイルの法則** (Boyle's law) という．

つぎに，気体と外界との間に熱の授受なしに可逆的に膨張または圧縮される場合には，もはや温度は一定でなくて膨張のときには温度は下がり，逆に圧縮のときには上昇する．これを**等エントロピー変化** (isentropic change) あるいは**可逆断熱変化** (reversible adiabatic change) とよび，

$$pv^\gamma = \text{一定}, \qquad \frac{p}{\rho^\gamma} = \text{一定} \tag{1.5}$$

の関係が成り立つ．ここに，γ は定圧比熱 c_p と定積比熱 c_v との比で断熱指数といわれ，O_2 や N_2 などの 2 原子気体や空気では $\gamma = 1.4$ である．

例題 1.1 温度 100°C，標準気圧 ($p = 101.3\,\mathrm{kPa}$) における炭酸ガス (CO_2) の密度および比体積を求めよ．

解 炭素 (C) の原子量は 12，酸素 (O) の原子量は 16 より，炭酸ガス 1 モルの分子量 m は $m = 44\,[1/\mathrm{mol}]$．よって，炭酸ガスの気体定数 R は，式 (1.4) より

$$R = \frac{\mathfrak{R}}{m} = \frac{8313\,\mathrm{J/(kg \cdot mol \cdot K)}}{44\,[1/\mathrm{mol}]} = 189\,\mathrm{J/(kg \cdot K)}$$

となる（表 1.3 のうちの完全気体の気体定数は，上のようにして求められる）．したがって，炭酸ガスの密度 ρ は，式 (1.3) よりつぎのようになる．

$$\rho = \frac{p}{RT} = \frac{101.3 \times 10^3\,\mathrm{Pa}}{189\,\mathrm{J/(kg \cdot K)} \times (273 + 100)\,\mathrm{K}} = 1.44\,\mathrm{kg/m^3} \quad \text{(答)}^{*2}$$

比体積 v は，式 (1.2) よりつぎのようになる．

$$v = \frac{1}{\rho} = \frac{1}{1.44\,\mathrm{kg/m^3}} = 0.694\,\mathrm{m^3/kg} \quad \text{(答)}$$

1.3 流体の圧縮率

気体は圧力変化に応じてその占める体積が容易に変化するのに対して，液体では圧力を相当大きく変えてもその体積はあまり変化しない．したがって，液体は通常，縮まない流体または**非圧縮性流体** (incompressible fluid) と考えても，ほとんど誤差を生

---

*1 $1\,\mathrm{J} = 1\,\mathrm{N \cdot m} = 1\,\mathrm{kg \cdot m^2/s^2}$．なお，実在の気体では $\mathfrak{R}$ の値は厳密には一定でなく，気体の種類によってわずかずつ異なる．

*2 $1\dfrac{\mathrm{Pa}}{\mathrm{J/kg}} = 1\dfrac{\mathrm{Pa \cdot kg}}{\mathrm{J}} = 1\dfrac{\mathrm{kg^2/(m \cdot s^2)}}{\mathrm{kg \cdot m^2/s^2}} = 1\dfrac{\mathrm{kg}}{\mathrm{m^3}}$

じない.しかし,圧力の変動が急激でかつ大きくて,水撃作用 (water hammering)[*1]
のような現象を生じるときは,圧縮性を考慮しなければならない.

いま,体積 V の流体に作用する圧力を微小量 Δp だけ強めたとき,流体の体積減少
を $-\Delta V$(体積の増加を正)とする.このとき,単位体積あたりの体積減少 $-\Delta V/V$
と Δp との比をこの流体の**圧縮率** (compressibility) β という.

$$\left.\begin{aligned}\beta &= -\frac{1}{V}\frac{\Delta V}{\Delta p} = -\frac{1}{v}\frac{\Delta v}{\Delta p} \\ \text{あるいは}\quad \beta &= \lim_{\Delta p \to 0}\left(-\frac{1}{V}\frac{\Delta V}{\Delta p}\right) = -\frac{1}{V}\frac{\mathrm{d}V}{\mathrm{d}p} = -\frac{1}{v}\frac{\mathrm{d}v}{\mathrm{d}p}\end{aligned}\right\} \quad (1.6)$$

ここに,v は比体積である.β の単位は,上式よりわかるように,圧力 p の逆数と同
じで $\mathrm{m^2/N}$ あるいは $\mathrm{1/Pa}$ である.

さまざまな液体の β の値を表 1.4 に示す.この表よりわかるように,液体の圧縮率
β は極めて小さいので,圧力による体積変化は無視されることが多いが,固体にくら
べると大きく,たとえば,水は軟鋼にくらべて約 80〜100 倍も圧縮されやすい.

表 1.4 各種液体の圧縮率 β [16]

液 体	温 度 [℃]	圧 力 [kPa]	β [$\mathrm{m^2/N}$]
海水	10	$101.3 \sim 1.5 \times 10^4$	4.5×10^{-10}
5% 食塩水	25	$101.3 \sim 4.9 \times 10^4$	3.8×10^{-10}
水銀	20	$101.3 \sim 9.8 \times 10^3$	0.40×10^{-10}
エタノール	20	$101.3 \sim 4.9 \times 10^4$	8.3×10^{-10}
グリセリン	14.8	$101.3 \sim 9.8 \times 10^2$	2.3×10^{-10}
オリーブ油	20	$101.3 \sim 9.8 \times 10^2$	6.1×10^{-10}

流体の**体積弾性係数** (bulk modulus) K は圧縮率 β の逆数で与えられる.

$$K = \frac{1}{\beta} = -v\frac{\mathrm{d}p}{\mathrm{d}v} \quad (1.7)$$

水の体積弾性係数 K は,圧力が大きくなるのにともないわずかながら単調に増加する
が,温度に対しては約 50℃ のときが最大で,それより高くなっても低くなっても減少
する.表 1.1 に水の K の値を示してある.

例題 1.2 温度 10℃,体積 $1\,\mathrm{m^3}$ の海水がある.これに圧力 $7\,\mathrm{MPa}$ を加えたときの
体積を求めよ.

解 表 1.4 より,海水の圧縮率は $\beta = 4.5 \times 10^{-10}\,\mathrm{m^2/N}$.よって,海水の体積の増加 ΔV
は,式 (1.6) より

[*1] 5.8 節参照.

$$\Delta V = -\beta V\, \Delta p$$
$$= -4.5 \times 10^{-10}\,\mathrm{m^2/N} \times 1\,\mathrm{m^3} \times 7 \times 10^6\,\mathrm{Pa}$$
$$= -0.00315\,\mathrm{m^3}$$

となる．ゆえに，求める体積 V' はつぎのようになる．
$$V' = V + \Delta V = 1\,\mathrm{m^3} - 0.00315\,\mathrm{m^3}$$
$$= 0.997\,\mathrm{m^3} \qquad\qquad\text{(答)}$$

1.4 流体の粘性

粘性は流体がせん断変形をうけるとき，これに抵抗する性質である．たとえば，水あめのようなものはこの性質が強く，水や空気はこれが小さい．しかし，同じ水あめであっても早く変形させたいときは，大きな力が必要であって，弾性体の場合と異なりその変形量には無関係である．

図 1.1 のように，狭い隙間 h の 2 枚の平板の間に流体が満たされている場合を考える．平板の大きさは隙間 h にくらべて十分に大きく，板の両端の影響は無視できるものとする．下の平板を固定し上の平板を一定速度 U で動かす場合を考えると，上下の板に接触している流体は平板との境界ですべりを生じないので，隙間内の流体の速度は，下の平板上のゼロから上の平板の速度である U まで直線的に変化する．すなわち，図 1.1 の流体 ABCD はせん断変形して，単位時間後に A$'$BCD$'$ となる．

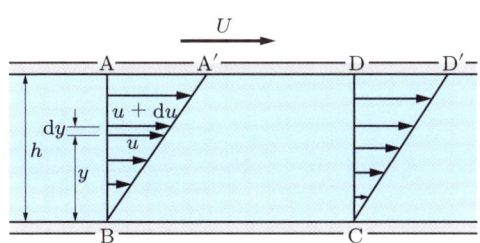

図 1.1 流体の摩擦力

平板を動かすために要する力は，速度 U および平板の面積 A に比例し，高さ h に反比例する．比例の定数を μ とすると，
$$F = \frac{\mu A U}{h}$$
となる．ここに，U/h は単位時間あたりのせん断変形（＝せん断の変形速度）を表す[*1]．また，U/h は図 1.1 より明らかなように du/dy に等しい．したがって，平板の単位面

[*1] 例題 3.7 で示すが，この流れは回転とひずみ流れの和として表される．

積あたりの摩擦力すなわち**せん断応力** (shearing stress) を τ とすると，

$$\tau = \frac{F}{A} = \mu \frac{du}{dy} \tag{1.8}$$

となる．

式 (1.8) は板の表面ばかりでなく，流れの内部に速度勾配 du/dy がある場合にも適用される．いま，図 1.2 のように，広い領域の中で壁面に沿う層状の流れを考えると，速度は壁面より離れるのに従って大きくなる．すなわち，速度分布が一様でなく速度勾配が存在する．このとき，壁面より y の距離にある流体中に流れに平行な面を考えると，この面に作用するせん断応力は $\tau = \mu \, du/dy$ となる．このせん断応力は，y より上の流体は下の流体を増速するように，また，下の流体は上の流体を減速するように作用する．

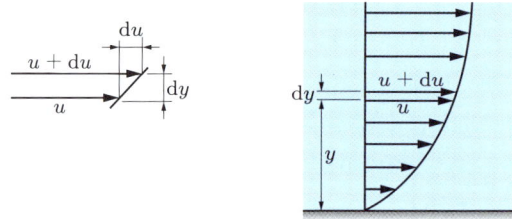

図 1.2　速度勾配とせん断応力

式 (1.8) を**ニュートンの粘性法則** (Newton's law of viscosity) といい，この式に従う流体を**ニュートン流体** (Newtonian fluid) という．また，比例定数 μ を**粘度** (viscosity) または**粘性係数** (coefficient of viscosity) という．

μ の単位は

$$[\mu] = \frac{[\tau][y]}{[u]} = \frac{(N/m^2)m}{m/s} = \frac{N}{m^2}s = Pa \cdot s$$

である．

つぎに，流体の運動を取り扱うとき，μ を ρ で割った

$$\nu = \frac{\mu}{\rho} \tag{1.9}$$

を用いると便利な場合が多い．この ν を**動粘度** (kinematic viscosity) または**動粘性係数** (coefficient of kinematic viscosity) という．

ν の単位は

$$[\nu] = \frac{Pa \cdot s}{kg/m^3} = \frac{kg \cdot m}{s^2} \frac{1}{m^2} s \frac{m^3}{kg} = \frac{m^2}{s}$$

である．

図1.3に各種流体の μ の値を示す．また，図1.4には ν の値を示してある．図1.3よりわかるように，粘度は温度により変化する．液体の粘度はその分子の凝集力により大きく影響される．この凝集力は互いに近接した分子をある定まった位置に保とうとし，分子の相対運動に対して抵抗を示すものである．この力は温度の上昇にともない急激に減少するので，液体の粘度は温度上昇により急激に低下する．

一方，気体においては凝集力が非常に小さく，温度上昇により分子の運動が盛んに

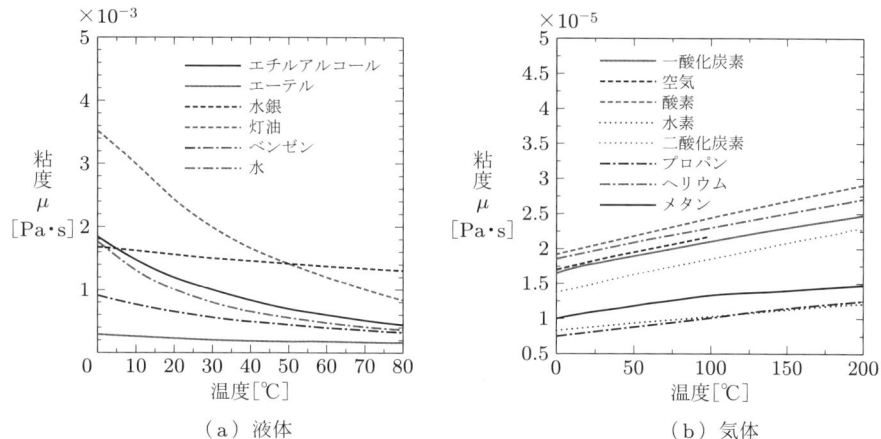

(a) 液体　　　　　　　　　　　(b) 気体

図1.3　各種流体の粘度

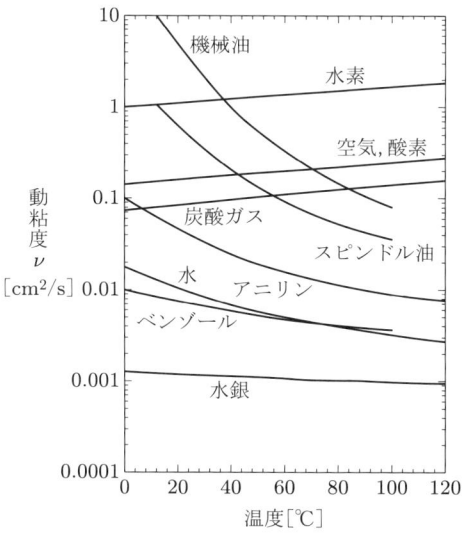

図1.4　各種流体の動粘度[23]

なる．その結果，すべり運動している2層間に互いに突入する分子の数が増加し，これが層内の分子と衝突するためすべり運動を妨げるように作用し，温度上昇によってかえって粘度が増加する[*1]．

実在の流体の大部分は式 (1.8) の粘性法則に従うニュートン流体であるが，この法則に従わない流体を**非ニュートン流体** (non-Newtonian fluid) という．

せん断応力 τ と速度勾配 du/dy (=せん断の変形速度) との関係を流動曲線というが，これを示すと図 1.5 のようになる．ニュートン流体は原点を通る傾斜 μ の直線となるが，非ニュートン流体ではさまざまな曲線となる．すなわち，粘土泥しょうやアスファルトは**ビンガム流体** (Bingham fluid)，高分子水溶液やガラスの融液などは**擬塑性流体** (pseudo-plastic fluid)，またデンプンに水を加えたもの，適当な配合の砂と水の混合物などは**ダイラタント流体** (dilatant fluid) に属している．このように，物質の変形と流動に関してくわしく調べる学問を**レオロジー** (rheology) という．

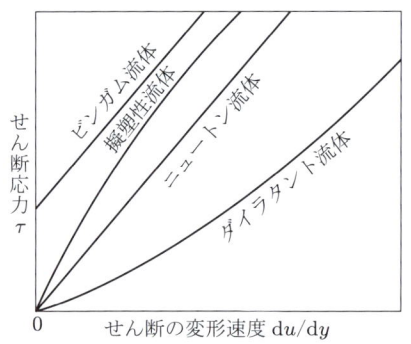

図 1.5 流動曲線[16]

> **例題 1.3** 液体の粘度を測定する方法の原理の一つが図 1.6 である．円筒状ケースに隙間を一定に保った円筒があり，その上部はピアノ線で支持されている．円筒状ケース内に測定する液体が満たされ，円筒状ケースを回転台の上に載せ回転角速度 ω で回転させる．内部の円筒は上からピアノ線で吊され，このピアノ線にかかるトルク T を測定する．円筒状ケース内の液体の粘度を μ，内部円筒の直径を D，液体の高さを H とする．回転する円筒と円筒状ケースとの隙間を h，底面の隙間を a とし，いずれも非常に小さい

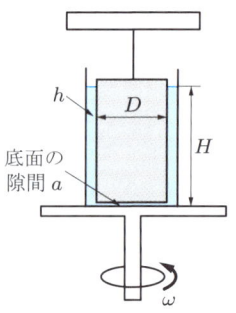

図 1.6 例題 1.3 の図

[*1] μ は [水]>[空気] であるが，ν は [空気]>[水] である．

とする．このとき，粘度（粘性係数）はどのような式で求められるか（トルクとは，軸中心まわりのモーメントのことである）．

解 円筒状ケースの回転角速度 ω より，その周速度は $\{h+(1/2)D\}\omega$ となる．内部の円筒は回転しないので，その周速度はゼロである．隙間 h が小さいので隙間の流体の速度分布は直線となり，せん断応力は $\tau = \mu((D+2h)/2h)\omega$ である．円筒の表面積は πDH であるので，接線方向の力は $F = \pi DH\tau = \mu\pi((D+2h)/2h)DH\omega$ となる．したがって，円筒表面からうけるトルク T_s は

$$T_s = F \times \frac{D}{2} = \mu\pi \frac{D(D+2h)}{4h} DH\omega$$

となる．つぎに，内部円筒の底面からうけるトルクを求めよう．円筒底面の中心から半径 r では，外部の円筒状ケースの速度は $r\omega$ で，その隙間は a である．隙間が小さいので流体の流速分布は直線で，せん断応力 τ は $\tau = \mu(r/a)\omega$ となる．よって，半径方向微小幅 dr の円環のうけるトルク dT は，$dT = r \times 2\pi r \, dr \cdot \tau = 2\pi\mu(r^3/a)\omega \, dr$ である．したがって，底面からうけるトルク T_b は

$$T_b = \int_0^{D/2} dT = 2\pi\mu\omega \int_0^{D/2} \frac{r^3}{a} dr = \mu\frac{\pi}{32}\frac{D^4}{a}\omega$$

となる．よって，ピアノ線のうけるトルク T は，$T = T_s + T_b$ であり，まとめるとつぎのようになる．

$$T = \mu\pi\omega D^3 \left\{ \left(1 + \frac{2h}{D}\right)\frac{H}{4h} + \frac{D}{32a} \right\} \tag{答}$$

このように，トルクは回転角速度と粘度に比例するので，$T = \mu\omega C$ と表される．粘度が既知の液体の回転角速度とトルクの関係を測定しておけば C が定まり，測定したい液体の粘度は容易に測定できることになる．

1.5　表面張力

　液体の内部では，分子の凝集力によって分子は互いに引張られて釣合いを保っているが，液体の表面では，この凝集力は液体内部に向かって作用するため液体の表面積は小さくなろうとし，その表面に薄いゴム膜を張ったような状態になっている．

　液体の表面上に図 1.7 のように曲線 s の微小要素 ds を考える．液体の表面はつねに収縮しようとしているので，この面に接し ds に直角方向に力 dF がはたらき，**表面張力** (surface tension) σ はつぎのように表される．

$$\sigma = \frac{dF}{ds}$$

すなわち，σ は液体表面の切り口の単位長さあたりの引張力で，その単位は N/m である．一般に，表面張力は，液体の温度の上昇にともなって減少し，また液体の表面が接触している流体の種類によって変化する．その値の例を表 1.5 に示す．

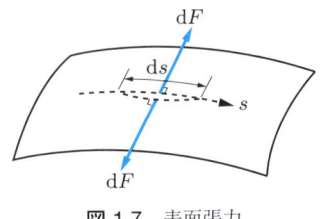

図 1.7 表面張力

表 1.5 各種液体の表面張力 (20℃)

液体と（接触流体）	表面張力 σ [N/m]
水と（空気）	0.0728
水銀と（真空）	0.472
水銀と（空気）	0.476
エチルアルコールと（空気）	0.0223
スピンドル油と（空気）	0.0311

球状の液滴の場合には，その表面張力によって球が縮まろうとするから，球の内部の圧力 p_i は外部の圧力 p_o よりも高い．いま，球の半径を r とすると，液滴内外の圧力差は，その半球部の力の釣合い（図 1.8 参照）よりつぎのようになる．

$$2\pi r \sigma = (p_i - p_o)\pi r^2$$

$$\therefore \quad p_i - p_o = \frac{2\sigma}{r} \tag{1.10}$$

これは液体の中に小さな気泡のある場合も同様である．

図 1.8 液滴にはたらく圧力差と表面張力

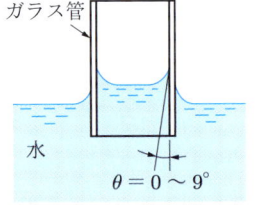
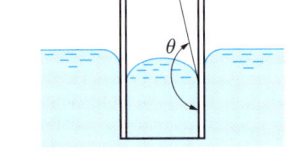

図 1.9 毛管現象

液体中に細い管を立てると，管内の液面は外部の液面より高くなる場合と，低くなる場合とがある．これは，液体の凝集力と管壁への付着力との相互作用によって異なり，付着力が凝集力より大きいときは液面は高くなり，逆のときは低くなる．この現象を**毛管現象** (capillarity) という．また，図 1.9 に示すように，液面と管表面のなす角（液体の内部で測る）θ を**接触角** (angle of contact) という．表 1.6 にガラス面に対する各種液体の接触角の値を示す．

空気に接している密度 ρ の液体中に，図 1.10 のように管の半径 r_o の細い管を鉛直に立てたとき，接触角 θ が 90°より小さい場合は液体が管の中を昇る．このとき，管内

表 1.6 ガラス面と液体との間の接触角 θ

液 体	エチルアルコール	ベンゾール	水	エーテル	水　銀
$\theta°$	0	0	0〜9	16	130〜150

の液面が上向きに凹で半径 r の球面になっていると仮定すると $r = r_\mathrm{o}/\cos\theta$ となるので,表面張力のため,液面における液体の圧力 p_w は液面上の空気の圧力 p_o より低くなり,その差は式 (1.10) より $\varDelta p = p_\mathrm{o} - p_\mathrm{w} = 2\sigma/r$ である.この圧力差により管内の液体を吸い上げる力は $\pi r_\mathrm{o}^2 \varDelta p = \pi r_\mathrm{o}^2 2\sigma/r = 2\pi r_\mathrm{o}\sigma\cos\theta$ となる.この値は力の釣合いにより,管内の液体の重量 $\rho g h \pi r_\mathrm{o}^2$ に等しい.

$$2\pi r_\mathrm{o}\sigma\cos\theta = \rho g h \pi r_\mathrm{o}^2$$

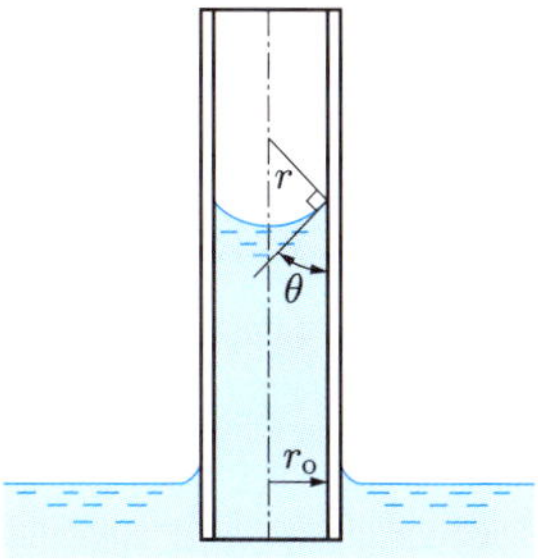

図 1.10 細い管と毛管現象（液面が球面となる）

ここに,h は管内の液面の平均の高さである.これより,

$$h = \frac{2\sigma\cos\theta}{\rho g r_\mathrm{o}} \tag{1.11}$$

が得られる.

液体が水の場合で,接触角を $\theta = 0$ とすると,水面の上昇は

$$h = \frac{2\sigma}{\rho g r_\mathrm{o}}$$

で与えられる.この式は,$r_\mathrm{o} < 2.5\,\mathrm{mm}$ くらいの細いガラス管でその内面が非常に清潔であれば,実際とよく一致するが,管の内径が大きくなったり内面があまり清潔でなかったりするときは,水面の上昇はこの式より相当小さい値となる.

例題 1.4 ゴミや空気泡を含まない純粋な水から水蒸気を発生する場合,発泡は液体中にできた分子欠陥が発泡の核になると考えられている.もし,純粋な水のある場所で 1 分子だけ欠落し,そこが核となるとすると,核の内外の圧力差はどの程度の大きさか.ただし,分子欠陥による核は球形とし,その半径は分子間距離の半分程度で $R = 10^{-8}\,\mathrm{cm}$ とする.

解 式 (1.10) を用いて計算すればよい.気泡の内外の圧力差はつぎのようになる.

$$p_\mathrm{i} - p_\mathrm{o} = \frac{2\sigma}{R} = \frac{2 \times 0.0728\,\mathrm{N/m}}{10^{-8}/100\,\mathrm{m}} = 0.1456 \times 10^{10}\,\mathrm{N/m^2} = 1.456\,\mathrm{GPa}$$

水道水には空気泡やゴミが含まれているので,このような引張力がなくても発泡する.

(答)

演習問題

問題 1.1 原油 1 バレルの重量が 1.34 kN であるとき，この原油の密度，比重および比体積を求めよ．ただし，1 バレル = 159 L，$g = 9.80665\,\mathrm{m/s^2}$ である．

問題 1.2 体積 $0.5\,\mathrm{m^3}$，圧力 101.3 kPa の気体が，等エントロピー的に圧縮され，体積 $0.185\,\mathrm{m^3}$，圧力 405.2 kPa になった．このとき，この気体の断熱指数 $\gamma\,(= c_p/c_v)$ を求めよ．

問題 1.3 温度 20°C，圧力 101.3 kPa の乾き空気の密度，比重および比体積を求めよ．

問題 1.4 温度 20°C，圧力 101.3 kPa の空気が，等エントロピー的に圧縮され，体積が 50% に減少した．このときの圧力と温度を求めよ．

問題 1.5 ある液体に 5.4 MPa の圧力を加えると，その体積が 0.25% 減少した．このときの液体の体積弾性係数および圧縮率を求めよ．

問題 1.6 圧力 204 kPa の酸素 $5\,\mathrm{m^3}$ が，等温的に $1\,\mathrm{m^3}$ まで圧縮されたときの圧力を求めよ．また，圧縮の始めと終わりでの体積弾性係数を求めよ．

問題 1.7 速度分布が図 1.11 のような二次曲線であるとき，壁からの距離 $y = 0, 0.5, 1.0\,\mathrm{m}$ における速度勾配とせん断応力をそれぞれ求めよ．ただし，流体の粘度 μ は $1.5\,\mathrm{Pa\cdot s}$ とする．

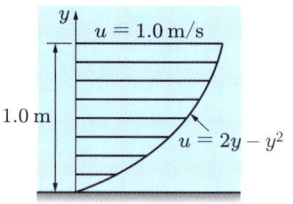

図 1.11　問題 1.7 の図

問題 1.8 図 1.12 に示すように，軸受の長さを l，軸の直径を d，隙間を h とする．この隙間に粘度 μ の油が満たされているとき，毎分回転数 n と摩擦によって失われる損失馬力 L との関係を求めよ．また，$l = 1\,\mathrm{m}$，$d = 35\,\mathrm{cm}\,(= 0.35\,\mathrm{m})$，$h = 0.25\,\mathrm{mm}\,(= 0.00025\,\mathrm{m})$，$\mu = 0.72\,\mathrm{Pa\cdot s}$ のとき，$n = 24, 240, 2400$ に対する L をそれぞれ求めよ．ただし，隙間は一定とし，軸受両端の影響は無視する．

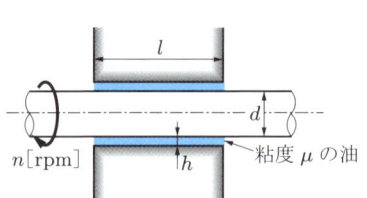 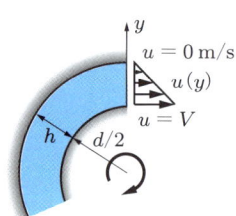

図 1.12　問題 1.8 の図

問題 1.9 図 1.13 に示すような斜面上を幅 1 m，長さ 2 m，重量 300 N の板が，液体膜の上をすべり降りているとする．板の速度 V が，一定の 0.2 m/s になったとき，液体膜の厚さは 1.5 mm であった．この液体の粘度 μ を求めよ．

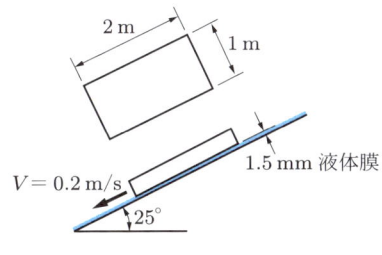

図 1.13　問題 1.9 の図

問題 1.10 二つの平行壁面の間隔は 0.06 m で，その中央に極めて薄く大きな平板がおかれ，その平板の両面に粘度の異なる液体が接している．いま，一方の液体の粘度は，他方の液体の粘度の 2 倍であり，平板が 3 m/s の速度で両壁面に対して平行に引かれたとき，板の両面に作用するせん断応力の和は 30 Pa であった．このとき，それぞれの液体の粘度を求めよ．ただし，速度勾配は直線的である．

問題 1.11 図 1.14 に示すように，微小距離 h だけ離れて向かい合った直径 d の 2 枚の平行円板の隙間に粘度 μ の液体を満たし，駆動軸を毎分回転数 n_1，トルク T で回転させると，他方の円板は毎分 n_2 で回転する．このとき，毎分の回転数の差 $(n_1 - n_2)$ を T，μ，d および h で示せ．

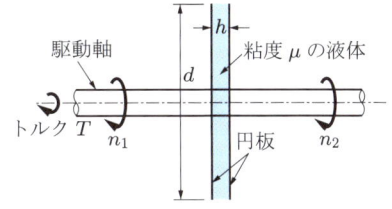

図 1.14　問題 1.11 の図

問題 1.12 細い針金でつくられた直径 30 mm の輪が，温度 20°C の水面に浮かんでいる．この輪を水面より引き上げるために必要な力を求めよ．ただし，輪の重量は無視する．

問題 1.13 温度 20°C の水滴の内部の圧力を外部の圧力より 1.0 kPa 高く保つには，この水滴の半径をいくらにすればよいか．水滴の形状を球とする．

問題 1.14 図 1.10 に示すように，温度 20°C の水に管の内径 1.0 mm の細いガラス管が鉛直に立てられているとき，毛管現象によって管内を上昇する水の平均高さを求めよ．ただし，水とガラスの接触角を 5° とする．

第2章
流体静力学

容器に入れられた静止状態にある流体は，その容器に力を及ぼす．ペットボトルに水を一杯に入れ，その口を紙のようなもので押さえてひっくり返し，紙の蓋をゆっくりと取り去ると，ペットボトルの中の水は流出しない．この現象は，単位面積あたりのその面に垂直に及ぼす力，すなわち圧力によって説明できる．この章では圧力の概念を明らかにし，圧力に起因するパスカルの原理や浮力といったいろいろな現象について説明する．

2.1 静止流体の圧力

静止状態にある流体では，それに接する面または流体中に仮想した面にはたらく流体の力は，それらの面に垂直な力だけである．この単位面積あたりの流体の互いに押しあう力を流体の**圧力** (pressure) という．

面積 A の平板にはたらく流体の力がその場所によって異なっていても，その合計が F の場合には，F を**全圧力** (total pressure) といい，

$$\bar{p} = \frac{F}{A} \tag{2.1}$$

を面積 A にはたらく流体の**平均圧力** (mean pressure) という．任意の点を含む微小面積 ΔA にはたらく流体力が ΔF の場合，

$$p = \lim_{\Delta A \to 0} \frac{\Delta F}{\Delta A} \tag{2.2}$$

をその点における流体の圧力という．圧力の単位は，SI では N/m^2 であり，これを Pa（パスカル，Pascal）という．このほかあとでのべるように，水柱何メートル，水銀柱何ミリメートルなども，圧力を表すものとして用いられる．

静止している流体中の任意の1点における圧力は，方向に無関係である．これを証明するため，図2.1のように，流体中の1点 O を原点として x 方向に一定の厚さ dx の微小三角柱を考える．各微小面 $dA_1\,(=dz\,dx)$，$dA_2\,(=dy\,dx)$ および $dA\,(=ds\,dx)$ に作用する圧力を，それぞれ p_y，p_z および p とすると，この三角柱に作用する力は，重量などを考えなければ，y，z 方向の力の釣合いより，つぎのようになる．

$$p_y\,dA_1 = p\,dA\sin\theta, \qquad p_z\,dA_2 = p\,dA\cos\theta$$

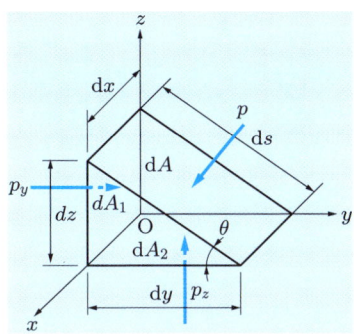

図 2.1　微小三角柱にはたらく圧力

ここで，$dA_1 = dA \sin\theta$，$dA_2 = dA \cos\theta$ の関係を用いると，
$$p_y = p_z = p$$
となる．角 θ をどのようにとっても，p は p_y あるいは p_z に等しく，圧力は方向には無関係となる．

つぎに，流体に重量や電磁力などの外力が作用する場合を考える．これらの外力の y, z 方向の成分を，流体の単位質量についてそれぞれ Y, Z とすると (これを**質量力**，mass force という)，三角柱の体積は $(1/2)\,dx\,dy\,dz$ で，質量は $(1/2)\rho\,dx\,dy\,dz$ であるから，力の釣合いよりつぎのようになる．
$$p_y\,dA_1 + \frac{1}{2}Y\rho\,dx\,dy\,dz = p\,dA\sin\theta$$
$$p_z\,dA_2 + \frac{1}{2}Z\rho\,dx\,dy\,dz = p\,dA\cos\theta$$

ここで，$dA_1 = dz\,dx$，$dA_2 = dy\,dx$，$dA\sin\theta = dz\,dx$，$dA\cos\theta = dy\,dx$ の関係を用いると，
$$p_y + \frac{\rho Y}{2}\,dy = p, \qquad p_z + \frac{\rho Z}{2}\,dz = p$$
となる．dy，dz を十分小さくとれば，上式の左辺第 2 項は微小量となるので，他の項にくらべて無視することができ，$p_y = p_z = p$ が成り立つ．すなわち，流体に外力が作用するときでも，前と同様に流体の圧力は方向に無関係となる．

密閉容器の中で，静止している流体の 1 点の圧力をある大きさだけ増加させると，流体のすべての点の圧力も同じ大きさだけ増す．したがって，密閉容器中の流体の一部に加えた圧力は，流体のすべての部分にそのまま伝わる．これを**パスカルの原理** (Pascal's principle) という．

図 2.2 において A_1, A_2 をピストンの断面積とし，面積 A_1 の小ピストンに F_1 の力を加えると流体の圧力 $p = F_1/A_1$ が発生するが，その圧力はそのまま面積 A_2 の大

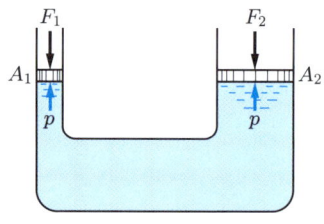

図 2.2　パスカルの原理

ピストンに作用して $F_2 = pA_2$ の力で押すことになる。したがって、$F_2 = F_1 A_2/A_1$ となる。この原理を用いたものが**水圧機** (hydraulic press) である。

　運動中の粘性流体では、上述のような圧力のほかに、せん断力が作用するので、流体中の任意の点を含む面に垂直な圧縮応力は、面の方向によって多少変化する。すなわち、その点を通る x, y, z 軸に平行な圧縮応力を $-\sigma_x$, $-\sigma_y$, $-\sigma_z$ とすると、その点の圧力 p は、その平均値として

$$p = -\frac{1}{3}(\sigma_x + \sigma_y + \sigma_z)$$

と定義される。

例題 2.1　図 2.3 のような、両端のピストン A, B にそれぞれ力 F_A, F_B を加えた密閉容器がある。容器の中の密度 ρ の液体は静止している。ピストン A, B の断面積がそれぞれ A, B で、ピストン A の高さがピストン B にくらべ鉛直方向に H 高いとする。このとき、F_A と F_B との関係を求めよ。

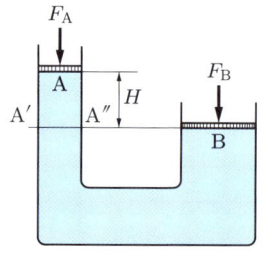

図 2.3　例題 2.1 の図

解　ピストン A のシリンダーにおいて、ピストン B と同じ高さのところを A′A″ とする。この A′A″ 断面の圧力はピストン B の圧力と等しい。ピストン B の圧力は $p_B = F_B/B$ である。つぎに、A′A″ 断面にかかる力はピストン A に加えられている力 F_A とその間の液体の重さ $\rho g H A$ である。よって、この断面の圧力は $p_{A'A''} = (F_A + \rho g H A)/A = F_A/A + \rho g H$ となる。したがって、$p_B = p_{A'A''}$ より、

$$\frac{F_A}{A} + \rho g H = \frac{F_B}{B}$$

となる。　　　　　　　　　　　　　　　　　　　　　　　　　　　　　　　　　（答）

2.2　流体の圧力，密度と高さの関係

流体に重力の加速度が作用しているとき、鉛直方向の圧力変化を求めよう。

いま，ある水平基準面より，重力の加速度が作用している方向と逆に上向きにz軸をとり，図2.4のように底面積がAで高さdzの柱状の部分を流体中に考え，この部分の力の釣合いを考える．

高さzにおける圧力をpとすると，$z+dz$における圧力は$p+(dp/dz)dz$である．この流体部分の重量は$\rho g A\, dz$で，これは鉛直下向き，すなわちzの負の方向に作用する．したがって，力の釣合いより，

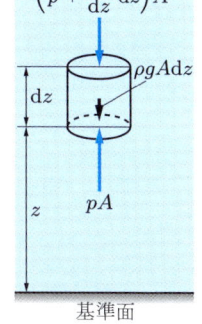

図2.4 静止流体の圧力と高さ

$$pA - \left(p + \frac{dp}{dz}dz\right)A - \rho g A\, dz = 0$$

ゆえに
$$\frac{dp}{dz} = -\rho g \tag{2.3}$$

となる．

まず，液体の場合を考えてみよう．液体は一般に非圧縮と考えられるから，式(2.3)のρは高さzに無関係となり，上式を積分すると，

$$p = -\rho g z + C$$

となる．ここに，Cは積分定数である．いま，液表面の圧力を$p_\circ$とし，液表面から鉛直下向きに測った距離，すなわち深さを$h\,(=-z)$とすると，液面下hの深さでの液体の圧力はつぎのようになる．

$$p = \rho g h + p_\circ \tag{2.4}$$

また，液表面における圧力をゼロとすると，
$$p = \rho g h \tag{2.5}$$

となる．ここで，水銀柱760 mmの底面の圧力を求めてみよう．摂氏零度($=273.15\,\mathrm{K}$)における水銀の比重は13.5951で，その密度は$\rho_{\mathrm{Hg}} = 13.5951 \times 10^3\,\mathrm{kg/m^3}$であるから，$g = 9.80665\,\mathrm{m/s^2}$とすれば，

$$p = 13595.1\,\mathrm{kg/m^3} \times 9.80665\,\mathrm{m/s^2} \times 0.76\,\mathrm{m}$$
$$= 101.325 \times 10^3\,\mathrm{Pa} = 101.325\,\mathrm{kPa} \tag{2.6}$$

である．これを**標準気圧** (standard atmospheric pressure) という．

つぎに，空気のように圧力によって密度が変化する場合を考えてみよう．このときは式(2.3)のρを一定として積分することはできない．そこで，式(2.3)を書きかえて

$$dz = -\frac{dp}{\rho g} \tag{2.7}$$

とし，ρをpの関数としてその関数形を与えると，上式を積分することができる．

地球をとり囲む大気は，地上11000 mまでは対流圏とよばれ，ここでは対流があり可逆断熱変

化ではないが，もし断熱変化をすると仮定すると，式 (1.5) より
$$p\rho^{-\gamma} = p_0 \rho_0^{-\gamma} = \text{一定} \quad (\gamma = 1.4)$$
となる．ここに，p_0，ρ_0 は地上における圧力，密度である．これより
$$\rho = \rho_0 \left(\frac{p}{p_0}\right)^{1/\gamma}$$
を得るから，これを式 (2.7) に代入して，この両辺を地上 ($z = 0$, $p = p_0$) より任意の高さ ($z = z$, $p = p$) まで積分すると，
$$\begin{aligned}z &= -\frac{1}{g}\int_{p_0}^{p} \frac{1}{\rho_0}\left(\frac{p_0}{p}\right)^{1/\gamma} \mathrm{d}p \\ &= \frac{\gamma}{g(\gamma-1)}\frac{p_0^{1/\gamma}}{\rho_0}(p_0^{(\gamma-1)/\gamma} - p^{(\gamma-1)/\gamma})\end{aligned} \tag{2.8}$$
となる．式 (2.8) は断熱変化する大気の高さ z と圧力 p との関係を与える．さらに，式 (2.8) を断熱変化の式を用いて変形すると，
$$z = \frac{\gamma}{g(\gamma-1)}\left(\frac{p_0}{\rho_0} - \frac{p}{\rho}\right)$$
となるが，式 (1.3) の完全気体の状態方程式
$$\frac{p}{\rho} = RT, \quad \frac{p_0}{\rho_0} = RT_0$$
を用いると，つぎのようになる．
$$\begin{aligned}z &= \frac{\gamma R}{g(\gamma-1)}(T_0 - T) \\ \therefore \quad \frac{\mathrm{d}T}{\mathrm{d}z} &= -\frac{g(\gamma-1)}{\gamma R}\end{aligned} \tag{2.9}$$
乾いた空気の気体定数は $R = 287\,\mathrm{J/(kg \cdot K)} = 287\,\mathrm{m^2/(s^2 \cdot K)}$ であるから，$R/g = 29.27\,\mathrm{m/K}$ となる．これを式 (2.9) に代入し，$\gamma = 1.4$ として，$\mathrm{d}T/\mathrm{d}z$ を求めると，高度 1000 m 上昇するごとに 9.76°C の割合で温度が低下することになる．

大気の温度を実測すると，対流圏においては高度とともに直線的に温度が低下している．すなわち，高度 1000 m 上昇するごとに約 6.5°C ずつ温度が下がり，この下がり方は，可逆断熱変化を仮定した場合より小さい．したがって，大気の圧力 p と高度 z との関係には，上の式 (2.8) が成立しない．

いま，高度 z [m] における大気の絶対温度を T，海面上 ($z = 0$) におけるそれを T_0 とすると，上にのべたように
$$T = T_0 - 0.0065z \tag{2.10}$$
となるから，完全気体の状態方程式よりつぎの式が成立する．
$$\rho = \frac{p}{RT} = \frac{p}{R(T_0 - 0.0065z)}$$
上式の左辺 ρ に，式 (2.3) より $\rho = -(1/g)(\mathrm{d}p/\mathrm{d}z)$ を代入し，変数を分離すると
$$\frac{\mathrm{d}p}{p} = -\frac{g\,\mathrm{d}z}{R(T_0 - 0.0065z)}$$

となるから，この両辺を積分し $z=0$ において $p=p_0$ とすると，つぎのようになる．

$$\ln \frac{p}{p_0} = \frac{g}{0.0065R} \ln\left(\frac{T_0 - 0.0065z}{T_0}\right)$$

この式に，空気の気体定数の値 $R/g = 29.27\,\mathrm{m/K}$ を代入すると，$g/(0.0065R) = 5.256$ となるから，大気の場合，高度 $z\,\mathrm{[m]}$ における圧力 p と海面上 ($z=0$) における圧力 p_0 との比は

$$\frac{p}{p_0} = \left(1 - \frac{0.0065z}{T_0}\right)^{5.256} \tag{2.11}$$

となる．海面上の大気の圧力 p_0 および絶対温度 T_0 がわかっていれば，式 (2.11) によって圧力と高度との関係を知ることができる．

2.3 圧力の測定

2.3.1 絶対圧力，ゲージ圧力，圧力ヘッド

完全な真空状態を基準にした圧力を**絶対圧力** (absolute pressure) といい，測定時の大気圧を基準にして，それとの差を表した圧力を**ゲージ圧力** (gauge pressure) という．すなわち，

(絶対圧力) = (大気圧) + (ゲージ圧力)

である．

普通に用いられる圧力計は，大気圧を基準にしたゲージ圧力を指示するものである．大気圧より低い場合にはゲージ圧力は負の値となるが，絶対圧力は負になることはない．

つぎに，液体表面に大気圧が作用するとき，深さ h の液体中のゲージ圧力 p は式 (2.5) で与えられる．したがって，図 2.5 のように液柱の高さが h でその上面が大気圧のとき，点 A における液体のゲージ圧力 p と h との関係は

$$h = \frac{p}{\rho g} \tag{2.12}$$

となる．このように，圧力 p を表すのに h を用いて表すことがある．この高さ h を**圧力ヘッド** (pressure head) という．

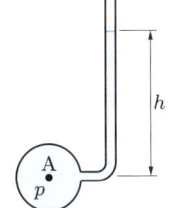

図 2.5 容器内の液体の圧力

水の場合，ほぼ $\rho = 1000\,\mathrm{kg/m^3}$ であるから，ゲージ圧力 $p = 101.325\,\mathrm{kPa}$（標準気圧）のときの圧力ヘッドを求めれば，つぎのようになる．

$$h = \frac{101.325 \times 1000}{1000 \times 9.80665} = 10.332\,\mathrm{m}$$

したがって，水柱約 10 m がゲージ圧力で 1 気圧である．

2.3.2 圧力計

(1) 弾性圧力計

圧力を機械的に測定するのに便利な装置で，その代表的なものを図 2.6 に示す．

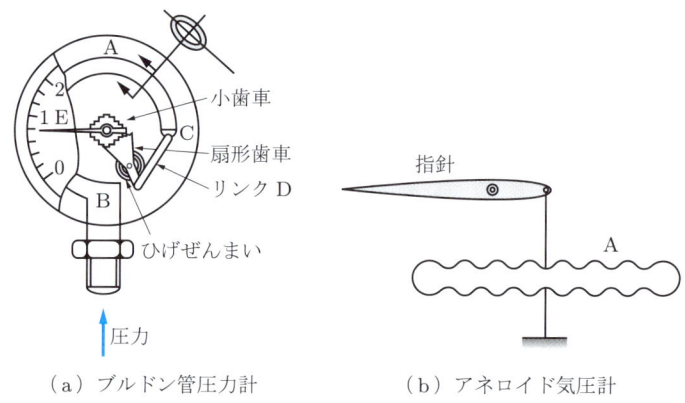

(a) ブルドン管圧力計　　　(b) アネロイド気圧計

図 2.6　ブルドン管圧力計とアネロイド気圧計[21]

ブルドン管圧力計 (Bourdon pressure gauge) は，図 2.6 (a) に示すように，だ円断面の曲がった管 A がその一端 B で固定されていて，他の自由端 C がリンク D および歯車を介して指針 E に連結されている．この管 A に圧力がかかると，だ円断面の管が円形断面になろうとして C が外側に移動し，リンク D を引張って指針 E が時計方向に移動する．管内の圧力が大気圧と等しいとき，指針が目盛ゼロを示すように調整してあれば，この装置はゲージ圧力を示すことになる．

アネロイド気圧計 (aneroid barometer) は，大気の絶対圧力を測定する装置で，図 2.6 (b) の A が弾性体でつくられたダイヤフラムで，その内側は真空になっている．したがって，外部の圧力によりダイヤフラムが内側に弾性変形し，その動きが拡大されて指針に伝えられる．ダイヤフラムの変位はあまり大きくとれないので，一般に圧力の測定範囲は小さい．

(2) 液柱圧力計

式 (2.5) の $p = \rho g h$ の関係を利用して，垂直に立てたガラス管内の液柱の高さを測ることによって，液体の圧力を求めることができる．これを**液柱計**または**液柱圧力計** (manometer) という．もっとも簡単なものは図 2.5 に示すような装置で，上端が大気に開放されており，液柱の高さ，すなわち圧力ヘッドを知ることによって，ゲージ圧力が求められる．

図 2.7 (a) は**トリチェリー** (Torricelli) **の水銀気圧計**で，ガラス管の上部は真空にして

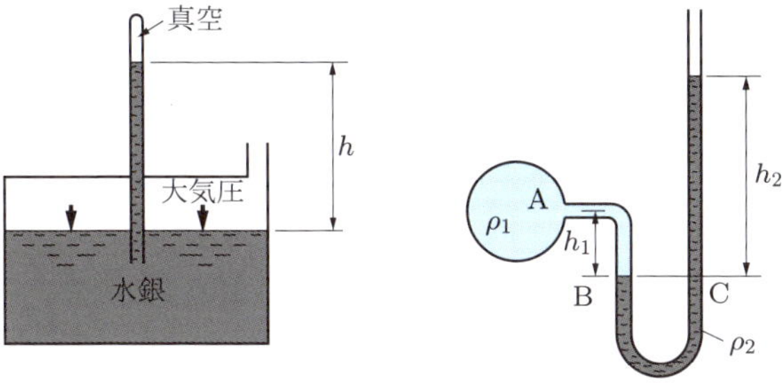

(a) トリチェリーの水銀気圧計　　　(b) U字管圧力計

図 2.7　トリチェリーの水銀気圧計と U 字管圧力計

あり，水銀の微小な蒸気圧を無視すればガラス管内の水銀上面の圧力はゼロと考えられるので，水銀柱の高さ h を測って大気の絶対圧力を求めることができる．$h = 760\,\text{mm}$ のときの大気の絶対圧力は，式 (2.6) で求められたように $101.3\,\text{kPa}$ となる．

液体の密度 ρ が小さいときは，圧力が大きくなるとガラス管が長くなりすぎて不便である．このようなときに **U 字管圧力計** (U-tube manometer)（図 2.7 (b)）を用いる．いま容器内の流体（気体でも液体でもよい）の密度を ρ_1，U 字管内の液体のそれを ρ_2 とし，U 字管の一方の上端が大気に開放されていれば，図 2.7 (b) の点 C のゲージ圧力は $p_C = \rho_2 g h_2$ となって，これは点 B の圧力 p_B に等しい．したがって，点 A のゲージ圧力は

$$p_A = p_B - \rho_1 g h_1 = \rho_2 g h_2 - \rho_1 g h_1 \tag{2.13}$$

となる．なお，測定する容器の流体が液体である場合には，U 字管内の液体はそれと混合しない液体を用いなければならない．また，水銀のような密度の大きい液体を使用すれば，高い圧力まで測定できる．

気体の圧力を測定する場合には，気体の密度 ρ_1 は U 字管内の液体の密度 ρ_2 にくらべて極めて小さいので，$\rho_1 g h_1$ の項は無視できてつぎのようになる．

$$p_A = \rho_2 g h_2$$

逆 U 字管も液体の圧力を測定するときに用いられる．図 2.8 のように，点 A および点 B が同一水平面上にあるときは

$$p_A - p_B = (\rho_1 - \rho_2) g h = \rho_1 g h \left(1 - \frac{\rho_2}{\rho_1}\right)$$

となるが，逆 U 字管頂部が気体のときは，ρ_2 / ρ_1 が 1 にくらべて十分に小さいので無視すると，つぎのようになる．

$$p_A - p_B = \rho_1 g h$$

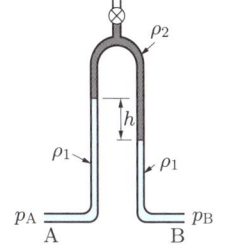

図 2.8　逆 U 字管圧力計

例題 2.2 図 2.9 に示すように，二つの離れた水槽に水が入っている．この水面差を，上部に比重 0.9 の油を満たした逆 U 字管圧力計で測定する．いま，圧力計内の水面差 $h = 500\,\mathrm{mm}$ のとき，水槽の水面差 H を求めよ．また，この水面差 H のもとで，油のかわりに空気を用いた場合の圧力計内の水面差 h を求めよ．

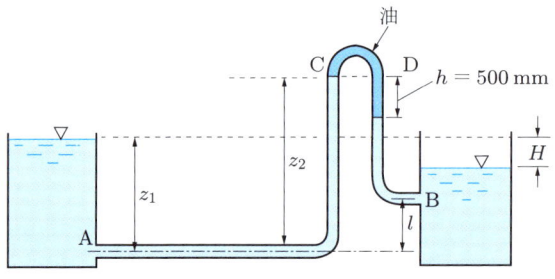

図 2.9　例題 2.2 の図

解　図 2.9 に示すように，逆 U 字管内の同一水平面上にある点 C と点 D の圧力をそれぞれ p_C, p_D とする．また，油と水の密度をそれぞれ ρ_o, ρ_w とする．点 C での圧力 p_C は，式 (2.13) より，大気圧を p_a とすると，

$$p_\mathrm{C} = p_\mathrm{A} - \rho_\mathrm{w} g z_2 = (p_\mathrm{a} + \rho_\mathrm{w} g z_1) - \rho_\mathrm{w} g z_2 = p_\mathrm{a} + \rho_\mathrm{w} g (z_1 - z_2)$$

となる．また一方，点 D での圧力 p_D は，同様にして，

$$\begin{aligned} p_\mathrm{D} &= p_\mathrm{B} - \rho_\mathrm{o} g h - \rho_\mathrm{w} g (z_2 - h - l) \\ &= \{p_\mathrm{a} + \rho_\mathrm{w} g (z_1 - H - l)\} - \rho_\mathrm{o} g h - \rho_\mathrm{w} g (z_2 - h - l) \\ &= p_\mathrm{a} + \rho_\mathrm{w} g (z_1 - z_2 - H + h) - \rho_\mathrm{o} g h \end{aligned}$$

となる．いま，$p_\mathrm{C} = p_\mathrm{D}$ より，

$$p_\mathrm{a} + \rho_\mathrm{w} g (z_1 - z_2) = p_\mathrm{a} + \rho_\mathrm{w} g (z_1 - z_2 - H + h) - \rho_\mathrm{o} g h$$

$$\rho_\mathrm{w} g H = (\rho_\mathrm{w} - \rho_\mathrm{o}) g h$$

$$H = \left(1 - \frac{\rho_\mathrm{o}}{\rho_\mathrm{w}}\right) h \tag{ⅰ}$$

が得られる．したがって，$\rho_\mathrm{w} = 1000\,\mathrm{kg/m^3}$, $\rho_\mathrm{o} = 0.90 \times 1000\,\mathrm{kg/m^3}$, $h = 0.5\,\mathrm{m}$ を式 (ⅰ) に代入すると，水面差 H は次式となる．

$$H = \left(1 - \frac{900\,\mathrm{kg/m^3}}{1000\,\mathrm{kg/m^3}}\right) \times 0.5\,\mathrm{m} = 0.05\,\mathrm{m} = 50\,\mathrm{mm} \tag{答}$$

つぎに，式 (ⅰ) において，油の密度 ρ_o のかわりに空気の密度 ρ_a を用いると，式 (ⅰ) は

$$H = \left(1 - \frac{\rho_\mathrm{a}}{\rho_\mathrm{w}}\right) h$$

となる．ここで，$\rho_\mathrm{a}/\rho_\mathrm{w} \ll 1$ より $H = h$ となるから，圧力計内の水面差 h はつぎのようになる．

$$h = H = 0.05\,\text{m} = 50\,\text{mm} \qquad\qquad\text{(答)}$$

2.4 容器壁に及ぼす液体の力

図 2.10 のように，液面と角度 θ の傾斜をした平面板の片側にかかる液体の全圧力を求める．このような実例は，ダムの放水口の弁板などに見られる．液面と平面板を含む平面との交線を Ox 軸とし，これに直角に平面板に沿って Oy 軸をとる．液面の大気圧を p_a とし，平面板の外側も大気圧が作用しているものとする．液面下 h にある平面板の微小面積 $\text{d}A$ に作用する液体の圧力による力は

$$p\,\text{d}A = (p_\text{a} + \rho g h)\,\text{d}A$$

である．平面板の外側から $p_\text{a}\,\text{d}A$ の力が作用するから，差引きこの微小面積には $\rho g h\,\text{d}A$ が外向きに作用し，この力は

$$\rho g h\,\text{d}A = \rho g y \sin\theta \cdot \text{d}A$$

となる．したがって，これを平面板の面積 A について積分すれば，圧力による力の総和，すなわち全圧力 F が求まる．

$$F = \rho g \sin\theta \int_A y\,\text{d}A \tag{2.14}$$

この式の $y\,\text{d}A$ は Ox 軸に関する図形 $\text{d}A$ のモーメントである．いま，図形の重心 G と Ox との距離を $\bar{y}$ とすると，幾何学の重心の定義より

$$\bar{y} = \frac{1}{A}\int_A y\,\text{d}A$$

であるので，全圧力 F は

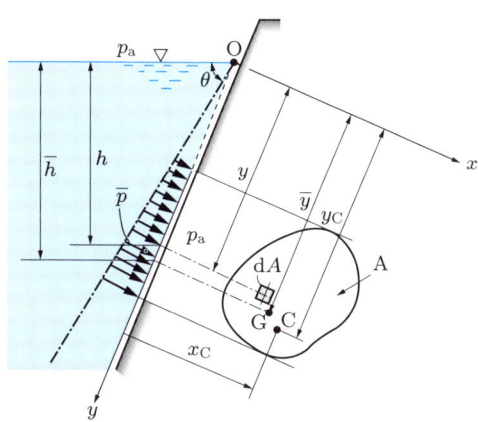

図 2.10　容器壁に及ぼす液体の力

$$F = \rho g \sin\theta \cdot \bar{y} A = \rho g \bar{h} A = \bar{p} A \tag{2.15}$$

となる．ここに，$\bar{h}$ は図形 A の重心 G の液面からの深さ，$\bar{p}$ は G におけるゲージ圧力である．したがって，平板に作用する液体の全圧力は，図形の重心におけるゲージ圧力と図形の面積との積に等しい．

全圧力の作用点を**圧力中心** (center of pressure) という．もし圧力が一様なときは，この点は図形の重心に一致するが，深さに比例した圧力がかかるときは，重心より深い所にある．いま，圧力中心の y 座標を y_C とすると，全圧力 F による Ox 軸に関するモーメントは

$$y_C F = \int_A y \rho g \sin\theta \cdot y \, dA = \rho g \sin\theta \int_A y^2 \, dA = I_o \rho g \sin\theta$$

となる．ここに，$I_o = \int_A y^2 \, dA$ は図形 A の Ox 軸に関する慣性モーメント（断面二次モーメントともいう）である．この式の左辺の F に式 (2.15) を代入すれば，y_C の値はつぎのようになる．

$$y_C = \frac{I_o \rho g \sin\theta}{\rho g \sin\theta \cdot \bar{y} A} = \frac{I_o}{\bar{y} A} \tag{2.16}$$

いま，図形の重心 G を通り，Ox 軸に平行な軸に関する図形 A の慣性モーメントを I_G とすると，$I_o = I_G + \bar{y}^2 A$ の関係がある．また，重心を通る Ox 軸に平行な軸に対する図形 A の回転半径 (radius of gyration) を k_G とすると，$I_G = k_G{}^2 A$ となるから，

$$y_C = \frac{k_G{}^2 A + \bar{y}^2 A}{\bar{y} A} = \bar{y} + \frac{k_G{}^2}{\bar{y}} \tag{2.17}$$

となる．この式から，圧力中心の y 座標は，y 軸が水平面となす角 θ に関係なく，図形の重心 G より y 軸方向に $k_G{}^2/\bar{y}$ だけ下方の点 C に作用することがわかる．

また，圧力中心の x 座標は，y 座標の求め方と同様にして求めることができる．すなわち，

$$x_C F = \rho g \sin\theta \int_A yx \, dA$$

ゆえに，

$$x_C = \frac{1}{\rho g \sin\theta \cdot \bar{y} A} \rho g \sin\theta \int_A yx \, dA = \frac{1}{\bar{y} A} \int_A yx \, dA \tag{2.18}$$

となる．

容器の壁面が曲面の場合に，この壁面に作用する液体の全圧力を求めるには，x, y, z 軸方向の成分を求めればよい．工学上では，二次元的曲面や球面など比較的単純な場合が多いので，これらの各成分の力を合成して一つの力で表される場合が多い．

二次元的曲面の場合，図 2.11 に示すような曲面 MN の単位幅に作用する全圧力 F の水平方向の分力 F_x は

2.4 容器壁に及ぼす液体の力

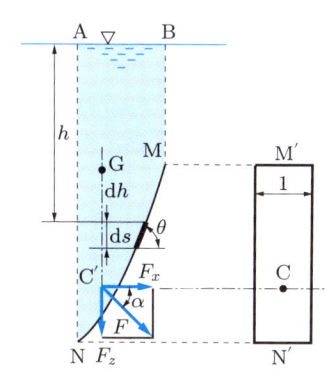

図 2.11 二次元的曲面壁に及ぼす液体の力

$$F_x = \int_M^N \rho g h \sin\theta \, ds = \rho g \int_M^N h \, dh$$

となる．これはすでにのべた平面板のときと同じように，曲面 MN を紙面に直角で鉛直な面に投影した面 $M'N'$ に作用する全圧力に等しく，その作用点 C の求め方も前の方法と同様である．

つぎに，単位幅に作用する鉛直下向き方向の分力 F_z は

$$F_z = \int_M^N \rho g h \cos\theta \, ds = \rho g \int_M^N h \, dx = \rho g \times (面積\ MNAB)$$

となり，これは曲面 MN の上にある液体の重量に等しい．

F_z の作用点 G の位置は，前の場合と同様に，点 N を通る紙面に直角な軸に関する力のモーメントを考えれば求められる．すなわち F_z の作用線は，図形 (MNAB) の重心 G を通る鉛直線上にあることがわかる．

結局，二次元的曲面 MN に作用する全圧力は，点 C を通る水平分力 F_x と，点 G を通る垂直分力 F_z の合成力 F であり，その点は図 2.11 の点 C' を通り水平面と角 $\alpha = \tan^{-1}(F_z/F_x)$ をなすことがわかる．

例題 2.3 ペットボトルに水を入れて満タンにする．つぎに，その口を厚手の紙で塞ぎ，静かにペットボトルを上下逆さにする．そして，ペットボトルの口の紙を静かに取り除くとペットボトルの水は流出しない．その理由を説明せよ．

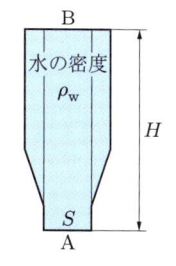

図 2.12 例題 2.3 の図

解 図 2.12 のようにペットボトルを上下逆さにした場合を考える．ペットボトルの口 A の圧力は大気圧 p_a である．よって，$p_A = p_a$ となる．ペットボトルの高さを H とすると，ペットボトルの底面 B の圧力 p_B は $p_B = p_a - \rho_w g H$ である．したがって，ペットボトルの口の断面積を S とすると，その部分の水の重さ $\rho_w g S H$ は口 A と底面 B との圧力差による力 $(p_A - p_B)S = \rho_w g H S$ と釣合っている．それ以外の水は側壁で支えられている．したがって，水は流れ出さない． (答)

2.5 浮力と浮揚体

2.5.1 浮 力

図 2.13 のように，体積 V の物体が密度 ρ の静止液体中に浸っているとき，物体のうける力を考える．

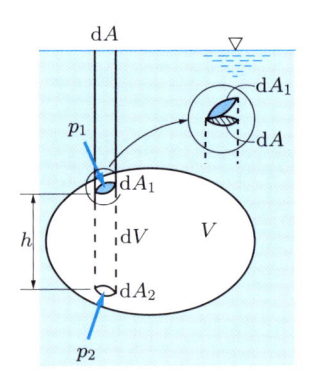

図 2.13 物体のうける浮力

物体の表面には流体の圧力が作用するが，これを求めるために図 2.13 のような微小断面積 dA の鉛直な柱状の円筒がこの物体を貫く場所の表面積を dA_1 および dA_2 とし，それらの点の圧力を，それぞれ p_1 および p_2 とする．この両面に作用する圧力による力は $p_1 dA_1$，$p_2 dA_2$ となり，これらの鉛直成分は $p_1 dA$，$p_2 dA$ となるので，この微小柱状にはたらく圧力による鉛直上向き成分は

$$dF = (p_2 - p_1) dA$$

となる．つぎに，この両面の間の鉛直距離を h とし，この鉛直な円筒状の体積を dV とすれば，

$$dF = (p_2 - p_1) dA = \rho g h \, dA = \rho g \, dV$$

となる．物体の体積 V は，このような円筒状の体積 dV の集合体と考えられるから，これを全体積について積分すると，この物体が液体よりうける鉛直上向きの力 F はつ

ぎのようになる．

$$F = \rho g \int_V dV = \rho g V \tag{2.19}$$

これを**浮力** (buoyancy) といい，その大きさは物体が排除した体積 (displacement volume) の液体の重量に等しい．これはよく知られている**アルキメデスの原理** (Archimedes' principle) である．

例題 2.4 図 2.14 は浮ひょう式の液体の密度を測定するボーメ計の原理を示したものである．胴部と目盛部で形成され，胴部の重りは鉛玉などで，その重さは測定したい密度によって調整する．目盛の大小や範囲は目盛部の径によって調整している．胴部の体積を V とし，目盛部断面は円形でその直径を d とする．全体の重さを W とする．測定する液体の密度を ρ_1 と ρ_2 とすると，目盛の差はどのようになるか．

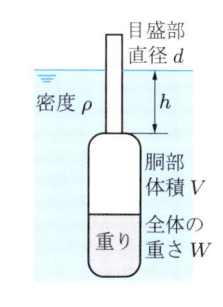

図 2.14 例題 2.4 の図

解 図 2.14 のように，目盛部の水面下の高さを h とすると，その体積は $(1/4)\pi d^2 h$ である．したがって，浮ひょうの浮力をうける体積は $V + (1/4)\pi d^2 h$ である．浮力と重さ W が釣合っていることから，

$$W = \rho g \left(V + \frac{1}{4}\pi d^2 h \right)$$

よって

$$h = \frac{W}{(1/4)\pi d^2 \rho g} - \frac{V}{(1/4)\pi d^2}$$

となる．この式から，液体の密度 ρ_1 と ρ_2 による目盛部の水面下の高さ h_1 と h_2 の差（目盛部の差）$h_1 - h_2$ は，

$$h_1 - h_2 = \frac{W}{(1/4)\pi d^2 g}\left(\frac{1}{\rho_1} - \frac{1}{\rho_2} \right) = \frac{W}{(1/4)\pi d^2 g}\frac{\rho_2 - \rho_1}{\rho_1 \rho_2}$$

となる．この結果，密度差が非常に小さい場合，目盛部の読みは密度差に比例する．また，目盛部の径を小さくすると，目盛部の度間は長くなることがわかる．　　　　　（答）

2.5.2 浮揚体

図 2.15 のように，浮力によって水面に浮かぶ物体を**浮揚体** (floating body) という．浮揚体は物体の重量と，水の浮力 $F\,(=\rho g V)$ とが等しい状態で釣合いを保っている．すなわち，物体の質量を M とすると，$F = \rho g V = Mg$ である．

浮力の作用点 C を**浮力の中心** (center of buoyancy) といい，この点は，浮揚体によ

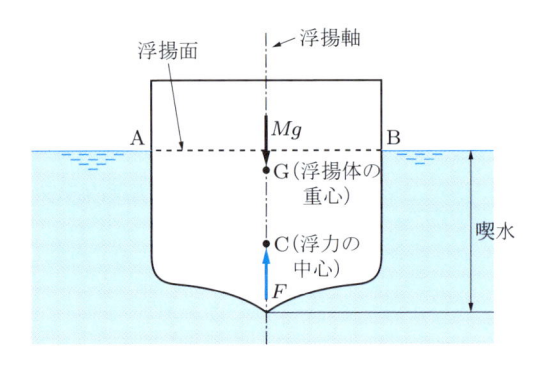

図 2.15 浮揚体にはたらく浮力と重力

り水が排除された空間の重心と一致する．浮揚体が静止状態にあるときは，浮力の中心 C と，浮揚体の重心 G とは，同一鉛直線上にあるが，この鉛直線を**浮揚軸** (axis of floatation) という．また，水面による浮揚体の切断面を**浮揚面** (floating surface)，浮揚面から浮揚体の最下部までの距離を**喫水** (draft) という．

図 2.16 のように，釣合いの状態より角 θ だけ傾いたとき，浮力の中心は C′ へ移る．この新しい浮力の作用線（C′ を通る鉛直線）が浮揚軸と交わる点 M を**メタセンタ** (metacenter) といい，重心 G から M までの長さ $\overline{\text{GM}}$ を**メタセンタの高さ** (metacentric height) という．ここに，$\overline{\text{GM}}$ は M が G より上方にあるときを正とし，その逆のときを負とする．このように浮揚体が θ だけ傾いたときは，鉛直下向きに作用する重量 Mg と浮力 F とが偶力を形成し，θ が微小なときは重心まわりにつぎのような回転モーメント T が発生する．

$$T = F\overline{\text{GM}}\sin\theta \fallingdotseq Mg\overline{\text{GM}}\theta \tag{2.20}$$

図 2.16 の場合にはメタセンタの高さが正（$\overline{\text{GM}} > 0$）であるので，もとの釣合い状態にもどそうとする**復元偶力** (restoring couple) を生じ，この浮揚体は静的に**安定** (stable) である[*1]．もし，メタセンタの高さが負（$\overline{\text{GM}} < 0$）のときは，浮揚体をさらに傾けようとする偶力が生じるので，**不安定** (unstable) である．また，$\overline{\text{GM}} = 0$ のときは，浮揚体は傾いたままの状態を保つので，**中立** (neutral) である．

このように，メタセンタの高さは安定度に重要な関係があるので，つぎにこの値を求める．

[*1] 船の横揺れの周期はつぎのようにして求められる．重心を通る前後軸に関する船の回転半径を k とすると，慣性モーメントは Mk^2 となり，横揺れ角 θ が小さいときの復元モーメントは式 (2.20) で与えられるから，回転運動の方程式は

$$Mk^2\frac{d^2\theta}{dt^2} + Mg\overline{\text{GM}}\theta = 0 \quad \therefore \quad \frac{d^2\theta}{dt^2} + g\frac{\overline{\text{GM}}}{k^2}\theta = 0$$

となり，その周期は $2\pi\sqrt{k^2/(g\cdot\overline{\text{GM}})}$ で与えられる．

(a)　　　　　　　　　　　　　　　　(b)

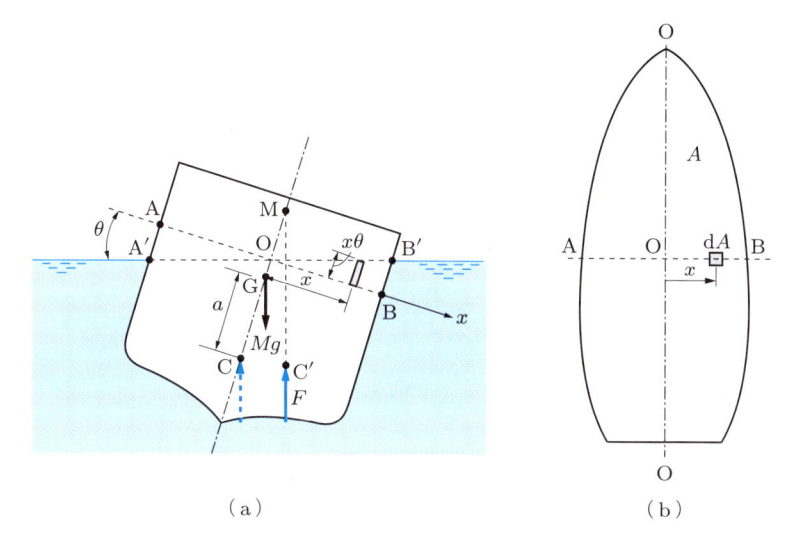

図 2.16　浮揚体の傾きと復元偶力

　図 2.16 (a) のように，船が微小な角 θ だけ傾いたときは，船を O 軸を含む対称面で切った左右二つの部分を考えると，右側ではくさび形の OBB' の部分だけ多く水没するので，その体積が排除した水の重量だけ浮力が増し，左側では逆に OAA' の部分の水の重量だけ浮力が減少する．その結果，O 軸まわりに偶力のモーメント m が発生する．これにより，浮力の中心が点 C より点 C' へ移動したのである．すなわち，

　　新しい浮力の中心点 C' へ浮力 $F\ (=\rho g V)$ が作用することと，もとの点 C へ浮力 F が作用し，同時に偶力のモーメント m を加えたものとは，力学的に等しい．

いま，船の浮揚面の面積を，図 2.16 (b) のように，A とする．O 軸より x の距離にある微小面積 $\mathrm{d}A$ の部分の水没した体積は，船の微小な傾き角を θ とすると $x\theta\,\mathrm{d}A$ であり，この部分の浮力 $\rho g x\theta\,\mathrm{d}A$ による O 軸まわりのモーメントは $\rho g x\theta\,\mathrm{d}A \cdot x$ となる．浮力の増減によるモーメント m は

$$m = \rho g \theta \int_A x^2\,\mathrm{d}A = \rho g \theta I \tag{2.21}$$

となる．ここに，$I = \displaystyle\int_A x^2\,\mathrm{d}A$ は O 軸に関する浮揚面の面積の慣性モーメントである．

　一方，このモーメントは

$$m = F\overline{\mathrm{CC}'} = \rho g V \overline{\mathrm{CC}'}$$

に等しい．図 2.16 (a) よりわかるように，θ が微小なときは，$\overline{\mathrm{CC}'} = (a + \overline{\mathrm{GM}})\sin\theta = (a + \overline{\mathrm{GM}})\theta$ であるから，

$$m = \rho g V(a + \overline{\mathrm{GM}})\theta \tag{2.22}$$

となる．式 (2.21) と式 (2.22) の右辺を等しくおくと，$\overline{\mathrm{GM}}$ の値は

$$\overline{\mathrm{GM}} = \frac{I}{V} - a \tag{2.23}$$

となる．メタセンタの高さ $\overline{\mathrm{GM}}$ の値は帆船で 1.0～1.4 m，軍艦で 0.8～1.2 m，商船では 0.3～0.7 m である．

例題 2.5 図 2.17 のような幅 a，高さ b，奥行き 1 の直方体が水に浮かんでいる．密度を ρ_o として，メタセンタの高さを求め，安定となる a, b の条件を求めよ．水の密度を ρ_w とする．

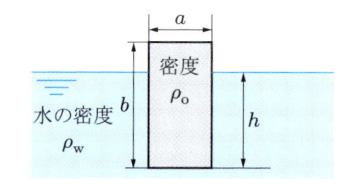

図 2.17 例題 2.5 の図

解 物体の重さは $W = \rho_\mathrm{o} a b g$，浮力は $F = \rho_\mathrm{w} a h g$ である．したがって，物体の喫水は $h = (\rho_\mathrm{o}/\rho_\mathrm{w})b$ である．物体の密度は一定であるので，その重心の底面からの高さは $b/2$ である．一方，浮力の中心は $h/2$ であるので，$\overline{\mathrm{GC}} = (b-h)/2$ となる．つぎに，慣性二次モーメントは

$$I = \int_{-a/2}^{a/2} x^2 \, \mathrm{d}x = \frac{2}{3}\left(\frac{a}{2}\right)^3 = \frac{a^3}{12}$$

となる．物体の没水している体積 V は $V = ah$ であるので，メタセンタの高さは

$$\overline{\mathrm{GM}} = \frac{I}{V} - \overline{\mathrm{GC}} = \frac{a^2}{12h} - \frac{b-h}{2} = \frac{1}{12h}\{a^2 - 6h(b-h)\}$$
$$= \frac{1}{12h}\left\{a^2 - 6b^2 \frac{\rho_\mathrm{o}}{\rho_\mathrm{w}}\left(1 - \frac{\rho_\mathrm{o}}{\rho_\mathrm{w}}\right)\right\}$$

となる．

- $\rho_\mathrm{o} > \rho_\mathrm{w}$ の場合，$h > b$ となり，物体の重さは物体全体の浮力より重いので，沈む．
- $\rho_\mathrm{o} \leqq \rho_\mathrm{w}$ の場合，

$$\overline{\mathrm{GM}} > 0 : 安定$$
$$\overline{\mathrm{GM}} < 0 : 不安定$$
$$\overline{\mathrm{GM}} = 0 : 中立$$

である．よって，

$$a > b\sqrt{6\frac{\rho_\mathrm{o}}{\rho_\mathrm{w}}\left(1 - \frac{\rho_\mathrm{o}}{\rho_\mathrm{w}}\right)} : 安定$$

$$a < b\sqrt{6\frac{\rho_\mathrm{o}}{\rho_\mathrm{w}}\left(1 - \frac{\rho_\mathrm{o}}{\rho_\mathrm{w}}\right)} : 不安定$$

$$a = b\sqrt{6\frac{\rho_\mathrm{o}}{\rho_\mathrm{w}}\left(1 - \frac{\rho_\mathrm{o}}{\rho_\mathrm{w}}\right)} \quad : 中立$$

となる. (答)

演習問題

問題 2.1 図 2.2 に示すような水圧機において，直径 200 mm のピストンに力 500 N を加えたとき，直径 800 mm のピストンに発生する力 F を求めよ．

問題 2.2 対流圏における大気の密度 ρ を，高度 z と海面上 ($z = 0$) の絶対温度 T_0 を用いて表せ．また，対流圏界面 ($z = 11000\,\mathrm{m}$) での大気の圧力 p，密度 ρ，温度 $t\,[℃]$ を求めよ．ただし，海面上での標準状態は，圧力 $p_0 = 760\,\mathrm{mmHg}$，密度 $\rho_0 = 1.226\,\mathrm{kg/m^3}$，温度 $t = 15℃$ とする．

問題 2.3 大気圧が水銀柱 760 mm のとき，ブルドン管圧力計は，水銀柱 380 mm の真空 ($-380\,\mathrm{mmHg}$ のゲージ圧力) を示した．これに相当する絶対圧力を，水銀柱および単位 kPa を用いて表せ．

問題 2.4 図 2.18 は潜水艦の横断面図である．艦内には，没水深さを測定するための U 字管圧力計と，艦内の圧力を測定する水銀気圧計が取り付けられている．いま，海面の大気圧は水銀柱 $h = 760\,\mathrm{mm}$ で，U 字管の水銀差は 500 mm，艦内の気圧は水銀柱 900 mm であるとき，この没水深さ y を求めよ．ただし，海水および水銀の比重をそれぞれ 1.025，13.56 とする．

問題 2.5 図 2.19 に示すように，比重 0.90 の油の入った垂直な管路系に，ブルドン管圧力計と比重 13.6 の水銀の入った U 字管圧力計が取り付けられている．いま，U 字管圧力計の

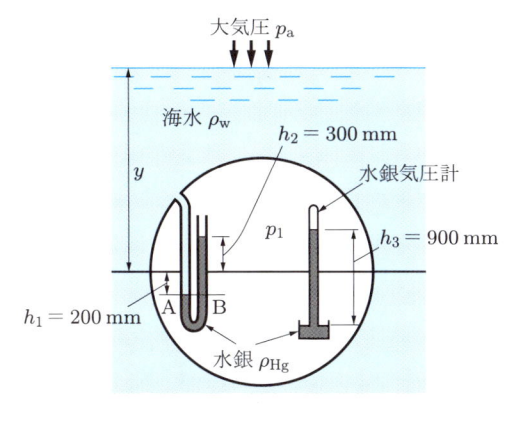

図 2.18　問題 2.4 の図

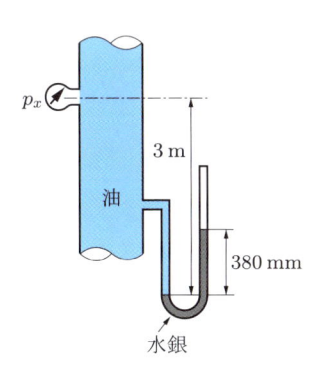

図 2.19　問題 2.5 の図

上端が大気に開放されており，管路内の油が流れていないとき，ブルドン管圧力計の読み p_x（ゲージ圧力）を求めよ．

問題 2.6 図 2.20 に示すような逆 U 字管において，圧力差 $p_x - p_y$ を求めよ．ただし，油の密度は $920\,\mathrm{kg/m^3}$ とする．

問題 2.7 二つの圧力計が図 2.21 のように連結されているとき，圧力差 $p_\mathrm{A} - p_\mathrm{B}$ を求めよ．ただし，油と水銀の比重はそれぞれ 0.90 と 13.6 とする．

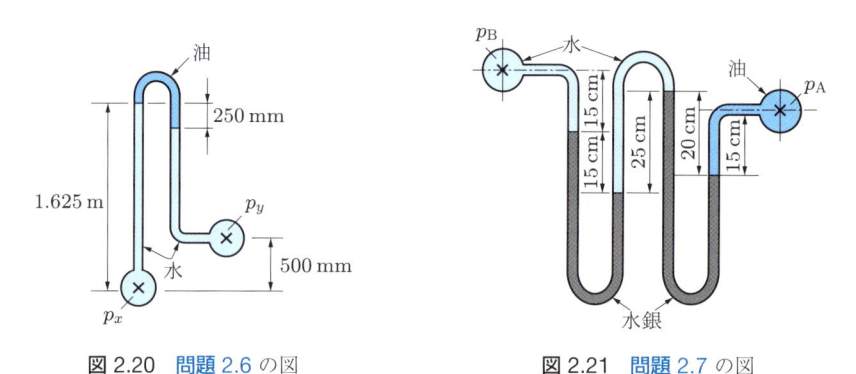

図 2.20　問題 2.6 の図

図 2.21　問題 2.7 の図

問題 2.8 図 2.22 に示すように，長方形水門の下端がピボットで支持され，これを支点として回転することができる．いま，水門が重りにより，60° の傾斜で保持されているとき，この水門を完全に開くために必要な水深を求めよ．ただし，水門の重量は無視する．

問題 2.9 図 2.23 に示すような高さ $3\,\mathrm{m}$，幅 $4\,\mathrm{m}$ の長方形水門がある．この水門は，水槽の底面から $2.5\,\mathrm{m}$ の所にピボットで支持され，時計方向に回転することができる．いま，水深 d が十分大きくなったとき，水門は自動的に開く．このときの最小の水深 d を求めよ．ただし，水面は水門より上にあるものとする．

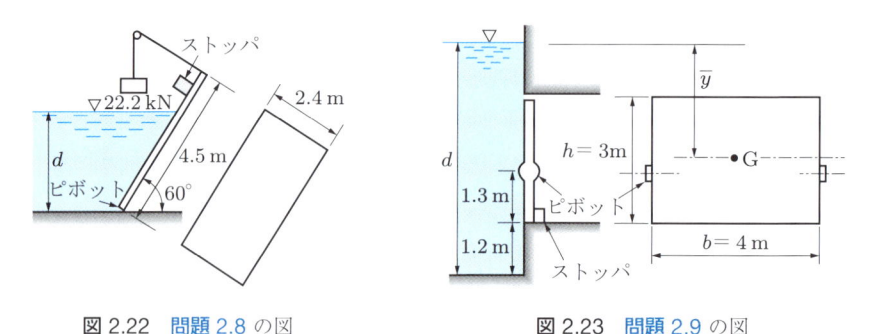

図 2.22　問題 2.8 の図

図 2.23　問題 2.9 の図

問題 2.10 図 2.24 に示すように，幅 10 m の円弧状テンタゲートが点 O で支持されている．このとき，ゲートに作用する力の水平および垂直方向成分と，それぞれの作用点を求めよ．ただし，支点は水面と同じ高さとする．

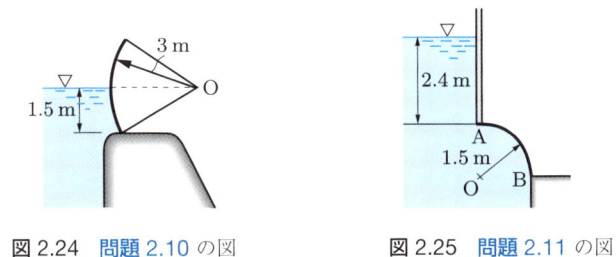

図 2.24　問題 2.10 の図

図 2.25　問題 2.11 の図

問題 2.11 図 2.25 に示すように，幅 3 m，半径 1.5 m の 1/4 円の円弧ゲート AB に作用する合力の大きさ，方向およびその作用点を求めよ．

問題 2.12 鉄の重量を測定すると，真空中では 490 N，温度 20°C の水中では 427 N であった．この鉄の体積と比重を求めよ．

問題 2.13 図 2.26 に示すように，球の浮力により弁を開く装置がある．弁の比重は 8.5 であり，水深が 1.5 m で，球の中心が水面に一致したとき，ちょうど弁が開いた．この球の直径を求めよ．ただし，球の自重は無視する．

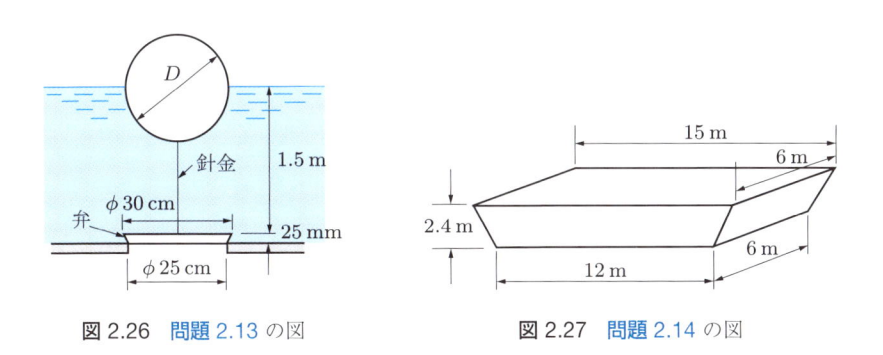

図 2.26　問題 2.13 の図

図 2.27　問題 2.14 の図

問題 2.14 図 2.27 に示すような重量 400 kN のはしけがある．これに 350 kN の荷物を積んで淡水に浮かべたときの，はしけの喫水を求めよ．

問題 2.15 図 2.28 に示すように，幅 $b = 5\,\mathrm{m}$，長さ $l = 10\,\mathrm{m}$，高さ $h = 3\,\mathrm{m}$，比重 0.8 の直方体が水に浮かんでいる．この浮揚体が安定かどうかを調べよ．また，長さ方向の中心線まわりに，5° 傾けたときの復元偶力を求めよ．

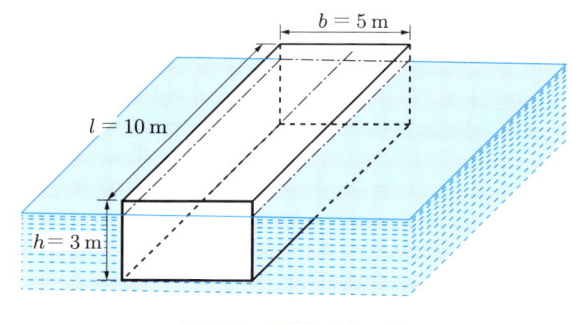

図 2.28 問題 2.15 の図

問題 2.16 図 2.29 に示すように，直径 1 m，長さ 2 m，重量 12 kN の円柱を水中に垂直に浮かべたとき，この円柱が安定かどうかを調べよ．

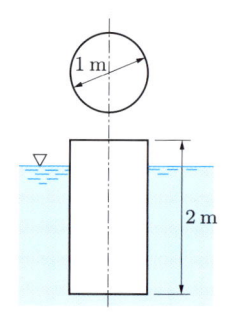

図 2.29 問題 2.16 の図

第3章
完全流体の流れの諸定理

水や空気などの流体は，第1章でのべたように粘性がある．このために，流動する流体では，粘性によって摩擦力がはたらき，摩擦熱が生じて回収不能な熱エネルギーとなる．しかし，この摩擦力にくらべて慣性力が非常に大きくなると，粘性を無視することができる．このような流れを完全流体の流れという．この章では，流動する流体の運動を取り扱う基本的な諸定理を説明する．ここでのべる諸定理は，粘性のある場合にも拡張できる重要な概念である．

3.1 完全流体の流れ

一般に，実在する流体 (real fluid) は，粘性および圧縮性をもっている．これに対し，**完全流体** (perfect fluid) は，粘性のない理想的なもので理想流体 (ideal fluid) ともいわれる．

さて，流体の流れに関する諸問題を解くにあたって，油やグリセリンのような液体では，粘性の影響を無視することができないが，空気や水のような流体の場合には，粘性による影響がそれほど大きくない．そこで，問題を解くにあたって粘性を無視すると，数学的解析が比較的簡単になり，多くの現象をかなり満足に説明しうるようになるので，この章では完全流体の流れによる諸定理を以下に説明する．

3.1.1 定常流と非定常流

流れの状態が時間の経過によって変わらないとき，つまり，どの点においても流れの状態が時間に無関係なとき，この流れを**定常流** (steady flow) という．すなわち定常流においては，流れの速さやその方向，圧力，密度などは，場所だけの関数で，時間には無関係である．これに対し，時間の経過にともなって流れの状態が変化するとき，これを**非定常流** (unsteady flow) という．非定常流においては，流れの状態は場所と時間との関数となる．

なお，後述する「乱流」においては，流体粒子が上下，前後，左右に不規則な運動をしながらある平均速度で流れる．一定の平均速度で流れる場合でも，微視的 (microscopic) には定常流とはいえないが，巨視的 (macroscopic) には定常流として，取り扱ってもよい．

3.1.2 流線と流管

運動している流体中に，ある瞬間，一つの曲線を仮想し，その線上のあらゆる点における接線が，その点における速度ベクトルの方向と一致するとき，その曲線を**流線** (stream line) という（図 3.1）．

このように，流線は，各点で流れの方向と一致するように引いた線であるから，流体は流線を横切って流れることはない．

定常流においては，流体粒子の通路 (path) は，流線に一致するが，非定常流においては，流線の形状が，時々刻々と変化し，流体粒子の通路は，流線と一致しない．この流体粒子の通路を**流跡線** (path line) という．

非定常流の場合，いま，図 3.2 のように，ある瞬間すなわち時刻 t_1 に点 P を通る流線を $\overparen{A_1B_1}$ とすると，この瞬間に点 P にあった流体粒子は，その速度 V で流線に沿って運動しているから，微小時間 Δt_1 後には，$\overparen{A_1B_1}$ に沿って $V \cdot \Delta t_1$ だけ進んだ点 Q に達する．しかし，この瞬間，すなわち時刻 $t_2 (= t_1 + \Delta t_1)$ においては，流線は以前のものと変化しているから，点 Q に達した粒子は，点 Q を通る新しい流線 $\overparen{A_2B_2}$ に沿って運動し，Δt_2 時間後には点 R に達し，さらに，この時刻 $t_3 (= t_2 + \Delta t_2)$ には点 R を通る新しい流線に沿って進むことになる．すなわち，粒子の通路（流跡線）は，これらの流線 ($\overparen{A_1B_1}$, $\overparen{A_2B_2}$, $\overparen{A_3B_3}$ など) の包絡線 (envelope) となる．

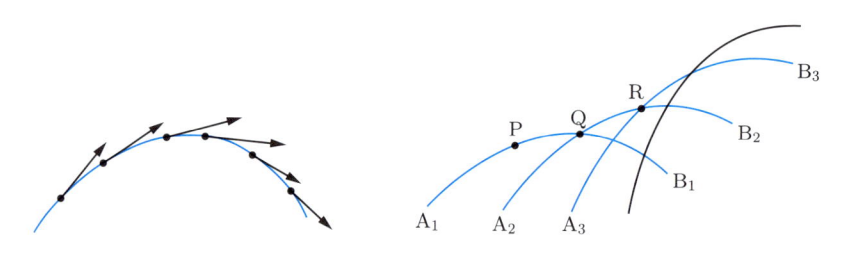

図 3.1 速度ベクトルと流線　　図 3.2 流線と流跡線

このほかに，**流脈線** (streak line) とよばれるものがある．これは，空間のある固定点を通過した流体のすべての粒子が，任意の瞬間に存在する点を結んだ線であって，線香の煙をある瞬間に写真に撮ったものは，その一例である．

定常流では，これらの流線，流跡線，流脈線は完全に一致するが，非定常流では，一般に一致することはない．

つぎに，図 3.3 のように，流れの中に閉曲線 ABC を考え，この曲線上の各点を通る無数の流線を描くと，管ができる．この管の表面は，流線でできているから，その表面を通って流体は出入りしない．この仮想の管を**流管** (stream tube) という．

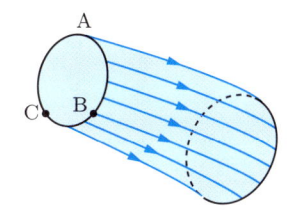

図 3.3　流管

3.2　一次元流れの連続の式

　管の中を流体が流れているとき，一つの横断面上のあらゆる点における速度が，管壁からの距離に無関係に，その断面上における平均速度で流れているとすると，この流体の速度や圧力などは，ある瞬間において，管に沿う座標だけの関数となる．このような流れを一次元流れという．

　いま，流れの中に図 3.4 のような小さい断面をもつ流管を考えると，この流管内の流れは一次元流れと考えられるので，断面 ① における流管の断面積を A，速度を V，流体密度を ρ とすると，断面 ① を単位時間に通過する流体の質量は $\rho A V$ である．

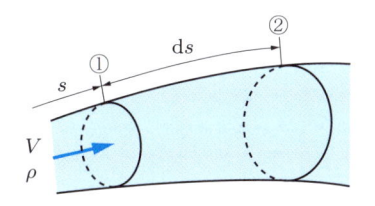

図 3.4　連続の式

　定常流の場合，ρ，A，V はいずれも，時刻 t に無関係で流管に沿う長さ s だけの関数となっているから，断面 ① から $\mathrm{d}s$ だけ離れた断面 ② を単位時間に通過する質量は，

$$\rho A V + \frac{\mathrm{d}(\rho A V)}{\mathrm{d}s}\mathrm{d}s$$

と表すことができる．流れが定常であれば，単位時間に断面 ① を通って入ってくる流体の質量と，断面 ② を通って出ていく質量とは，質量不変則によって等しい．よって，

$$\frac{\mathrm{d}(\rho A V)}{\mathrm{d}s} = 0$$

となるから，これを s について積分すれば，

$$\rho A V = 定数 \tag{3.1}$$

となる．もし流体が非圧縮性のときは，ρ は一定であるから，

$$AV = 定数 \tag{3.2}$$

となる．式 (3.1) および式 (3.2) を定常一次元流れにおける**連続の式** (equation of continuity) という．

非定常流の場合，ρ, A, V はそれぞれ s 以外に時間 t の関数でもあるから，同じ時刻 t において，断面②を単位時間に通過する流体の質量は，断面②が①より ds だけ s が変化しているので

$$\rho AV + \frac{\partial}{\partial s}(\rho AV)\, ds$$

となる．したがって，これら二つの断面を通る質量の差 $\{\partial(\rho AV)/\partial s\}\, ds$ は，二つの断面間にある流体が，膨張（または圧縮）したために，質量が減少（または増加）したものである．

一方，同じ時刻 t において，断面①，②の間にある流体の質量 $\rho A\, ds$ の単位時間の変化は，ds が時間 t に無関係だから

$$\frac{\partial}{\partial t}(\rho A)\, ds$$

であって，この値が正の場合は，二つの断面間にある流体が圧縮されたための質量の増加を示す．したがって，質量不変則から，次式が成立する．

$$\frac{\partial}{\partial t}(\rho A)\, ds + \frac{\partial}{\partial s}(\rho AV)\, ds = 0$$

ゆえに

$$\frac{\partial}{\partial t}(\rho A) + \frac{\partial}{\partial s}(\rho AV) = 0 \tag{3.3}$$

となる．これは非定常一次元流れの連続の式である．

3.3 運動方程式

ここでは，前節と同じように，微小な断面積の流管に沿う一次元の運動方程式についてのべる．

流管に沿う方向に距離 s をとり，微小な長さ ds の部分に注目し，この部分の流体に，質点系の力学におけるニュートン (Newton) の法則を適用しよう．

まず，加速度について調べる．定常流の場合の速度 V は，位置だけの関数 $V(s)$ となる．いま，ある時刻 t において，点 P にあった流体部分は，dt 時間後に $ds = V\, dt$ だけ進んで点 P′ にくるから，点 P において V であった速度は，点 P′ において V' となる．この速度変化は，図 3.5 よりわかるように

$$V' = V + \frac{dV}{ds}\, ds = V + \frac{dV}{ds} V\, dt$$

となる．よって，dt 時間に，速度は

$$V' - V = \frac{dV}{ds} V\, dt$$

だけ変化したことになる．したがって，流れ方向の単位時間における速度の変化，す

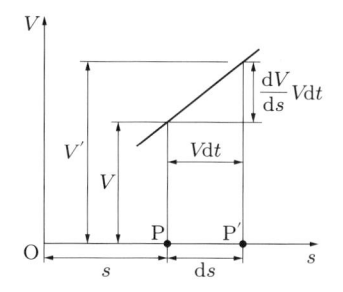

図 3.5 速度の微小時間変化

なわち s 方向の**加速度** (acceleration) は,

$$\alpha = V\frac{\mathrm{d}V}{\mathrm{d}s} \tag{3.4}$$

で与えられる.

　流れが非定常のときは,速度 V は,s と t の関数 $V(s,t)$ となるから,上のような位置に関係した単位時間の速度変化 $V\,\partial V/\partial s$ のほかに,時刻 t の変化により,単位時間につき,その速度が $\partial V/\partial t$ だけよけいに変化する.したがって,加速度は

$$\alpha = \frac{\partial V}{\partial t} + V\frac{\partial V}{\partial s} \tag{3.5}$$

となる.

　つぎに,流体にはたらく力について調べる.図 3.6 のように,微小な流管の $\mathrm{d}s$ だけ離れた二つの断面 P と P$'$ を考え,その断面積を,それぞれ A と $A + \mathrm{d}A$ とする.いま,点 P の圧力を $p(s)$ とすると,点 P$'$ の圧力は

$$p + \frac{\mathrm{d}p}{\mathrm{d}s}\mathrm{d}s$$

となる.したがって,$\mathrm{d}s$ 部分の流管の両方の底面にはたらく圧力による力は,s 方向に

$$pA - \left(p + \frac{\mathrm{d}p}{\mathrm{d}s}\mathrm{d}s\right)(A + \mathrm{d}A) = -A\frac{\mathrm{d}p}{\mathrm{d}s}\mathrm{d}s - p\,\mathrm{d}A + (\text{高次の微小量}) \quad (\mathrm{i})$$

となる.

　流管の側壁には,$\overline{\mathrm{PP}'}$ の間で平均して $p + (1/2)(\mathrm{d}p/\mathrm{d}s)\mathrm{d}s$ の圧力が作用しているものと考えてよいから,側面積を $\mathrm{d}F$ とすると,側面の圧力による s 方向の力は,図 3.7 より

$$\left(p + \frac{1}{2}\frac{\mathrm{d}p}{\mathrm{d}s}\mathrm{d}s\right)\mathrm{d}F\cdot\sin\alpha$$

となる.なお,$\mathrm{d}F\cdot\sin\alpha = \mathrm{d}A$ となるから,流管の断面積が変化していることによる圧力による流れ方向の分力はつぎのようになる.

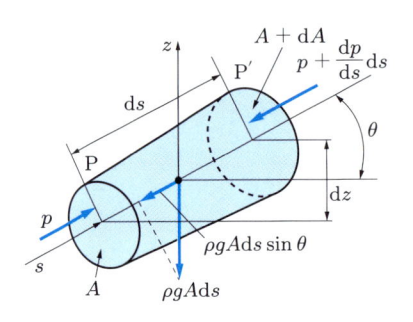

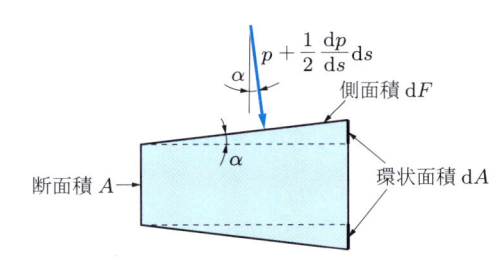

図 3.6 微小流管にはたらく圧力による力　　**図 3.7** 微小流管側壁にはたらく圧力による力

$$\left(p + \frac{1}{2}\frac{dp}{ds}ds\right)dA = p\,dA + (\text{高次の微小量}) \tag{ii}$$

結局，流体の圧力により，微小流体部分に作用する s 方向の力は，上の式 (i) と式 (ii) より

$$-A\frac{dp}{ds}ds - p\,dA + p\,dA + (\text{高次の微小量}) = -A\frac{dp}{ds}ds + (\text{高次の微小量}) \tag{3.6}$$

となる[*1]．

さらに，外力として，微小流体部分に重力の加速度による力 $\rho g A\,ds$ がはたらく．z 軸を図 3.6 のように鉛直上向きにとり，いま考えている点の流れの方向が，水平面となす角を θ とすると，重力の加速度による流れ方向の分力の大きさは $\rho g A\,ds \sin\theta$ となって，これは s の負の方向に作用する．また，$\sin\theta = dz/ds$ であるから，結局，重力の加速度による s 方向の分力は

$$-\rho g A \frac{dz}{ds}ds$$

となる．

以上の考察により，流れが定常であれば，流体の微小部分（その質量は $\rho A\,ds$）に対して，つぎの運動方程式が成立する．

$$\rho A\,ds\,V\frac{dV}{ds} = -A\frac{dp}{ds}ds - \rho g A\frac{dz}{ds}ds$$

ゆえに

$$V\frac{dV}{ds} = -\frac{1}{\rho}\frac{dp}{ds} - g\frac{dz}{ds} \tag{3.7}$$

となる．この式を，粘性のない流体の定常流に対する，**オイラーの運動方程式**（Euler's

[*1] 流管の断面積 A を一定とすると，圧力による力は

$$pA - \left(p + \frac{dp}{ds}ds\right)A = -A\frac{dp}{ds}ds$$

となって，式 (3.6) と同一となる．すなわち，流管の断面積の変化による影響は，高次の微小量であることがわかる．

equation of motion) という．式 (3.7) の左辺は，流体の加速度であり，また，右辺は流体の単位質量に作用する圧力による力と外力の和である．

流れが非定常であれば，流体の加速度は式 (3.5) で与えられるので，オイラーの運動方程式は，つぎのようになる．

$$\frac{\partial V}{\partial t} + V\frac{\partial V}{\partial s} = -\frac{1}{\rho}\frac{\partial p}{\partial s} - g\frac{\partial z}{\partial s} \tag{3.8}$$

3.4 ベルヌーイの式

粘性のない流体の，定常流に対するオイラーの運動方程式 (3.7) を流線に沿って s で積分すると，

$$\frac{V^2}{2} + \int \frac{\mathrm{d}p}{\rho} + gz = 一定 \tag{3.9}$$

が得られる．これを圧縮性流体に対する**ベルヌーイの式** (Bernoulli's equation) という．

流体が非圧縮性であれば，密度 ρ が一定となり，ベルヌーイの式は

$$\frac{V^2}{2} + \frac{p}{\rho} + gz = 一定 \tag{3.10}$$

となる．この式の各項を g で割ると，

$$\frac{V^2}{2g} + \frac{p}{\rho g} + z = H \quad (= 一定) \tag{3.11}$$

となる．

式 (3.10) の左辺第 1 項は，単位質量の流体のもつ運動のエネルギー ($V^2/2$)，第 2 項は単位質量の流体のもつ圧力のエネルギー (p/ρ)，また，第 3 項は単位質量の流体のもつ位置のエネルギー (gz) であり，式 (3.10) は流線に沿ってこれらの和が一定であることを示す．このうち，圧力のエネルギーとは，たとえば，圧力をもった液体が，ピストンを押し動かすなどの仕事をする能力をもっていることを示す潜在的エネルギーである．

また，式 (3.11) の各項は，いずれも長さの次元をもっているもので，$V^2/(2g)$ を**速度ヘッド** (velocity head)，$p/(\rho g)$ を**圧力ヘッド** (pressure head)，z を**位置ヘッド** (potential head) といい，その和 H を**全ヘッド** (total head) という．したがって，式 (3.11) は，一つの流線に沿っては全ヘッドが一定であることを示している．

気体の流れに対しては，その密度が液体にくらべて小さいので，位置のエネルギーが無視できる．ゆえに，式 (3.9) の z を含む項を無視すれば

$$\frac{V^2}{2} + \int \frac{\mathrm{d}p}{\rho} = 一定 \tag{3.12}$$

となる．さらに，気体の速度がその音速にくらべて十分小さく，流れに沿って圧力変

化が小さい場合には，圧縮性が無視できるので，上式は
$$\frac{\rho}{2}V^2 + p = p_t \quad (= 一定) \tag{3.13}$$
と書くことができる．

この式の $\rho V^2/2$ を**動圧** (dynamic pressure)，p_t を**全圧**（または**総圧**）(total pressure) という．また，圧力 p は動圧や全圧と明確に区別するため，とくに**静圧** (static pressure) とよばれる．

流れている流体の静圧を測定するには，流れに平行した固定壁面に，小さな孔をあけて，圧力を取り出し，圧力計に接続することにより，測定することができる（図 3.8）．この場合，小孔の開口部 A は，流れに対して十分平行になっていないと，動圧の影響をうけて，正確な圧力測定ができない．

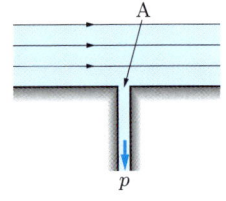

図 3.8 平行流れと静圧

圧縮性流体に対するベルヌーイの式 (3.12) は，密度 ρ が圧力 p の関数として表されると積分できる．すなわち，可逆断熱変化 $p/\rho^\gamma = C$ (C：定数) を仮定すると，$1/\rho = C^{1/\gamma} p^{-1/\gamma}$ となるから
$$\int \frac{dp}{\rho} = \frac{\gamma}{\gamma-1} C^{1/\gamma} p^{(\gamma-1)/\gamma} = \frac{\gamma}{\gamma-1} \frac{p}{\rho}$$
となり，式 (3.12) は
$$\frac{V^2}{2} + \frac{\gamma}{\gamma-1} \frac{p}{\rho} = 一定$$
となる．なお，この式の左辺第 2 項は，可逆断熱変化を仮定しなくても，完全気体の状態方程式を用い，気体の内部エネルギーを考慮しても求められるので，上式を完全気体のエネルギー方程式 (energy equation) ともいう．

3.5 ベルヌーイの式の応用

3.5.1 容器の小孔からの噴流

図 3.9 のように，大きい容器から液体が，噴流となって流れ出る場合を考える．容器内の液面上の空気の圧力 p_1 は，つねに一定となるように，外部から空気が補給されているものとする．

いま，液面における液の速度を V_1，液面の高さを，ある基準水平面より測って z_1 とし，容器外の大気の圧力を p_2，噴流の速度を V_2，噴流の中心 B の高さを z_2 とし，B を通る流線 AB に沿ってベルヌーイの式を適用すると，
$$\frac{V_1^2}{2} + \frac{p_1}{\rho} + gz_1 = \frac{V_2^2}{2} + \frac{p_2}{\rho} + gz_2$$
となる．さらに，図 3.9 より $z_1 - z_2 = h$ とすると，上式より

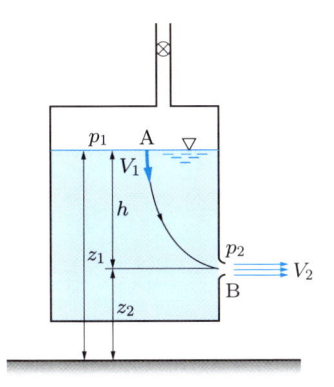

図 3.9 容器の小孔からの噴流

$$V_2 = \sqrt{\frac{2(p_1 - p_2)}{\rho} + V_1^2 + 2gh}$$

となる．いま，容器が大きくて，その液面の面積が十分広いときには，$V_1 \fallingdotseq 0$ と見なしうるから

$$V_2 = \sqrt{\frac{2(p_1 - p_2)}{\rho} + 2gh} \tag{3.14}$$

となり，また，特別な場合として，容器の上部が開放されていて $p_1 = p_2$ のときは

$$V_2 = \sqrt{2gh} \tag{3.15}$$

となる．式 (3.15) は，**トリチェリー (Torricelli) の定理**としてよく知られている．

3.5.2 ピトー管

図 3.10 (a) のように，流れに平行に，先端の丸められた物体をおくと，先端では流れは静止し，つぎに，先端より離れた所では，再びもとの速度で流れる．

流れの速度を V，そこの圧力を p とし，先端 A の圧力を p_A，先端から離れた物体の側面 B の速度を V_B，そこの圧力を p_B とすると，$V_A = 0$ であるから，式 (3.10) より

$$p_A + \rho g z_A = p_B + \frac{\rho}{2}V_B^2 + \rho g z_B$$

となる．いま，$V_B = V$ となるように点 B を選び，物体の中心線を水平基準線にすれば $z_A = z_B = 0$ となり，

$$p_A = p_B + \frac{\rho}{2}V^2$$

となり，

$$V = \sqrt{\frac{2}{\rho}(p_A - p_B)} \tag{3.16}$$

(a) ピトー管の原理図

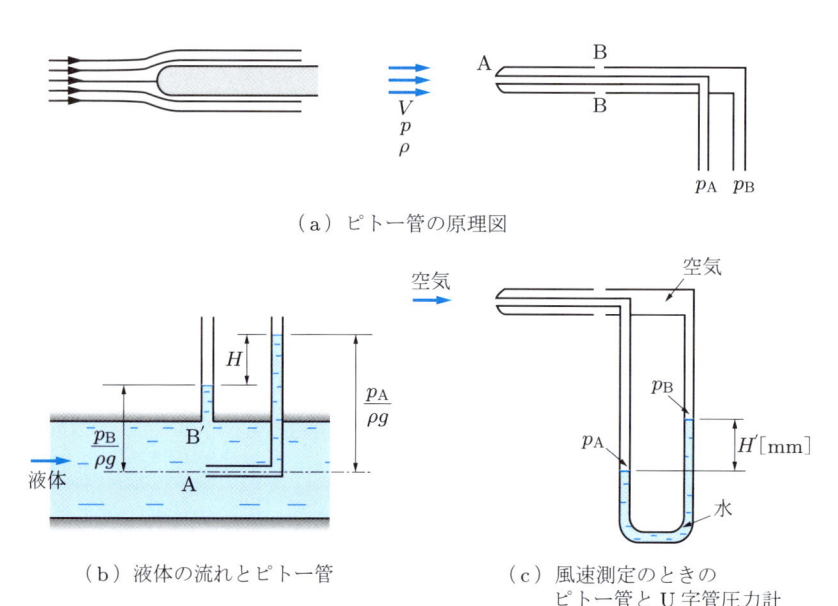

(b) 液体の流れとピトー管

(c) 風速測定のときの
ピトー管とU字管圧力計

図 3.10 ピトー管

を得る．したがって，点 A，B に孔をあけ，図 3.10 (c) のように導いて，これらの圧力を測定すると，全圧 p_A および静圧 p_B の差，すなわち，上式により，流体の速度が求まる．このような流速測定装置を**ピトー管** (Pitot tube) という．

ピトー管を用いて，管中の液体の速度を求めるには，それより取り出した圧力をU字管に接続して測定するか，あるいは，簡単に図 3.10 (b) のように，液柱計を用いればよい[*1]．このときは，$H\ [=(p_A-p_B)/(\rho g)]$ を測定すれば，式 (3.16) より，V が求められる．

なお，空気の速度を測定するとき，U字管に水を入れてその高さの差をミリメートル単位で読んで H' [mm] とすると，$H' \times 10^{-3}$ m であるから，水の密度を $\rho_w = 1000\,\mathrm{kg/m^3}$ とし，$g = 9.80665\,\mathrm{m/s^2}$ を用いると，

$$p_A - p_B = \rho_w g \frac{H'}{1000} = 9.80665 H'\ [\mathrm{Pa}]$$

で与えられる．一方，空気の密度は $\rho_a = 1.226\,\mathrm{kg/m^3}$ (760 mmHg, 15℃) であるから，式 (3.16) より

$$V = \sqrt{\frac{2}{\rho_a} \times 9.80665 H'} = \sqrt{15.998 H'} = 4\sqrt{H'}\ [\mathrm{m/s}] \tag{3.17}$$

[*1] 図 3.10 (b) において，静圧孔の位置を，管の同一断面周上のどの位置（たとえば点 B'）にとっても，液柱計の液面高さは同じになる．

となる．したがって，たとえば，$H' = 25\,\mathrm{mm}$ のときは，$V = 4 \times 5 = 20\,\mathrm{m/s}$ となる．

例題 3.1 図 3.11 に示すように，径違いの管路にピトー管が取り付けられている．いま，水が流量 $0.3\,\mathrm{m^3/s}$ で管内を流れているとき，ピトー管より取り出された圧力を U 字管に接続して測定する．U 字管内に比重 13.6 の水銀を入れたとき，その高さの差を求めよ．

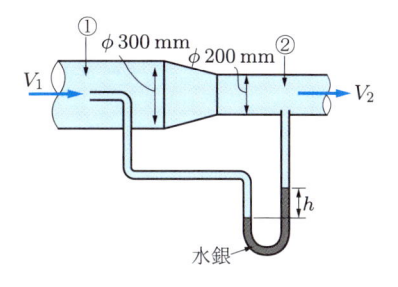

図 3.11 例題 3.1 の図

解 断面 ①，② における速度 V_1，V_2 は，式 (3.2) の連続の式よりつぎのようになる．

$$0.3\,\mathrm{m^3/s} = \frac{\pi}{4} \times 0.3^2\,\mathrm{m^2} \times V_1 = \frac{\pi}{4} \times 0.2^2\,\mathrm{m^2} \times V_2$$

$$V_1 = \frac{0.3\,\mathrm{m^3/s}}{(\pi/4) \times 0.3^2\,\mathrm{m^2}} = 4.24\,\mathrm{m/s}$$

$$V_2 = \frac{0.3\,\mathrm{m^3/s}}{(\pi/4) \times 0.2^2\,\mathrm{m^2}} = 9.55\,\mathrm{m/s}$$

水の密度を ρ_w とし，断面 ①，② にベルヌーイの式を適用すると，ピトー管先端開口部での速度がゼロであるから，

$$\frac{p_1}{\rho_\mathrm{w} g} = \frac{V_2^2}{2g} + \frac{p_2}{\rho_\mathrm{w} g}$$

$$\frac{p_1 - p_2}{\rho_\mathrm{w} g} = \frac{V_2^2}{2g} = \frac{9.55^2\,\mathrm{m^2/s^2}}{2 \times 9.80665\,\mathrm{m/s^2}} = 4.65\,\mathrm{m}$$

となる．この圧力差を，U 字管内の水銀高さの差 h で表すには，水銀の密度を ρ_Hg とすると，

$$p_1 - p_2 = (\rho_\mathrm{Hg} - \rho_\mathrm{w})gh$$

$$\frac{p_1 - p_2}{\rho_\mathrm{w} g} = \left(\frac{\rho_\mathrm{Hg}}{\rho_\mathrm{w}} - 1\right)h$$

よって，

$$4.65\,\mathrm{m} = \left(\frac{13.6 \times 1000\,\mathrm{kg/m^3}}{1000\,\mathrm{kg/m^3}} - 1\right)h$$

$$\therefore\quad h = 0.369\,\mathrm{m} = 369\,\mathrm{mm} \tag{答}$$

3.5.3 ベンチュリ管

管路内の流体の流量測定には，圧力損失（第 4 章参照）が比較的小さい図 3.12 のような**ベンチュリ管** (Venturi tube) がよく用いられる．

いま，流体の密度を ρ とし，管路における断面積，速度および圧力を，A_1, V_1, p_1

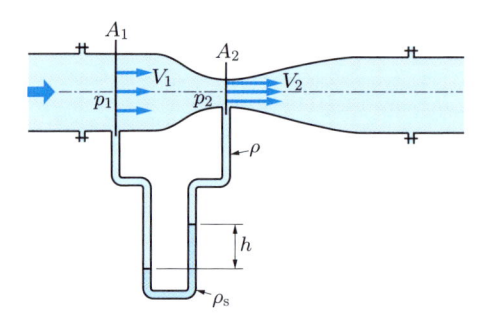

図 3.12 ベンチュリ管

とし，ベンチュリ管ののどの部分におけるそれらを，A_2, V_2, p_2 とする．

ベンチュリ管が，水平に取り付けられているとすると，ベルヌーイの式より

$$\frac{V_1^2}{2} + \frac{p_1}{\rho} = \frac{V_2^2}{2} + \frac{p_2}{\rho}$$

となる．また，連続の式は $A_1V_1 = A_2V_2$ であるから，この2式より V_1 を消去して

$$V_2 = \frac{1}{\sqrt{1-(A_2/A_1)^2}}\sqrt{\frac{2}{\rho}(p_1-p_2)}$$

となる．したがって，流量 Q は，つぎのようになる．

$$Q = \frac{A_2}{\sqrt{1-(A_2/A_1)^2}}\sqrt{\frac{2}{\rho}(p_1-p_2)} \tag{3.18}$$

いま，図 3.12 のように，U字管圧力計を接続し，その読みを h，U字管に用いた液の密度を ρ_s とすると

$$p_1 - p_2 = gh(\rho_s - \rho)$$

であるから（ただし，管路を流れる流体が気体のときは $\rho_s \gg \rho$ であるから，$p_1 - p_2 = gh\rho_s$ としてよい），次式を得る．

$$Q = \frac{A_2}{\sqrt{1-(A_2/A_1)^2}}\sqrt{2gh\left(\frac{\rho_s}{\rho}-1\right)} \tag{3.19}$$

例題 3.2 図 3.13 のような液体を満たした容器があり，上面は大気に開放されている．この容器の底面に小さな孔を設け，そこから液体が流出しているとする．容器の水面の降下が時間に関係なく一定になるような容器の形状を求めよ．

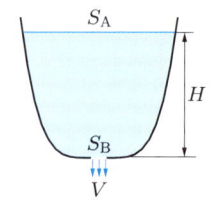

図 3.13 例題 3.2 の図

解 液体の底面から水面までの高さを H とする．このとき，底面にあけられた孔の断面積 S_B に対し，水面の断面積 S_A は非常に大きく，水面の降下速度は孔からの流出速度にくらべ無視できるほど小さい．したがって，定常流れのベルヌーイの式を用いることができ，液体の流出速度 V は

$$\frac{p_a}{\rho} + gz_A = \frac{V^2}{2} + \frac{p_a}{\rho} + gz_B$$

より求められる．p_a は大気圧，$z_A - z_B = H$ であるから

$$V = \sqrt{2gH}$$

となる．容器から流出する流量 Q は $Q = S_B V$ となる．したがって，容器内の流体の減少する流量は Q である．容器の水面の降下速度を V_A とすると，$V_A = -\mathrm{d}H/\mathrm{d}t$ となる．この結果，$Q = S_A V_A$ より

$$\frac{\mathrm{d}H}{\mathrm{d}t} = -\frac{S_B}{S_A}\sqrt{2gH}$$

となる．題意から $\mathrm{d}H/\mathrm{d}t = -C = $ 一定 であるので，$S_A = CS_B\sqrt{2gH}$ (C は定数) となる． (答)

水槽の断面を円形としその半径を r とすると，$S_A = \pi r^2$ である．したがって，$H \propto S_A{}^2 \propto r^4$ となる．砂時計はこのような原理で形状が決められている．

3.6　回転座標系の運動方程式

回転する座標系において，3.3 節と同じようにして運動方程式を求めよう．いま，流れは回転する座標系に対して定常とする．このような流れは，水車やうず巻ポンプの羽根車などに現れる．

図 3.14 に示すように，羽根車は，回転軸 O のまわりに ω の角速度で回転するものとすれば，この羽根車に固定した座標系も角速度 ω で回転する．流体はこの回転座標系に対して，図 3.14 のように相対径路 s の方向に流れるものとし，回転中心 O より半径 r の位置にある流れに沿う微小長さ $\mathrm{d}s$ の流管について，運動方程式を考える．

いま，微小流管の断面積を A，断面 ① の圧力を p とすると，図 3.14 の長さ $\mathrm{d}s$ の微小流体部分にはたらく圧力による s 方向の力は，流れが定常のときは，前述の式 (3.6) と同様に

$$-A\frac{\mathrm{d}p}{\mathrm{d}s}\mathrm{d}s$$

となる．また，重力の加速度による力は，回転軸が鉛直で座標面が水平のときは，ゼロとなり，その他の場合でも，回転円板の半径が小さいときは無視するものとする．

つぎに，この微小流体部分の流れ方向の加速度は，3.3 節と同様にして，定常流のときは $V\,\mathrm{d}V/\mathrm{d}s$ であるが，このほかに，座標系の回転にともなう求心加速度 $r\omega^2$ の流

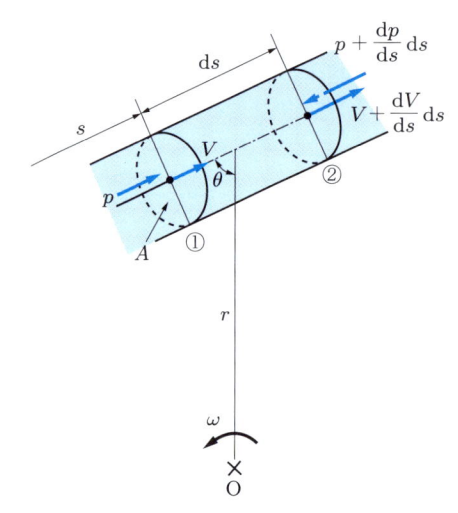

図 3.14 回転座標系の運動方程式 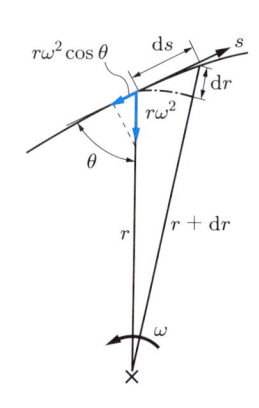　　**図 3.15** 加速度の流れ方向成分

れ方向の成分も考慮に入れなければならない．

いま，図 3.15 のように角度 θ をとると，求心加速度の s 方向の成分は $-r\omega^2\cos\theta$ となるから，結局 s 方向の流体の加速度は

$$V\frac{dV}{ds} - r\omega^2\cos\theta$$

となる．したがって，質量 $\rho A\,ds$ の微小流体部分に対する運動方程式は

$$\rho A\,ds\left(V\frac{dV}{ds} - r\omega^2\cos\theta\right) = -A\frac{dp}{ds}ds$$

となる．さらに，$\cos\theta = dr/ds$ であるから，次式を得る．

$$V\frac{dV}{ds} - r\omega^2\frac{dr}{ds} = -\frac{1}{\rho}\frac{dp}{ds} \tag{3.20}$$

これが，粘性のない流体の回転座標系における流れ方向の運動方程式である．

式 (3.20) を流線に沿って s で積分すると，非圧縮性流体の場合，つぎのような回転座標系におけるベルヌーイの式が得られる．

$$\frac{V^2}{2} - \frac{(r\omega)^2}{2} + \frac{p}{\rho} = 一定$$

つぎに，回転座標系における流れに直角方向の運動方程式は，n を流線に直角に外向きにとり，考えている点の流線の曲率半径を R とすると，図 3.16 より

$$2\omega V - \frac{V^2}{R} - r\omega^2\frac{\partial r}{\partial n} = -\frac{1}{\rho}\frac{\partial p}{\partial n}$$

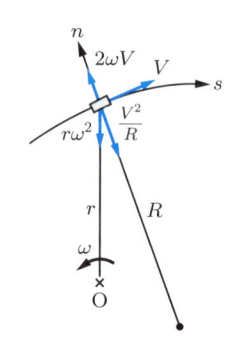

図 3.16 加速度の流れに直角方向成分

となる．ここに，$2\omega V$ は**コリオリ** (Coriolis) **の加速度**，V^2/R は流線が曲がっているための求心加速度，$r\omega^2 \partial r/\partial n$ は座標系の回転による求心加速度の n 方向成分である．

3.7 運動量の法則

物体の質量と速度の積を運動量といい，運動量の単位時間の変化は，その物体に加えられた力に等しい．これを**運動量の法則** (momentum theorem) といい，流体の運動の場合にも，しばしば用いられる．すなわち，つぎのように表される．

$$\text{流体に加えられた力} = \text{単位時間の運動量の増加}$$

力はベクトルで，運動量もベクトルであるから，運動量の法則を適用するときには，それらの方向を考えなければならない．

図 3.17 に示すように，液体が曲がった固体壁の間を定常状態で流れているとき，その断面 ①，② の間にある流体部分を考えよう．このように流体部分をとり囲む閉曲面（いまの場合，断面 ①，② と固体壁面）を，一般に**検査面** (control surface) という．

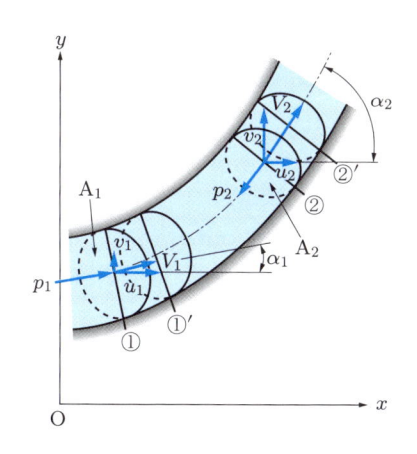

図 3.17 運動量の法則と検査面

いま，この検査面の中にある流体に対して，運動量の法則を適用する．

さて，ある時刻 t において，断面 ① および ② の流体は，微小時間 dt のあとには，それぞれ $V_1 dt$ および $V_2 dt$ だけ進んで，①′ および ②′ の断面に達する．ここに，V_1 および V_2 は，それぞれ断面 ① および ② における速度である．

断面 ①，② の間と ①′，②′ の間との共通部分，つまり ①′，② の間にある流体のもっている運動量の x 成分を M_x とする．また，速度 V_1 および V_2 の x 成分を u_1 および u_2 とすると，時刻 t において，断面 ①，② の間にある流体のもつ x 方向の運動

量は，断面 ①, ①′ の間 (この部分の質量は $\rho_1 A_1 V_1 \,dt$) および ①′, ② の間の運動量の和であるから $(\rho_1 A_1 V_1 \,dt)u_1 + M_x$ であり，また，それより dt 時間後の断面 ①′, ②′ の間にある流体のもつ x 方向の運動量は，同様にして $M_x + (\rho_2 A_2 V_2 \,dt)u_2$ である．すなわち，dt 時間の間に $(\rho_2 A_2 V_2 \,dt)u_2 - (\rho_1 A_1 V_1 \,dt)u_1$ の運動量の差がある．よって，単位時間の x 方向の運動量の差は $\rho_2 A_2 V_2 u_2 - \rho_1 A_1 V_1 u_1$ となる．

いま，この固体壁の間を，単位時間に流れる流体の質量 (これを**質量流量**, mass flow rate という) を G とすると

$$G = \rho_1 A_1 V_1 = \rho_2 A_2 V_2$$

であるから，単位時間の x 方向の運動量の変化は

$$G(u_2 - u_1)$$

となる．y 方向についても，まったく同様にして，単位時間の運動量変化は

$$G(v_2 - v_1)$$

となる．ここに，v_1 および v_2 は，V_1 および V_2 の y 成分である．

以上のことより，つぎのことがわかる．

「流体のもつ運動量の単位時間の変化は，検査面を通って単位時間に流出する流体のもつ運動量 (すなわち，質量流量 × 速度) と，検査面を通って入ってくる運動量との差に等しい」．

つぎに，検査面内にある流体に作用する力の合計を P とし，その x, y 成分を，それぞれ P_x, P_y とすると，運動量の法則は

$$P_x = G(u_2 - u_1), \qquad P_y = G(v_2 - v_1) \tag{3.21}$$

となる．もし流体の密度 ρ が $\rho_1 = \rho_2 = \rho$ であれば，流量を Q とすると

$$G = \rho Q \tag{3.22}$$

であるから，

$$P_x = \rho Q(u_2 - u_1), \qquad P_y = \rho Q(v_2 - v_1) \tag{3.23}$$

となる．式 (3.21) および式 (3.23) を運動量の法則といい，検査面を適当に選ぶことにより，流体の入口および出口の速度を知るだけで，途中の速度がわからなくても，検査面内の流体に加えられた力を知ることができる．この法則は，たとえ流体に粘性があっても成立する．

3.8 運動量の法則の応用

3.8.1 曲がり管内の流れ

図 3.18 のような曲がり管内を，非圧縮性流体が定常で流れる場合を考え，その流量を Q とする．入口と出口の速度を V_1 および V_2 とし，それらの速度ベクトルと x 軸とのなす角を図 3.18 のように α_1, α_2 とすると，速度の x, y 成分は，それぞれ

$$u_1 = V_1 \cos \alpha_1, \quad u_2 = V_2 \cos \alpha_2$$
$$v_1 = V_1 \sin \alpha_1, \quad v_2 = V_2 \sin \alpha_2$$

となる．また，断面 ① および ② の圧力を p_1 および p_2，その断面積をそれぞれ A_1 および A_2 とする．

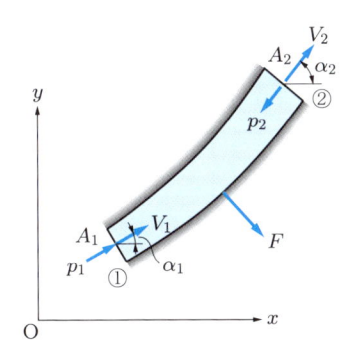

図 3.18 曲がり管内の流れと運動量の法則

流体が管壁面に及ぼす力を F とし，その x, y 成分を F_x, F_y とすると，管壁面が内部の流体に及ぼす力は $-F_x$, $-F_y$ である．また，断面 ① および ② の圧力はそれぞれ p_1, p_2，それぞれの断面の法線と x 軸とのなす角は α_1, α_2 であるから，圧力によって内部の流体に及ぼす力の x, y 方向の成分は

$$p_1 A_1 \cos \alpha_1 - p_2 A_2 \cos \alpha_2, \quad p_1 A_1 \sin \alpha_1 - p_2 A_2 \sin \alpha_2$$

である．したがって，運動量の法則を用いると，式 (3.23) より

$$-F_x + p_1 A_1 \cos \alpha_1 - p_2 A_2 \cos \alpha_2 = \rho Q (V_2 \cos \alpha_2 - V_1 \cos \alpha_1)$$
$$-F_y + p_1 A_1 \sin \alpha_1 - p_2 A_2 \sin \alpha_2 = \rho Q (V_2 \sin \alpha_2 - V_1 \sin \alpha_1)$$

となり，結局，流体より管壁のうける力は次式となる．

$$F_x = \rho Q (V_1 \cos \alpha_1 - V_2 \cos \alpha_2) + p_1 A_1 \cos \alpha_1 - p_2 A_2 \cos \alpha_2$$
$$F_y = \rho Q (V_1 \sin \alpha_1 - V_2 \sin \alpha_2) + p_1 A_1 \sin \alpha_1 - p_2 A_2 \sin \alpha_2 \quad (3.24)$$

なお，上式では，外力としての流体の重量を省略しているが，重力の影響を考えるときは，断面①，② 間の流体の重量の x, y 成分を上式の右辺に追加すればよい．

3.8.2 壁面に衝突する噴流

断面積 A で，速度 V の噴流が，壁面に直角に衝突する場合を考える．壁面に当たった流体は，壁面に沿って四方へ流れる．図 3.19 には，この噴流の壁面上における圧力分布を示している．すなわち，壁の中心の圧力はもっとも大きく，その値は $\rho V^2/2$ であって，中心より遠ざかるにつれて，小さくなっている．いま，破線で示すような検査面をとり，運動量の法則を適用すると，圧力分布の形状とは無関係に，壁面のうける力を求めることができる．すなわち，噴流のもつ運動量

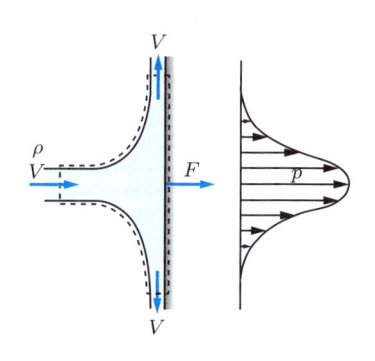

$$\rho Q V \quad (= \rho A V^2)$$

図 3.19 壁面に衝突する噴流

が，壁によって直角に曲げられ，初めの方向の運動量がゼロとなるから，壁面のうける噴流方向の力の大きさは，つぎのようになる．

$$F = \rho A V^2 \tag{3.25}$$

つぎに，十分大きい壁面のかわりに，小さい平板のときは，図 3.20 のように，噴流が平板に衝突すると，平板の面の方向に流れず，噴流と θ の角度の方向に流れ去る．この場合には，噴流方向の速度成分は V から $V\cos\theta$ に変わるので，平板に作用する力は

$$F = \rho Q (V - V\cos\theta) = \rho A V^2 (1 - \cos\theta) \tag{3.26}$$

となる．θ が 90° 以上となると，$\cos\theta$ は負となり，F の値は十分大きい壁面の場合より大きくなる．この代表的な例は，図 3.21 に示す**ペルトン水車** (Pelton wheel) の**水受け** (bucket) である．噴流の速度を V，その直径を d，水の流れ出る角を図 3.21 のように $\beta\,(=\pi-\theta)$ とすると，

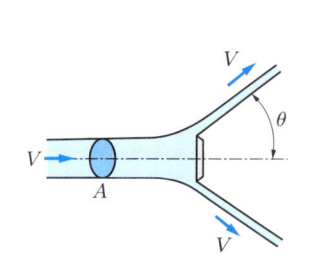

図 3.20 小さな平板に衝突する噴流 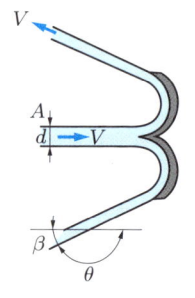 **図 3.21** 水受けに衝突する噴流

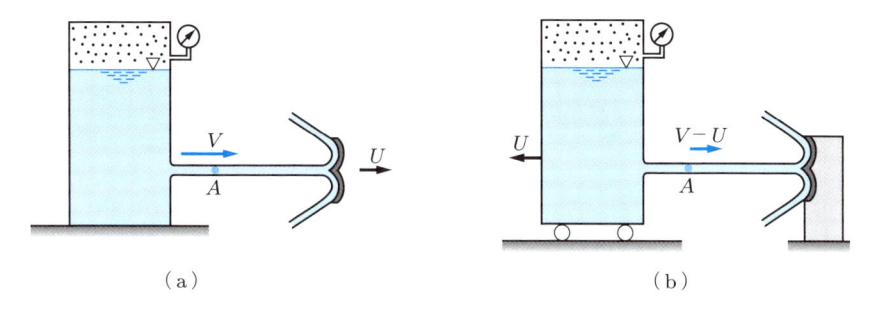

図 3.22 相対運動する水受けと噴流

$$F = \rho A V^2 (1 + \cos\beta) = \rho \frac{\pi}{4} d^2 V^2 (1 + \cos\beta) \tag{3.27}$$

となる．噴流が，180°方向を変え $\beta = 0$ で流出する場合には，水受けに作用する力は式 (3.25) の倍となる．

さて，速度 V の噴流が，図 3.22 (a) のように，流れの方向へ U の速度で移動する1個の水受けに当たる場合を考える．もしも，観察者が，水受けとともに U の速度で移動するならば，流れの相対的関係は，図 3.22 の (b) に示すように，水受けを固定し，容器を U で左へ移動させた場合になる．この場合には，噴流の絶対速度は $V - U$ であって，図 3.22 (a) の場合も，水受けに対する噴流の相対速度は $V - U$ である．したがって，水受けに作用する力は，両者とも同じであって

$$F = \rho A (V - U)^2 (1 + \cos\beta) \tag{3.28}$$

となる[*1]．

例題 3.3 図 3.23 のように，断面積 S の噴流が θ 傾いた大きな平板に衝突している．噴流の速度を V とする．平板がケース 1 のように噴流と同方向に速度 u で動いている場合と，ケース 2 のように平板に対して角度 β で速度 u で動いている場合について，それぞれ平板のうける力 F を求めよ．ただし，速度 u は噴流の速度 V にくらべて小さいとする．

[*1] このとき，単位時間に水受けに入る流体の質量は，$\rho A(V - U)$ であって，ノズルから流出する量より少ないのは，容器が水受けに対して相対的に左へ動いているため（図 3.22 (b)），その差だけ容器と水受けとの間の部分の噴流の長さが長くなるためである．

(a) ケース 1

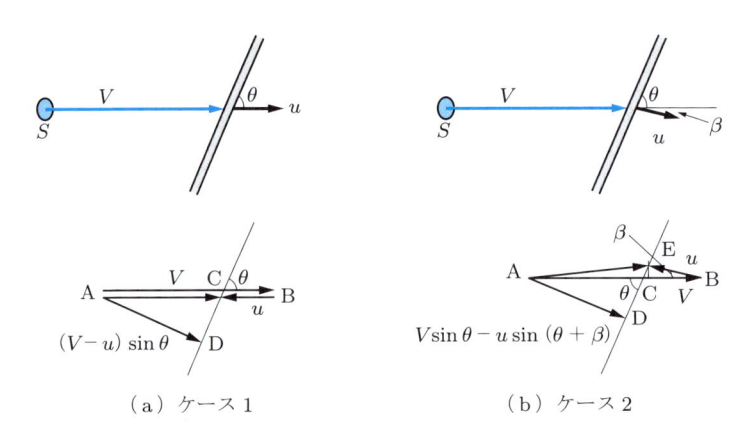

(b) ケース 2

図 3.23　例題 3.3 の図

解　平板に固定した座標系で考えて運動量の法則を利用するとよい．まず，噴流が平板に衝突する流量 Q を求めよう．平板に固定した相対速度場では，平板に衝突する噴流速度ベクトルは，ケース 1 では速度線図の AC，ケース 2 では AE である．したがって，噴流断面積に垂直に通過する流速は，両ケースとも AC である．よって，

$$\text{ケース 1}: Q = \rho S(V - u)$$

$$\text{ケース 2}: Q = \rho S(V - u\cos\beta)$$

となる．つぎに，粘性を考えていないので，平板はその面に垂直方向に力 F をうける．したがって，平板に垂直方向速度を求めるとよいことになる．ケース 1 では $\text{AD} = (V-u)\sin\theta$，ケース 2 では $\text{AD} = V\sin\theta - u\sin(\pi - \theta - \beta)$ となる．よって，

$$F = \begin{cases} Q(V-u)\sin\theta = \rho S(V-u)^2 \sin\theta & : \text{ケース 1} \\ Q(V\sin\theta - u\sin(\theta+\beta)) \\ \quad = \rho S(V - u\cos\beta)(V\sin\theta - u\sin(\theta+\beta)) : \text{ケース 2} \end{cases} \quad \text{(答)}$$

例題 3.4　プロペラが回転し，そのときの進行速度を V とする．プロペラ面 BB$'$ では速度 V から u に増速している．このとき，プロペラ面を通過する流速 V_m と，推力 T および理論効率 η を求めよ．ただし，プロペラ面の断面積は A である．

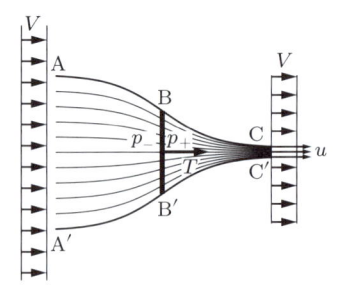

図 3.24　例題 3.4 の図

解　検査面を図 3.24 の ABCC$'$B$'$A$'$ ととる．AA$'$ 面を通過する流れがプロペラ面 BB$'$ で

増速され，後流では CC' 面を通過する．プロペラ面を通過する流量 Q は $Q = AV_m$ である．運動量の法則から，推力 T は

$$T = \rho Q(u - V) \quad \text{(答)}$$

となる．つぎに，プロペラ面の前後の圧力を p_- と p_+ とすると，推力 T は

$$T = A(p_+ - p_-)$$

となるので，これらの二つの式からつぎの式が得られる．

$$p_+ - p_- = \rho V_m(u - V)$$

一方，プロペラ面を通過する前と後では全圧が異なっている．したがって，ベルヌーイの式はプロペラ面を通過する前と後とで別々に適用する必要がある．大気圧を p_a とすると，ベルヌーイの式から

$$p_a + \frac{1}{2}\rho V^2 = p_- + \frac{1}{2}\rho V_m{}^2, \quad p_a + \frac{1}{2}\rho u^2 = p_+ + \frac{1}{2}\rho V_m{}^2$$

よって，

$$p_+ - p_- = \frac{1}{2}\rho(u^2 - V^2)$$

となる．これらの式から，$p_+ - p_- = \rho V_m(u - V) = (1/2)\rho(u^2 - V^2)$ となり，プロペラ面を通過する速度 V_m は

$$V_m = \frac{1}{2}(V + u) \quad \text{(答)}$$

となる．つぎに，プロペラの単位時間あたりの仕事 P（仕事率）は，前進速度が V であるので

$$P = TV = \rho QV(u - V)$$

である．一方，流体のもっているエネルギーは運動のエネルギーであるので，プロペラにより流体に与えられたエネルギー P_{in} は

$$P_{in} = \rho Q \frac{1}{2}(u^2 - V^2)$$

となる．よって，理論効率 η はつぎのようになる．

$$\eta = \frac{TV}{P_{in}} = \frac{V(u - V)}{(1/2)(u^2 - V^2)} = \frac{V}{(1/2)(u + V)} = \frac{V}{V_m} \quad \text{(答)}$$

例題 3.5 ウォータージェット船が 36 km/h で進んでいる．この船は船底から水を取り入れ，船尾より水を後方に噴出させながら推力を得ている．この船に対する噴流の相対速度は 72 km/h，流量は 3.0 m³/s である．このとき，この船の得ている推力を求めよ．また，このときには船の推進効率が最大になっていることを証明せよ．

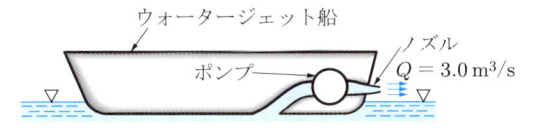

図 3.25 例題 3.5 の図

解 船に作用する力，すなわち推力 F は，運動量の法則を適用することにより求められる．

噴流の船に対する相対速度 V_1 は
$$V_1 = 72 \times 10^3 \,\mathrm{m}/3600\,\mathrm{s} = 20\,\mathrm{m/s}$$
となる．また，船の速度 V_2 は
$$V_2 = 36 \times 10^3 \,\mathrm{m}/3600\,\mathrm{s} = 10\,\mathrm{m/s}$$
であるから，周囲の水に対する噴流の速度 V は
$$V = V_1 - V_2 = 20\,\mathrm{m/s} - 10\,\mathrm{m/s} = 10\,\mathrm{m/s}$$
となる．よって，推力 F はつぎのようになる．
$$F = \rho Q V = 1000\,\mathrm{kg/m^3} \times 3.0\,\mathrm{m^3/s} \times 10\,\mathrm{m/s} = 30\,\mathrm{kN} \quad\text{(答)}$$

つぎに，推進効率 η は，噴流の単位時間あたりになす仕事（船の得た仕事率）$L = FV_2$ と単位時間あたりに流出する噴流のもつ運動エネルギー $E = (1/2)\rho Q V_1^2$ との比である．噴流の仕事率 L は
$$L = FV_2 = \rho Q V V_2 = \rho Q(V_1 - V_2)V_2$$
であるから，推進効率 η は
$$\eta = \frac{L}{E} = \frac{\rho Q(V_1 - V_2)V_2}{(1/2)\rho Q V_1^2} = 2\frac{V_2}{V_1}\left(1 - \frac{V_2}{V_1}\right)$$
となる．上式より，効率 η が最大となるのは $V_2/V_1 = 1/2$ のときで，$\eta = 0.5$ である．この例題の場合，ウォータージェット船の速度 $10\,\mathrm{m/s}$ と噴流の速度 $20\,\mathrm{m/s}$ との速度の比が $1/2$ となるので，船の推進効率は最大である． (答)

3.9 角運動量の法則と物体のうけるトルク

ある点まわりに静止または回転している物体に，**トルク** (torque) が加えられるとすると，その点まわりの物体の**角運動量** (angular momentum) が変化する．すなわち，次式が成り立つ．

　　　　加えられたトルク ＝ 単位時間の角運動量の増加

これを角運動量の法則といい，流体運動においても，この法則が用いられる．また，たとえ流体に粘性があっても，この法則は成立する．

図 3.26 は，フランシス水車の車軸に直角に切った羽根車の断面を示し，水は外側より V_1 の速度で羽根車の円周方向に α_1 の角度で流れ込み，内側より V_2 の速度で α_2 の角度で流出して，最後に軸方向に流れ去る．

羽根車の外径，内径をそれぞれ，r_1 および r_2 とし，その回転角速度を ω とすると，羽根車の円周速度 u_1 および u_2 は
$$u_1 = r_1\omega, \quad u_2 = r_2\omega$$
である．

水は四方から羽根車に流れ込み，羽根車の回転のために，羽根に対しては，相対的

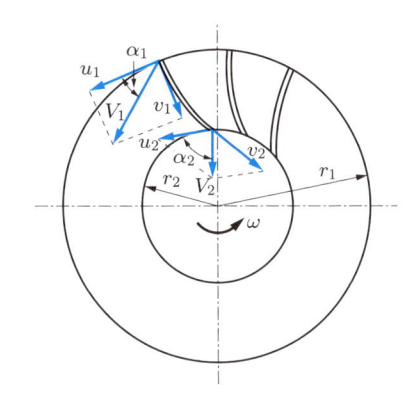

図 3.26　フランシス水車と角運動量の法則

に v_1 の速度となり，その方向は羽根の方向と一致するように設計されている．水は羽根の間を流れていくうちに速度と方向を変え，内側より流れ出る．

いま，流量を Q とすると，入口円周上で水のもつ円周方向の運動量は $\rho Q V_1 \cos \alpha_1$ であるから，羽根車の中心まわりの角運動量は $\rho Q V_1 \cos \alpha_1 \cdot r_1$ であり，出口円周上の角運動量は，同様にして $\rho Q V_2 \cos \alpha_2 \cdot r_2$ である．よって，角運動量の法則により，羽根車のうけるトルク T は

$$T = \rho Q (V_1 r_1 \cos \alpha_1 - V_2 r_2 \cos \alpha_2) \tag{3.29}$$

となる．なお，羽根車の角速度は ω であるので，軸に伝わる動力 L は

$$L = T\omega \tag{3.30}$$

で求められる．

3.10　流体の回転運動

流体がある点まわりに，定常回転する場合，流体の微小四辺形がうける変化を考えてみよう．

一般に，流れの中の微小四辺形のうける変化は，図 3.27 に見られるように，**平行移動** (translation)，**回転** (rotation) および**ひずみ変形** (deformation) の三つから成り立っている．図中に示す矢印は，流体粒子に付けたマークの向きを示し，微小四辺形の対角線の角の二等分線の方向と一致している．ここで，流体粒子とは，幾何学的な点ではなく，ある大きさをもった流体の小球を指している．

このうち，とくに，流体粒子の回転がゼロであるような流れ，すなわち，平行移動とひずみをうけるような流体運動（図 3.27 (a) と (c)）を，**うずなしの流れ** (irrotational flow) または，**ポテンシャル流れ** (potential flow) という．これに対し，図 3.27 (b) の

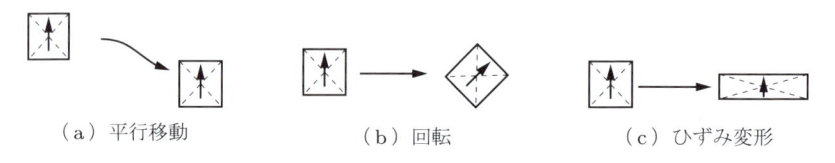

(a) 平行移動　　　（b）回転　　　（c）ひずみ変形

図 3.27　流れ中の流体要素の運動

ように流体粒子が回転する流れを，回転流れまたは**うずのある流れ** (rotational flow) という．

いま一つの流れの例として，二次元の平行流れで，速度の大きさが，図 3.28 のように直線的に変化している場合を考えよう．このような流れを，**せん断流れ** (shear flow) といい，粘性のある流体などの壁面近くの流れで，回転とせん断ひずみ変形をうけていることがわかる．このような流体運動は，うずのある流れのもっとも簡単な例であって，流体のすべての粒子が回転しているような平行な流れである．

つぎに，流体がある鉛直軸のまわりに定常回転しているときの圧力を調べる．この場合には，すべての流線は同心円となる．

図 3.29 のように，半径 r の所の幅 dr，厚さ dz の長方形断面のドーナツ状の流管を考え，これにベルヌーイの式を適用し，u を円周方向の速度，p を圧力，p_t を全圧とすると，

$$\frac{\rho}{2}u^2 + p = p_t$$

となる．ここに，p_t は流線に沿って一定であるから，円周方向には一定であるが，半径が異なる同心円の流線では，一般に，異なった一定値をとる．上式を r について微分すると，次式を得る．

$$\frac{dp_t}{dr} = \rho u \frac{du}{dr} + \frac{dp}{dr} \tag{3.31}$$

さて，図 3.29 のこの流管の微小体積 $dr\,dz\,ds$ の流体部分にはたらく半径方向の力の

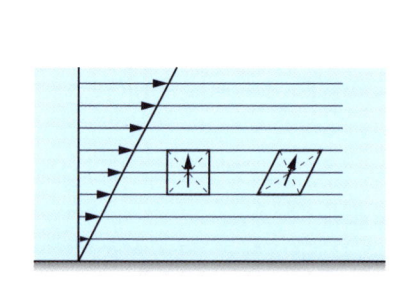

図 3.28　せん断流れ中の流体要素の運動 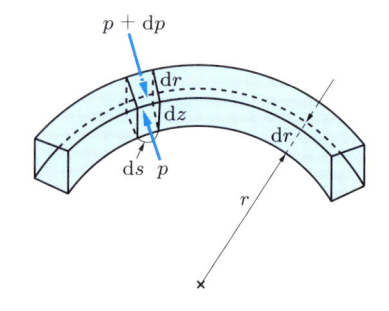　　図 3.29　長方形断面ドーナツ状流管

釣合い（すなわち，遠心力と圧力差 dp による力の釣合い）から，つぎの関係が得られる．

$$\rho\,dr\,dz\,ds\frac{u^2}{r} = dp\,dz\,ds \qquad \therefore\quad \frac{dp}{dr} = \rho\frac{u^2}{r} \tag{3.32}$$

式 (3.32) を式 (3.31) に代入すると，

$$\frac{dp_\mathrm{t}}{dr} = \rho\left(u\frac{du}{dr} + \frac{u^2}{r}\right) \tag{3.33}$$

が得られる．

3.10.1 強制うず

図 3.30 のように，円周速度 u が半径 r に比例するとき，これを**強制うず** (forced vortex) という．

すなわち，

$$u = \omega r, \qquad \frac{du}{dr} = \omega \quad (\omega：一定) \tag{3.34}$$

である．この場合は，流体は剛体と同じように一体となって，中心 O のまわりを回転していて，流体粒子もまた角速度 ω で回転する．式 (3.34) を式 (3.33) に代入すると

$$\frac{dp_\mathrm{t}}{dr} = 2\rho\omega^2 r$$

となり，これを積分して $r = 0$ で $p_\mathrm{t} = 0$ とすれば，

$$p_\mathrm{t} = \rho\omega^2 r^2 = \rho u^2 \tag{3.35}$$

となる．一方，一般に $p_\mathrm{t} = \rho u^2/2 + p$ であるので，上式と比較すると

$$p = \frac{1}{2}\rho u^2 = \frac{1}{2}\rho\omega^2 r^2 \tag{3.36}$$

となり，流体の圧力（静圧）p は，中心でゼロで，半径 r の 2 乗に比例して大きくなり，また，静圧と動圧とがちょうど等しくなっていることがわかる．

つぎに，自由表面のある液体が，図 3.31 のように強制うず運動をしているときを考え，その液面高さを $r = 0$ で $z = 0$ とすれば，半径 r の点における圧力 p は，式 (3.36) より $p = \rho\omega^2 r^2/2$ となるので，図の点 A における液面の高さ $(z = p/(\rho g))$ は

$$z = \frac{\omega^2 r^2}{2g} \tag{3.37}$$

となる．

3.10.2 自由うず

流体の円周速度 u が，その中心からの距離に反比例するとき，これを**自由うず** (free vortex) という．

すなわち，

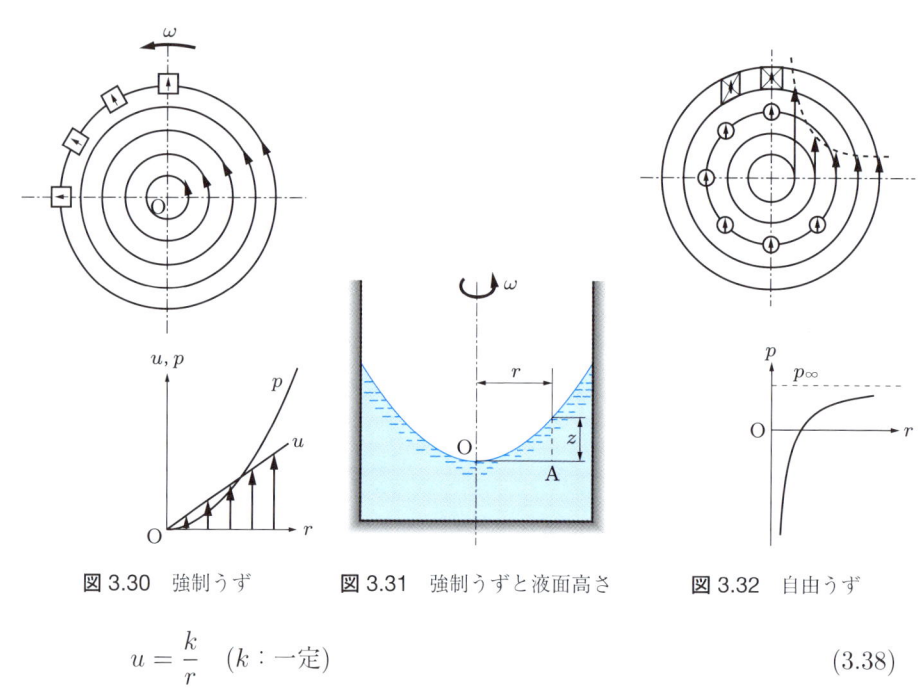

図 3.30　強制うず　　図 3.31　強制うずと液面高さ　　図 3.32　自由うず

$$u = \frac{k}{r} \quad (k:一定) \tag{3.38}$$

である．この場合の流れの状態は，図 3.32 のようになり，作図より調べると，流体粒子は回転せず，円形の流線に沿って運動していることがわかる（流体の微小四辺形はせん断変形しながら移動している）．したがって，この場合は，うずなしの流れであり，流れのいたるところで全圧 p_t は一定である[*1]．3.10.1 項でのべた強制うずでは，同じように円運動であるが，ベルヌーイの式はおのおのの流線上では成立するものの，その定数はおのおのの流線で異なっている．これにくらべ，本項の自由うずでは，ベルヌーイの定数はいたるところで一定である．

さて，式 (3.38) のような速度分布から，流体の速度 u と半径 r との積が一定であることがわかる．とくに，円周速度 u と円周の長さ $2\pi r$ との積を考えて，これを円運動の場合における循環 Γ という．

すなわち

$$\Gamma = 2\pi r u \tag{3.39}$$

である．つぎに，半径 r における円周速度 u は，上式より

$$u = \frac{\Gamma}{2\pi} \frac{1}{r} \tag{3.40}$$

であるから，その点における圧力 p は，無限遠 ($r = \infty$) における圧力を p_∞ とする

[*1] 式 (3.38) より $du/dr = -k/r^2 = -ur/r^2 = -u/r$ となるから，これを，式 (3.33) に代入すると $dp_t/dr = 0$ となり，流体の全圧 p_t は，半径 r に無関係で一定である．

と，ベルヌーイの式より

$$\frac{\rho}{2}\left(\frac{\Gamma}{2\pi r}\right)^2 + p = 0 + p_\infty$$

ゆえに

$$p = p_\infty - \frac{\rho}{8\pi^2}\frac{\Gamma^2}{r^2} \tag{3.41}$$

となり，$r = 0$ においては，負の無限大 ($p = -\infty$) となることがわかる．

3.10.3 組合せうず

半径 r が，ある値 r_1 より小さい部分で強制うず，r が r_1 より大きい外側部分で自由うずとなっているものを，**ランキンの組合せうず** (Rankine's compound vortex) という（図 3.33）．

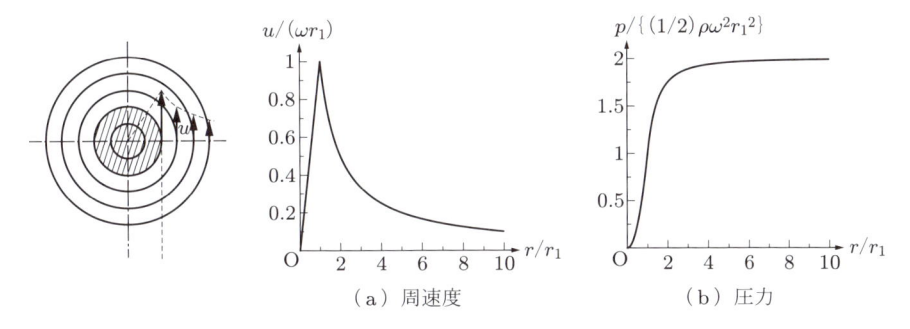

図 3.33 ランキンの組合せうず

円周速度 u および圧力 p は，$r = r_1$ において連続である．実在の流体がつくる自然のうずは，この組合せうずに近いものが多い．この理由は，3.10.2 項でのべた自由うずでは中心付近の速度勾配 du/dr がとくに大きくなり，粘性の影響が強く作用して，この付近で流体は，いわゆる，剛体的回転に近づくからである．

例題 3.6 半径 r が，ある値 r_1 より小さい部分で強制うず，r が r_1 より大きい外側部分で自由うずとなっているランキンの組合せうずにおける圧力分布を半径 r を用いて表せ．

解 組合せうずにおける円周速度 u と圧力 p は，ω を角速度，Γ を循環，p_∞ を無限遠 ($r = \infty$) における圧力とすると，強制うずおよび自由うずのそれぞれの領域において，式 (3.34) と式 (3.36) および式 (3.40) と式 (3.41) によって表される．すなわち，
強制うず ($r \leqq r_1$)

$$\begin{cases} u = \omega r \\ p = \dfrac{1}{2}\rho\omega^2 r^2 \end{cases}$$

自由うず $(r \geqq r_1)$

$$\begin{cases} u = \dfrac{\varGamma}{2\pi}\dfrac{1}{r} \\ p = p_\infty - \dfrac{\rho}{8\pi^2}\dfrac{\varGamma^2}{r^2} \end{cases}$$

となる．ここで，境界半径 $r = r_1$ において，強制うずの速度と圧力および自由うずの速度と圧力がそれぞれ連続であることより，式中の定数間の関係は

$$\begin{cases} \dfrac{\varGamma}{2\pi} = \omega r_1{}^2 \\ p_\infty = \rho\omega^2 r_1{}^2 \end{cases}$$

となる．よって，上式の関係を用いることにより，組合せうずにおける圧力分布 $p(r)$ は以下のようになる．

$$p(r) = \dfrac{1}{2}\rho\omega^2 r^2 \quad (r \leqq r_1)$$

$$p(r) = p_\infty - \dfrac{\rho}{8\pi^2}\dfrac{\varGamma^2}{r^2} = \rho\omega^2 r_1{}^2 - \dfrac{1}{2}\rho\omega^2\dfrac{r_1{}^4}{r^2} = \rho\omega^2 r_1{}^2\left(1 - \dfrac{r_1{}^2}{2r^2}\right) \quad \text{(答)}$$

$(r \geqq r_1)$ （図 3.33 参照）

3.10.4　放射流れと自由うずとの組合せ

図 3.34 (a) に示すように，水平で単位厚さの放射線状流路に流体が流れる場合は，中心部を除いて，流れは二次元流れである．このとき，中心より半径 r_1，r_2 の距離にある点の半径方向の速度を，それぞれ v_1，v_2 とすると，連続の条件より

$$2\pi r_1 v_1 = 2\pi r_2 v_2 = Q \quad (Q：\text{一定})$$

となる．ここに，Q は流量である．したがって，任意の半径 r における速度 v は

$$v = \dfrac{Q}{2\pi r} \tag{3.42}$$

となる．

（a）放射流れ　　（b）自由うずとの組合せ流れ

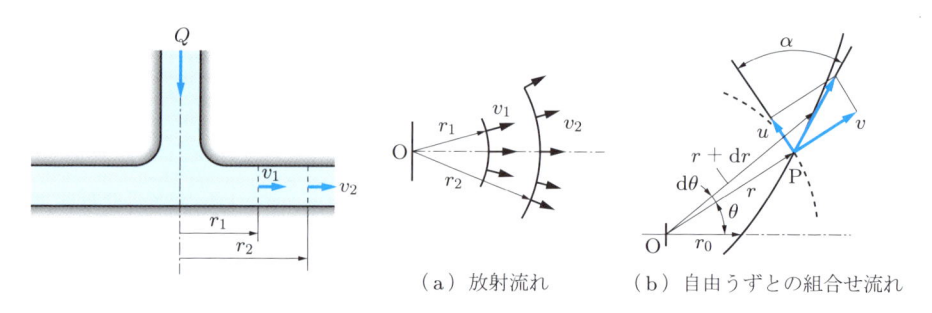

図 3.34　放射流れと自由うずとの組合せ流れ

3.10 流体の回転運動 65

上のような放射状流れと自由うずとが組み合わされた場合，その流線上の点 P における流れの分速度を，図 3.34 (b) のように v および u とすると，dt 時間に流体の進む距離は，半径および円周方向に，それぞれ

$$dr = v\,dt, \qquad r\,d\theta = u\,dt$$

となる．よって，この第 1 式を第 2 式で割って，v および u に，それぞれ，式 (3.42) および式 (3.40) を代入すると

$$\frac{dr}{r\,d\theta} = \frac{v}{u} = \frac{Q}{2\pi r}\frac{2\pi r}{\Gamma} = \frac{Q}{\Gamma} = \text{一定}$$

となる．一方，図 (b) のように角度 α をとると $v/u = \tan\alpha$ であるから，上式より α は一定となることがわかる．また，上式より

$$\frac{dr}{r\,d\theta} = \tan\alpha \qquad \therefore \quad \frac{dr}{r} = \tan\alpha \cdot d\theta$$

となるから，これを積分して $\theta = 0$ において $r = r_0$ より積分定数を定めると

$$\ln\frac{r}{r_0} = \theta\tan\alpha, \qquad r = r_0 e^{\theta\tan\alpha} \tag{3.43}$$

となる．これは対数らせんの式であり，α はこの曲線が円周方向となす角である．

竜巻や台風の空気の流れ，バスタブや鳴門のうず潮のような水の流れなど自然界に生じる永続性のある流体の回転運動は，このような組合せうずに属するものが多い．

例題 3.7 図 3.28 の流れでは，流体要素が回転運動とひずみ変形していることを示せ．

解 図 3.35 (a) に示す微小な四辺形の流体要素 ABCD を取り上げる．この流体要素が微小時間 δt 経過後は A′B′C′D′ と変形しているとする．四辺形 A′B′C′D′ を平行移動させて頂点 A′ を A に一致させる．回転速度 $(1/2)\omega$ の回転運動のみしている場合は，図 3.35 (b) のように，辺 AB と AD は反時計方向に角度 $(1/2)\omega\,\delta t$ 回転する．一方，ひずみ変形のみしている場合は，図 3.35 (c) のように，辺 AB と AD は反時計方向と時計方向にそれぞれ $\gamma\,\delta t$ 回転し，ひし形に変形する．

図 3.28 の場合，AB と A′B′ とのなす角度はゼロであるので，次式を得る．

$$\left(\gamma + \frac{1}{2}\omega\right)\delta t = 0$$

よって，$\gamma = -(1/2)\omega$ となる．また，AD と A′D′ のなす角度は $\beta\,\delta t$ $(\beta = du/dy)$ である．したがって，

$$\left(\gamma - \frac{1}{2}\omega\right)\delta t = \beta\,\delta t$$

となる．以上の結果から，

$$\omega = -\frac{du}{dy}, \qquad \gamma = \frac{1}{2}\frac{du}{dy}$$

となり，この流れは回転運動とひずみ変形していることがわかる． (答)

(a)

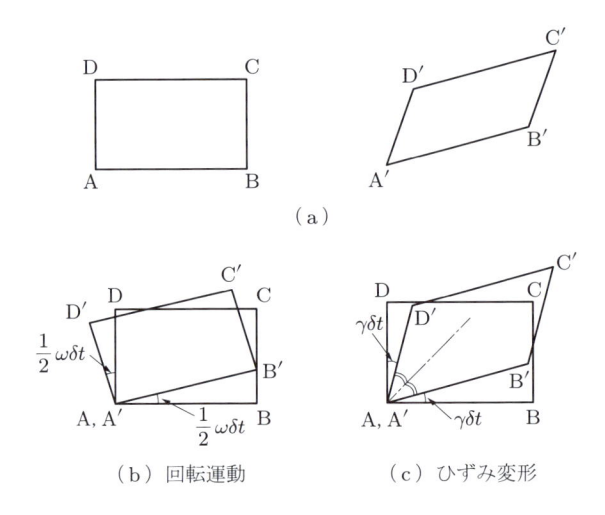

(b) 回転運動   (c) ひずみ変形

図 3.35　例題 3.7 の図

　流体要素 ABCD が A′B′C′D′ に変形したとき，頂点 A と A′ を平行移動で重ねた場合，辺 AB から辺 A′B′ への反時計方向の偏角を $\theta_1 \delta t$ とすると $\theta_1 = (1/2)\omega + \gamma$ であり，辺 AD から辺 A′D′ への反時計方向の偏角を $\theta_2 \delta t$ とすると $\theta_2 = (1/2)\omega - \gamma$ となる．したがって，辺 AB と AD の微小時間後の偏角を調べると，回転運動とひずみ変形が次のようにわかる．$\omega = \theta_1 + \theta_2$，$\gamma = (1/2)(\theta_1 - \theta_2)$．また，図 3.35 (b) からわかるように，微小四辺形要素の対角線が回転運動では $(1/2)\omega \delta t$ 反時計方向に回転し，ひずみ変形では頂点 A (A′) の頂角の二等分線は回転していない．

例題 3.8　自由うずでは流体要素は回転運動していないことを示せ．

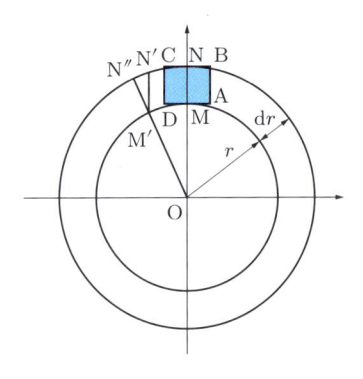

解　図 3.36 に示すような y 軸にある微小な流体要素を ABCD としよう．この要素は同じ円周上を移動する．この四辺形の上辺と下辺の中点を結んだ線分 MN の向きが時間経過によって変わらないことを示せば，この要素は回転運動していないことになる（つまり，辺 AB と CD は時間が経過しても同じ向きである）．点 M と N の初期の位置は，半径 r と $r+\mathrm{d}r$ の円周上にあり，周速度は k/r，$k/(r+\mathrm{d}r)$ である．微小時間 δt 経過すると，それぞれ同じ半径の円周上を角度 $(k/r^2)\delta t$ と $\{k/(r+\mathrm{d}r)^2\}\delta t$ 反時計方向に回転する．その点を M′ と N′ とする．つぎに，原点 O と M′ を結ぶ線を延長して半径 $r+\mathrm{d}r$ の円周と交わる点を N′′ とする．このとき，MM′ と NN′ の弧の長さはそれぞれ $(k/r)\delta t$ と $\{k/(r+\mathrm{d}r)\}\delta t$ となり，NN′′ の弧の

図 3.36　例題 3.8 の図

長さは $(k/r^2)\,\delta t \cdot (r+\mathrm{d}r)$ である．よって，$\mathrm{N'N''}$ の弧の長さは，$(\mathrm{d}r)^2$ より小さい微小量を省略すると，

$$\text{弧 N'N''} = \frac{k(r+\mathrm{d}r)}{r^2}\delta t - \frac{k}{r+\mathrm{d}r}\delta t = \frac{2k}{r^2}\mathrm{d}r\,\delta t$$

となる．したがって，線分 $\mathrm{M'N''}$ に対して線分 $\mathrm{M'N'}$ は角度 $(2k/r^2)\delta t$ の回転遅れとなっている．点 $\mathrm{M'}$ は角度 $(k/r^2)\delta t$ 回転していることから，線分 $\mathrm{M'N'}$ は初期の線分 MN に平行であることがわかる． (答)

演習問題

問題 3.1 図 3.37 に示すように，径違いの管路を毎分 $18\,\mathrm{m}^3$ の水が流れている．このとき，1 秒間あたりの流量，および内径 $300\,\mathrm{mm}$ と $200\,\mathrm{mm}$ 管におけるそれぞれの平均速度を求めよ．

問題 3.2 図 3.38 に示すように，空気の流れている管の側面に多数の小孔をあけ，それらの孔より管側面と $30°$ の方向に一部の空気が流出しているものとする．いま，小孔全体の面積が $1\,\mathrm{m}^2$ であるとき，空気の平均流出速度 V を求めよ．

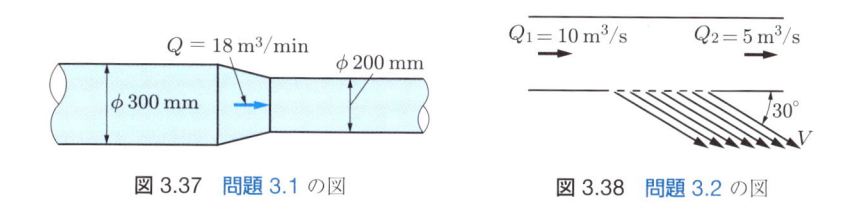

図 3.37 問題 3.1 の図

図 3.38 問題 3.2 の図

問題 3.3 図 3.39 に示すように，大きな水槽からサイフォンによって水を放出している．サイフォンの管内径は $50\,\mathrm{mm}$ で，その出口は内径 $25\,\mathrm{mm}$ のノズルになっているとき，流出する水の流量を求めよ．また，図の点 B，C，D および E での圧力を求めよ．ただし，すべての損失は無視する．

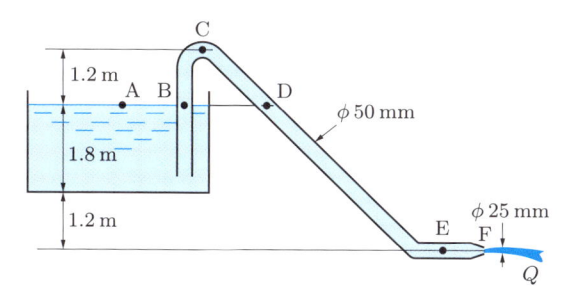

図 3.39 問題 3.3 の図

問題 3.4 図 3.40 に示すように，大きな容器からの細い水噴流が，前方で下方にある壁を越すために必要な容器内の最低水位 d を求めよ．

問題 3.5 図 3.41 に示すように，ノズル出口にピトー管を挿入し，水銀を入れた U 字管圧力計に連結すると，その示差は 750 mm であった．このとき，ノズルからの水の流出流量を求めよ．ただし，水および水銀の温度はそれぞれ 10℃ とする．

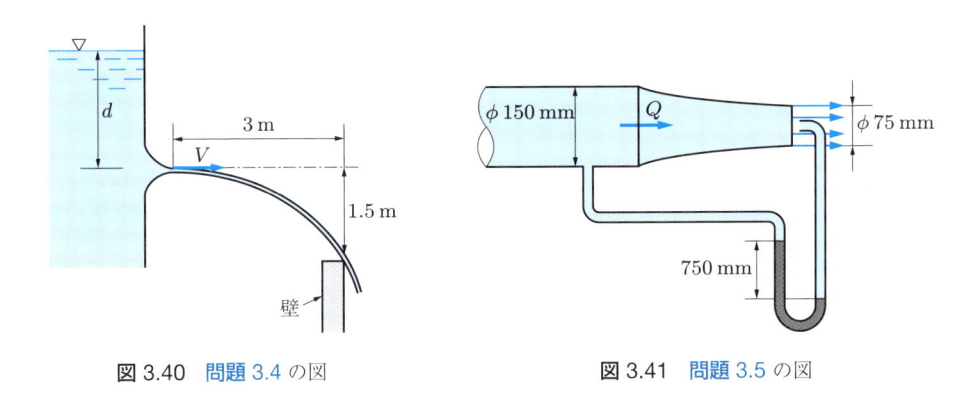

図 3.40 問題 3.4 の図

図 3.41 問題 3.5 の図

問題 3.6 図 3.42 に示すような管路系を，原油が流れている．いま，内径 300 mm の管の断面 ① と内径 150 mm の管の断面 ② との鉛直距離が 1.5 m である．断面 ①，② より取り出された圧力が，U 字管に接続され，その読みの差が，温度 15℃ の水銀柱で 480 mm であるとき，この管路を流れる原油の流量を求めよ．ただし，原油の密度は 800 kg/m^3 とする．

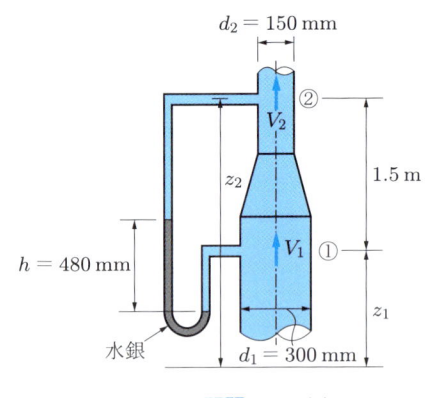

図 3.42 問題 3.6 の図

問題 3.7 図 3.12 に示すように，入口内径 200 mm，のど部内径 95 mm のベンチュリ管内を比重 1.264 のグリセリンが流れている．いま，比重 13.60 の水銀を入れた U 字管圧力計の示差が 350 mm であった．このとき，管内を流れるグリセリンの流量を求めよ．

問題 3.8 図 3.20 に示すように，直径 40 mm の水噴流が速度 60 m/s で小さな固定円板に衝突し，噴流と 60° の角で円板から流れ去るとき，この円板がうける力を求めよ．

問題 3.9 図 3.43 のように，流れ方向に速度 30 m/s で移動する 1 個の水受けに直径 50 mm，速度 45 m/s の水噴流が当たり，180° 方向を曲げられるとき，この水受けに作用する力を求めよ．

問題 3.10 図 3.44 に示すように，水槽 ② には水面下 3 m の所に直径 125 mm の孔があり，この孔の出口に上部をピンで支持され，ピンを中心として回転する板がつるされている．いま，水槽 ① の水面下 H の所に直径 150 mm のノズルが設けられ，このノズルより噴出する水噴流が板に垂直に衝突し，水槽 ② の壁面と 30° の角度で流出する．
この噴流の板に及ぼす力により水槽 ② の孔からの水の流出を止めるには，水槽 ① の水面の高さ H を最低いくらにすればよいか．

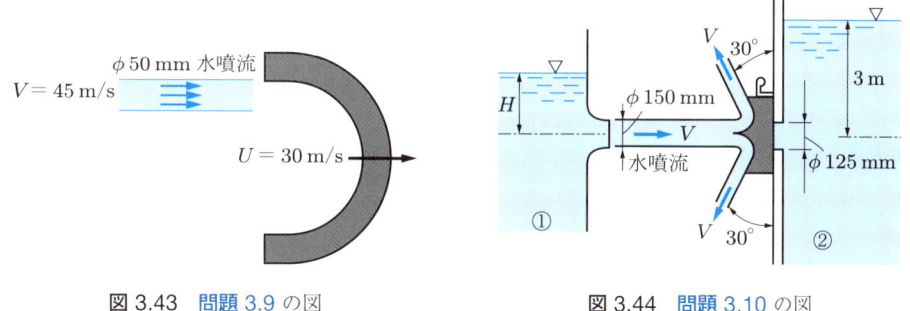

図 3.43 問題 3.9 の図

図 3.44 問題 3.10 の図

問題 3.11 図 3.45 のように，水平におかれた入口 (①) 内径 300 mm，出口 (②) 内径 200 mm の 60° 曲がり管の中を水が 200 L/s で流れている．いま，入口での圧力が 150 kPa のとき，水が曲がり管に及ぼす力の大きさと方向を求めよ．

問題 3.12 図 3.46 に示すようなフランシス水車において，$r_1 = 1.5$ m，$r_2 = 1.0$ m，$\beta_1 = 95°$，$\beta_2 = 150°$，羽根車の軸方向の幅が 0.3 m である．いま，この水車が毎分 72 回転し，温度 5°C の水が毎秒 10 m³ 流入しているとき，この羽根車のうけるトルクおよび発生動力を求めよ．

問題 3.13 図 3.47 に示すようなバーカー水車 (Barker's mill) において，4 本のノズルの内径は，すべて同一で 25 mm である．いま，水車の各ノズルより水が 7 L/s で噴出し，水車が 100 rpm で回転しているとき，水車の動力を求めよ．

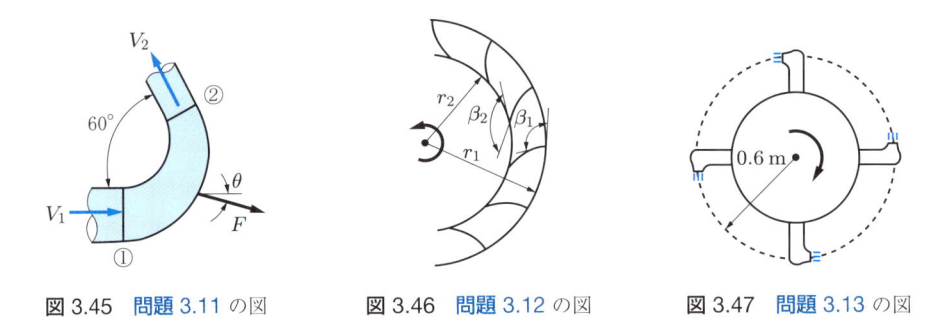

図 3.45　問題 3.11 の図　　図 3.46　問題 3.12 の図　　図 3.47　問題 3.13 の図

問題 3.14　半径 2 m の円筒形容器に深さ 75 mm の液体を入れ，これを中心軸まわりに 5 rpm で回転させると，図 3.31 のような液面形状となる．このときの液面形状を求めよ．

問題 3.15　自由うずにおいては，流れのいたるところで全圧はつねに一定である．このことを用いて自由うずの速度分布を求めよ．また，自由うずと強制うずの循環をそれぞれ求めよ．

問題 3.16　循環が $5\,\mathrm{m^2/s}$ の自由うずの流れがあるとき，その中心から半径 0.5, 1.0, 1.5 m の位置におけるそれぞれの速度を求めよ．

問題 3.17　図 3.48 は大気中に厚さ 1.6 mm で水を放射状に噴出する，外径 600 mm の円盤ノズルの縦断面図である．いま，水の速度が点 A で 3 m/s であるとき，点 A, B および C での圧力を求めよ．

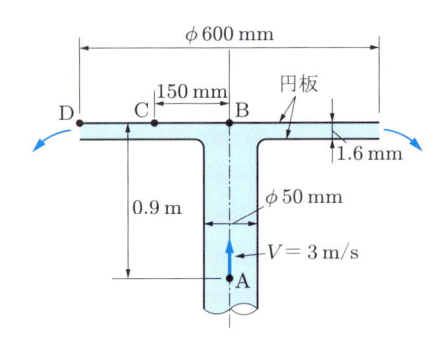

図 3.48　問題 3.17 の図

第4章
粘性流体の流れと管摩擦

この章では，粘性のある流体の流れを説明する．粘性の存在によって，流れが層流であったり層流から乱流に遷移したり，また乱流であったりする．そこで，流れの状態を支配する無次元数，レイノルズ数について説明し，層流と乱流についてのべる．つぎに，完全流体において導かれたベルヌーイの式を粘性のある場合に拡張するために，管摩擦係数についてのべる．

4.1 層流と乱流

　実在の流体には粘性があり，1.4節でのべたように，流体が固定壁面に接して流れているときには，摩擦によるせん断応力が作用する．また，速度が一様でない場合には，流体内部でも同じく内部摩擦によるせん断応力がはたらく．これらの流体摩擦の機構は，以下にのべるように，流れが層流の場合と乱流の場合とでは異なっている．

　1883年に，レイノルズ (Osborne Reynolds) は，図 4.1 に示すような細長いガラス管内に水を流し，入口に色素を注入して流れの状態を観察した結果，層流と乱流の2種類の流れの様式があることを発見した．

　管内の速度がごく遅いときは，図 4.1 (a) のように，色素の線は直線状になって明瞭に見える．このときは，流体の粒子は整然とした流れ方をしている．このような流れを**層流** (laminar flow) という．

　さらに，図 4.1 のコックを開いて，速度を増加していくと，図 4.1 (b) のように，管

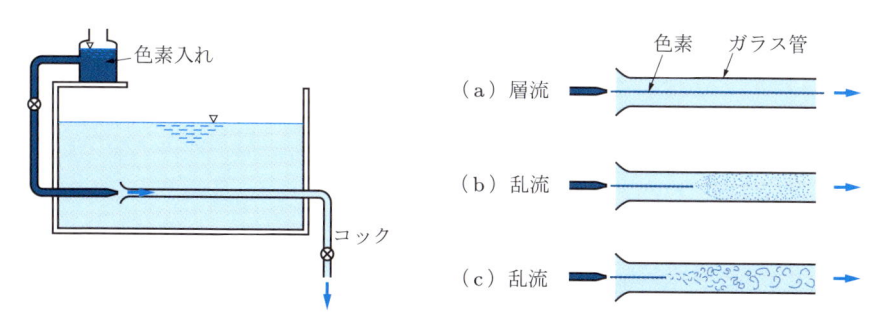

図 4.1　層流と乱流

の入口から少し下流の部分で色素が瞬間的に管全体に広がり，全体の水と混合するようになる．

速度をさらに高めると，色素の広がり位置が入口に近づく．このような混合状態にある流れの部分をストロボを用いて瞬間写真をとると，図 4.1 (c) のようになっており，水の微小部分が，高速度で不規則な運動をしていることがわかる．したがって，この部分では，たとえ時間的平均をとった速度が一定値である場合でも，流体粒子の流れが時々刻々不規則に変化しているのである．この状態を図 4.2 に示す．このような流れを**乱流** (turbulent flow) という．

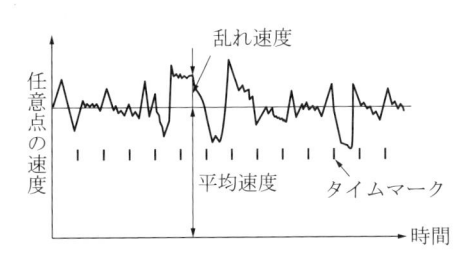

図 4.2 乱流の速度変動

レイノルズは，さまざまな直径のガラス管と，各種の流体を用いて実験を行った結果，管内の流れが層流になるか，あるいは乱流になるかは，管の内径 d，管内の平均速度 V，流体の密度 ρ および粘度 μ などによってつくられる無次元数

$$Re = \frac{Vd\rho}{\mu} = \frac{Vd}{\nu} \tag{4.1}$$

によって定まることを見出した．この Re を**レイノルズ数** (Reynolds number) という．すなわち，レイノルズ数がある値 Re_c より小さければ流れは層流となり，逆に Re_c よりも大きければ流れは乱流となる．この境界をなすレイノルズ数 Re_c を**臨界レイノルズ数** (critical Reynolds number) という．

その後，この臨界レイノルズ数は一つの定まった値ではなく，実験装置や実験方法が異なると，大幅に異なった値が得られることが判明した．たとえば，速度を徐々に高めていって，層流が乱流に変わるときのレイノルズ数の値と，逆に徐々に減じていって，乱流が層流に変わるときの値では差があり，前者を高臨界レイノルズ数，後者を低臨界レイノルズ数という．シラー (Schiller) の実験によると，低臨界レイノルズ数は 2320 で，これ以下のレイノルズ数では，流れに乱れを与えても，やがて消えて層流となることが見出されている．また，層流が成り立つ最高のレイノルズ数，すなわち高臨界レイノルズ数は，エックマン (Eckman) などの極めて慎重な実験によると，50000

にも達する.しかし,普通の流れでは,臨界レイノルズ数は約 2300 くらいである[*1].

以上のような管内の流れの状態は,気体に対してもまったく同様であって,熱線風速計などにより,時々刻々の風速を観測することができる.

4.2 管摩擦による圧力損失

図 4.3 に示すように,内径 d の真直な円管が,水平におかれており,その中を密度 ρ の流体が平均速度 V で流れるものとする.

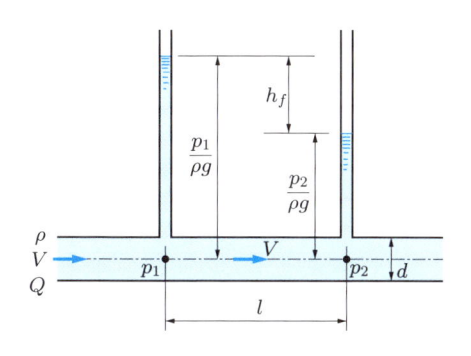

図 4.3　管摩擦と圧力損失

流体が管の長さ l だけ流れる間に,圧力が p_1 より p_2 まで降下したとすると,その差 $p_1 - p_2 = \Delta p$ が摩擦による圧力損失で,この値はダルシーとワイスバッハ (Darcy and Weisbach) の式によって,つぎのように表される.

$$\Delta p = p_1 - p_2 = \lambda \frac{l}{d} \frac{\rho V^2}{2} \tag{4.2}$$

ここに,λ は無次元数で**管摩擦係数** (friction factor) といわれ,一般にレイノルズ数 $Re = Vd/\nu$ と管の内壁の粗さ k_e/d (k_e は表 4.1 (p. 88) に示す管内壁の平均突起の高さ) との関数である.

また,管摩擦による損失ヘッド (head loss) h_f は

$$h_f = \frac{\Delta p}{\rho g} = \lambda \frac{l}{d} \frac{V^2}{2g} \tag{4.3}$$

によって与えられる(損失ヘッド h_f は,4.6 節参照).

[*1] 20°C の水の動粘度は,ほぼ $\nu = 0.01 \, \text{cm}^2/\text{s}$ であるから,$Re_c = 2300$ とすると,臨界速度(臨界レイノルズ数に達する速度)V_c は

$$V_c = \frac{Re_c \cdot \nu}{d} = \frac{2300 \times 0.01 \, \text{cm}^2/\text{s}}{d \, [\text{cm}]}$$

となるから,$d = 1 \, \text{cm}$ とすると $V_c = 23 \, \text{cm/s}$ 程度の速度である.

4.3 円管内の層流（ハーゲン‐ポアズイユの法則）

壁面の滑らかな円管内の流れが層流であれば，管内の速度分布および圧力損失は，理論的に容易に求められる．

図 4.4 に示すように，水平管内を非圧縮の粘性流体が，層状の状態で流れている場合を考える．距離 l だけ離れた二つの断面の圧力をそれぞれ一様であるとし，その大きさを $p + \Delta p$，p とすると，管内に仮想した任意の半径 r，長さ l の流体円柱の断面積が πr^2 であるから，この円柱に流れ方向に作用する圧力による力は $\pi r^2 \Delta p$ である．また，この流体円柱の側面積は $2\pi r l$ であり，この上に単位面積あたり τ の大きさで，粘性による抵抗力が作用するものと考えると，全面積については $2\pi r l \tau$ の抵抗力が流れと反対方向に作用することになる．したがって，この両者を等しいとおくと

$$\pi r^2 \Delta p = 2\pi r l \tau$$

ゆえに

$$\tau = \frac{r}{2l} \Delta p \tag{4.4}$$

となる．一方，粘性によるせん断応力は，式 (1.8) より

$$\tau = \mu \frac{\mathrm{d}u}{\mathrm{d}y}$$

で与えられるが，図 4.5 のように，管の中心から r の点の速度が u で，この位置では壁からの距離は $y = r_\mathrm{o} - r$ であるから（r_o は管の半径）

$$\tau = -\mu \frac{\mathrm{d}u}{\mathrm{d}r} \tag{4.5}$$

である．式 (4.4) と式 (4.5) とから，τ を消去すると

$$\frac{\mathrm{d}u}{\mathrm{d}r} = -\frac{\Delta p}{\mu \cdot 2l} r$$

を得る．この式を r で積分し，$r = r_\mathrm{o}$ で $u = 0$ の境界条件より，積分定数を定めれば，

$$u = \frac{1}{4\mu} \frac{\Delta p}{l} (r_\mathrm{o}^2 - r^2) \tag{4.6}$$

となる．さらに，速度 u の最大値は $r = 0$（管中心）において起こり，これを u_max と

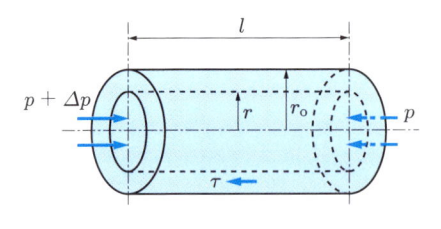

図 4.4　円管内の流れと力

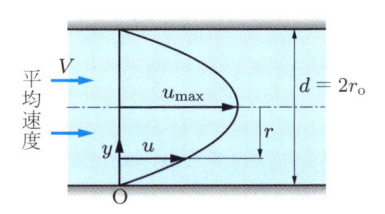

図 4.5　円管内の層流

すると
$$u_{\max} = \frac{r_o{}^2}{4\mu}\frac{\Delta p}{l} \tag{4.7}$$
となる．これを用いると，式 (4.6) は
$$u = u_{\max}\left\{1 - \left(\frac{r}{r_o}\right)^2\right\} \tag{4.8}$$
となって，速度分布を与える式は放物線となることがわかる．

つぎに，半径が r で厚さが dr のごく薄い環状面積 $dA\,(=2\pi r\,dr)$ を考え，この面積を流れる速度を u とすると，この部分の流量 dQ は
$$dQ = u\,dA = 2\pi u r\,dr$$
となるから，これを $r=0$ から $r=r_o$ まで積分すると，流量 Q が得られる．
$$Q = \int_0^{r_o} 2\pi u r\,dr$$
この式に，式 (4.6) を代入して積分すると，
$$Q = \frac{\pi r_o{}^4}{8\mu}\frac{\Delta p}{l} = \frac{\pi d^4}{128\mu}\frac{\Delta p}{l} \tag{4.9}$$
を得る．ここに，d は管の内径 ($d=2r_o$) である．これを**ハーゲン‐ポアズイユの法則** (Hagen–Poiseuille law) といい，流量は直径の 4 乗に比例することがわかる．いま，この流量 Q より管の断面の平均速度 V を求めると
$$V = \frac{Q}{\pi r_o{}^2} = \frac{r_o{}^2 \cdot \Delta p}{8\mu l} = \frac{d^2}{32\mu}\frac{\Delta p}{l} \tag{4.10}$$
となり，この式の第 3 項と式 (4.7) とを比較すると
$$V = \frac{u_{\max}}{2} \tag{4.11}$$
となって，平均速度は管中心における最大速度の半分となっていることがわかる．

圧力損失 Δp は式 (4.10) より
$$\Delta p = \frac{32\mu l}{d^2}V$$
で与えられるから，これを式 (4.2) の左辺に代入して Δp を消去すると
$$\frac{32\mu l}{d^2}V = \lambda \frac{l}{d}\frac{\rho V^2}{2}$$
ゆえに
$$\lambda = \frac{64\mu}{V d \rho}$$
となる．いま，V および d を，それぞれ，基準の速度および長さとしてレイノルズ数

Re をつくると

$$Re = \frac{Vd}{\nu} = \frac{Vd\rho}{\mu}$$

であるから，層流の場合の管摩擦係数として

$$\lambda = \frac{64}{Re} \tag{4.12}$$

が得られる．

例題 4.1 内径 200 mm の水平管路内を比重 0.925，粘度 0.14 Pa·s の原油が毎分 2.5 m³ で流れている．この管路の 300 m あたりの損失ヘッド，管中心の速度，管中心から 60 mm の所の速度および管壁面のせん断応力を求めよ．

解 管路を流れる原油の平均速度 V は

$$V = \frac{2.5 \, \text{m}^3}{60 \, \text{s}} \cdot \frac{1}{(\pi/4) \times 0.2^2 \, \text{m}^2} = 1.33 \, \text{m/s}$$

となる．よって，レイノルズ数 Re は，式 (4.1) より

$$Re = \frac{Vd\rho}{\mu} = \frac{1.33 \, \text{m/s} \times 0.2 \, \text{m} \times 0.925 \times 1000 \, \text{kg/m}^3}{0.14 \, \text{Pa} \cdot \text{s}}$$

$$= 1.76 \times 10^3 < 2300$$

となるから，流れは層流と考えられる．層流の場合の管摩擦係数 λ は，式 (4.12) より

$$\lambda = \frac{64}{Re} = \frac{64}{1.76 \times 10^3} = 0.0364$$

となる．したがって，300 m あたりの損失ヘッド h_f は，式 (4.3) よりつぎのようになる．

$$h_f = \lambda \frac{l}{d} \frac{V^2}{2g} = 0.0364 \times \frac{300 \, \text{m}}{0.2 \, \text{m}} \times \frac{1.33^2 \, \text{m}^2/\text{s}^2}{2 \times 9.80665 \, \text{m/s}^2} = 4.92 \, \text{m} \quad \text{(答)}$$

つぎに，管中心の速度 $u_{\max}$ は，式 (4.7) より

$$u_{\max} = \frac{r_o^2}{4\mu} \cdot \frac{\Delta p}{l} = \frac{r_o^2}{4\mu} \cdot \frac{\rho g h_f}{l}$$

$$= \frac{0.1^2 \, \text{m}^2}{4 \times 0.14 \, \text{Pa} \cdot \text{s}} \cdot \frac{0.925 \times 1000 \, \text{kg/m}^3 \times 9.80665 \, \text{m/s}^2 \times 4.92 \, \text{m}}{300 \, \text{m}}$$

$$= 2.66 \, \text{m/s} \quad \text{(答)}$$

管中心から 60 mm の所の速度 u は，式 (4.8) より

$$u = u_{\max} \left\{ 1 - \left(\frac{r}{r_o}\right)^2 \right\} = 2.66 \, \text{m/s} \times \left\{ 1 - \left(\frac{60 \, \text{mm}}{100 \, \text{mm}}\right)^2 \right\}$$

$$= 1.70 \, \text{m/s} \quad \text{(答)}$$

上式より，管内の流れの速度勾配 du/dr は

$$\frac{du}{dr} = -2u_{\max} \frac{r}{r_o^2}$$

となる．ここで，壁からの距離 y を用いて，$r = r_\mathrm{o} - y$ とおくと，上式は
$$\frac{\mathrm{d}u}{\mathrm{d}y} = -\frac{\mathrm{d}u}{\mathrm{d}r} = 2u_{\max}\frac{r_\mathrm{o} - y}{r_\mathrm{o}^2}$$
となるから，管壁面での速度勾配は
$$\left.\frac{\mathrm{d}u}{\mathrm{d}y}\right|_{y=0} = 2 \times 2.66\,\mathrm{m/s} \times \frac{1}{0.1\,\mathrm{m}} = 53.2\,[1/\mathrm{s}]$$
となる．ゆえに，管壁面のせん断応力 τ_o は，式 (1.8) より
$$\tau_\mathrm{o} = \mu\left.\frac{\mathrm{d}u}{\mathrm{d}y}\right|_{y=0} = 0.14\,\mathrm{Pa\cdot s} \times 53.2\,[1/\mathrm{s}] = 7.4\,\mathrm{Pa} \tag{答}$$
または，管壁面のせん断応力 τ_o を，式 (4.4) の力の釣合いより求めると，つぎのようになる．
$$\tau_\mathrm{o} = \frac{r_\mathrm{o}}{2l}\varDelta p = \frac{r_\mathrm{o}}{2l}\rho g h_f$$
$$= \frac{0.1\,\mathrm{m}}{2 \times 300\,\mathrm{m}} \times 0.925 \times 1000\,\mathrm{kg/m^3} \times 9.80665\,\mathrm{m/s^2} \times 4.92\,\mathrm{m} = 7.4\,\mathrm{Pa} \tag{答}$$

例題 4.2 図 4.4 の円管が一定の傾斜角 θ 傾いている．円管内の流れを層流として，速度分布 $u(r)$ と圧力勾配 $\varDelta p/l$ との関係，および流量 Q と $\varDelta p/l$ との関係を導け．ただし，l は管に沿った長さとする．

解 図 4.4 と同様に，傾斜管に沿った長さ l，管中心から半径 r の流体要素を考える．この要素にはたらく圧力差による流れ方向の力は $\pi r^2 \varDelta p$ である．粘性による抵抗は $2\pi r \tau l$ となる．この流体要素の自重の流れ方向成分は $\rho \pi r^2 l g \sin\theta$ である．したがって，力の釣合いから
$$\pi r^2 \varDelta p + \rho \pi r^2 l g \sin\theta = 2\pi r \tau l \qquad \therefore \quad \pi r^2 (\varDelta p + \rho g \sin\theta l) = 2\pi r \tau l$$
となる．よって，
$$\tau = \frac{r}{2}\left(\frac{\varDelta p}{l} + \rho g \sin\theta\right)$$
となる．式 (4.4) と比較するとわかるように，$\varDelta p/l$ を $(\varDelta p/l) + \rho g \sin\theta$ とおけばよいことになる．したがって，速度分布は
$$u(r) = \frac{1}{4\mu}\left(\frac{\varDelta p}{l} + \rho g \sin\theta\right)(r_\mathrm{o}^2 - r^2) \tag{答}$$
となり，流量 Q はつぎのようになる．
$$Q = \frac{\pi d^4}{128\mu}\left(\frac{\varDelta p}{l} + \rho g \sin\theta\right) \tag{答}$$

4.4 乱流の摩擦応力

流れが乱流になると，流体の粒子が集団をなして活発に入りまじり運動をする．このとき，流体内部の 2 層の間に作用するせん断応力 τ は，層流のときのように粘性に

よるせん断応力 $\mu\, du/dy\ (=\rho\nu\, du/dy)$ のほかに，乱れによる見かけの応力が加わる．

いま，図 4.6 のように壁面近くの流れを考え，壁から y の距離における速度の時間平均値を u とし，時間的に変動する速度の u 方向の成分を u'，また，それに直角な方向の成分を v' とする．すなわち，ある瞬間の速度成分を $u+u'$ および v' とすると，u' と v' の時間平均値は $\overline{u'}=\overline{v'}=0$ である．このとき，せん断応力 τ は次式で与えられる．

$$\tau = \rho\nu\frac{du}{dy} + \tau_R \tag{4.13}$$

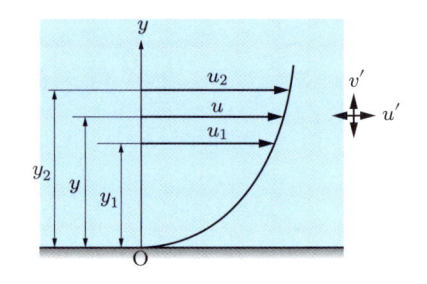

図 4.6 壁面近くの乱流

ここに，

$$\tau_R = -\rho\overline{u'v'} \tag{4.14}$$

であり，この式の $\overline{u'v'}$ は，u' と v' との積の時間平均を表している．

式 (4.13) の右辺第 1 項は，流体の粘性にもとづくせん断応力で，第 2 項の τ_R は乱れ運動によって生じる見かけのせん断応力であって，これを**レイノルズ応力** (Reynolds stress) という．

　図 4.7 のように，時間的平均速度 u を x 方向にとり，壁からの距離を y とする．いま，ある瞬間において $v'>0$，$u'<0$ とすると，壁に平行な面 A の単位面積を通過して，単位時間に面 A の下側から上側へ移動する流体の質量は $\rho v'$ であり，それが u' だけ低い速度をもって，上側の流体に入って混合するから，上側の流体を減速する．その力は運動量の時間的変化より求めることができ，そのせん断力は正で，その値は $-\rho u'v'$ である．

　もし $v'<0$，$u'>0$ のときは，面 A の上側の流体が下側の流体を加速するようにはたらくから，そのせん断力も正で，その値は $-\rho u'v'$ である．したがって，これらの時間平均をとると

$$\tau_R = -\rho\overline{u'v'}$$

となる．

このレイノルズ応力は，流れの乱れが強くなると大きくなり，式 (4.13) の第 1 項は第 2 項にくらべて無視できるようになる．

レイノルズ応力を層流の場合と同様に

$$\tau_R = \rho\varepsilon\frac{du}{dy} \tag{4.15}$$

と表せば，

$$\tau = \rho\nu\frac{du}{dy} + \rho\varepsilon\frac{du}{dy} \tag{4.16}$$

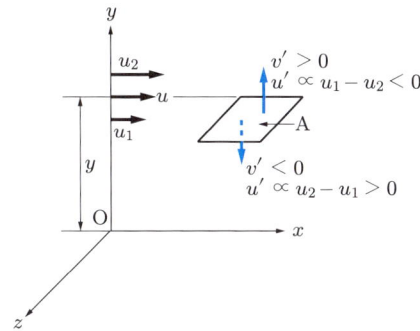

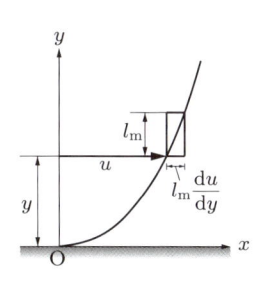

図 4.7 乱れとレイノルズ応力　　図 4.8 混合距離

となる．この ε を**うず動粘度** (eddy kinematic viscosity) という．

つぎに，このレイノルズ応力を，平均速度から見積もる代表的な考え方をのべる．図 4.8 のように，壁からの距離 y の点の平均速度を u とし，その位置の流体粒子が y 方向に自由に移動する距離を l_m とすると，

$$u' \propto l_\mathrm{m} \frac{du}{dy}$$

と考えることができる．また，y 方向の速度変化 v' も $v' \propto u'$ であるとすると，

$$\overline{u'v'} \propto l_\mathrm{m}{}^2 \left(\frac{du}{dy}\right)^2$$

と見なすことができる．これを式 (4.14) に代入すれば，レイノルズ応力 τ_R は du/dy と関係づけられる．なお，τ_R と du/dy とは同符号であるべきだから，結局

$$\tau_\mathrm{R} = \rho l_\mathrm{m}{}^2 \left|\frac{du}{dy}\right|\frac{du}{dy} \tag{4.17}$$

と書くことができる．この l_m を**プラントルの混合距離** (Prandtl's mixing length) という．

4.5　滑らかな管内の乱流速度分布

4.5.1　乱流速度分布の対数法則

乱流が，内径 d の滑らかな管内を流れるとき，管壁に作用するせん断応力を τ_o とし，長さ l の部分の圧力降下を Δp とすれば，力の釣合いより

$$\frac{\pi}{4}d^2 \Delta p = \pi d l \tau_\mathrm{o}$$

となる．いま，管内の平均速度を V とすれば，式 (4.2) より $\Delta p = \lambda(l/d) \times (\rho V^2/2)$ であるから，上式に代入すると

$$\tau_\text{o} = \frac{\lambda}{8}\rho V^2 \tag{4.18}$$

となる．これが壁面の摩擦応力 τ_o と管摩擦係数 λ との関係式である．これを変形して $\tau_\text{o}/\rho = (\lambda/8)V^2$ と書けば，λ は無次元であるから，$\sqrt{\tau_\text{o}/\rho}$ は速度の次元をもっていることがわかる．これを

$$u_* = \sqrt{\frac{\tau_\text{o}}{\rho}} \tag{4.19}$$

とおき，この u_* を**摩擦速度** (friction velocity) という．

さて，式 (4.17) において，混合距離 l_m は壁からの距離に比例して大きくなるとし，$l_\text{m} = \kappa y$（κ は比例定数）とおき，さらに $\tau_\text{R} = \tau_\text{o}$ とすると，

$$\tau_\text{o} = \rho(\kappa y)^2 \left(\frac{\mathrm{d}u}{\mathrm{d}y}\right)^2$$

と書けるから，

$$\frac{\mathrm{d}u}{\mathrm{d}y} = \frac{1}{\kappa}\sqrt{\frac{\tau_\text{o}}{\rho}}\frac{1}{y} = \frac{u_*}{\kappa}\frac{1}{y}$$

を得る．一般に，u_* は y に無関係に一定であるので，上式を y で積分すると

$$u = \frac{u_*}{\kappa}\ln y + C \tag{4.20}$$

となる．ここに，C は積分定数であるが，これを壁面における境界条件（$y = 0$ で $u = 0$）から定めることができない．なぜなら，$y = 0$ で $\ln y = -\infty$ となるからである．

壁のごく近くでは乱流の混合作用が行われにくいから，式 (4.16) の ε はほとんどゼロで，粘性による摩擦応力だけになる．このような層は非常にうすく，この中では速度分布はほとんど直線となっている．この層のことを乱流における**層流底層** (laminar sublayer) という．

この中では

$$\tau_\text{o} = \rho\nu\frac{\mathrm{d}u}{\mathrm{d}y} = \rho\nu\frac{u}{y} \qquad \therefore \quad \frac{\tau_\text{o}}{\rho} = \nu\frac{u}{y}$$

この式に 式 (4.19) を代入すると

$$u_*{}^2 = \nu\frac{u}{y} \qquad \text{ゆえに} \quad \frac{u}{u_*} = \frac{u_*}{\nu}y$$

となる．図 4.9 は対数法則の実験結果との比較である．

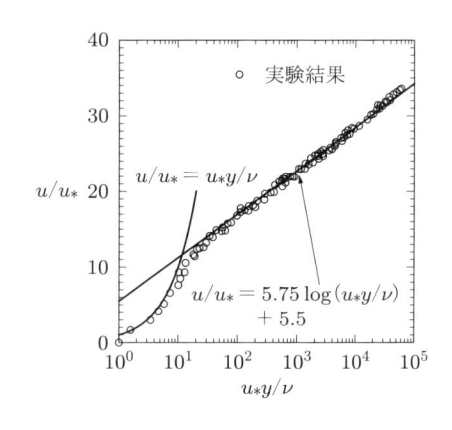

図 4.9 不変速度分布[44]

さて，式 (4.20) を無次元形で表し，つぎのように変形する.

$$\frac{u}{u_*} = \frac{1}{\kappa}\left\{\ln\left(\frac{u_*}{\nu}y\right) - \ln\left(\frac{u_*}{\nu}\right)\right\} + \frac{C}{u_*}$$

$$= \frac{1}{\kappa}\ln\left(\frac{u_*}{\nu}y\right) + A \tag{4.21}$$

ここに，A は定数である．このように，u/u_* が u_* と y を基準にしたレイノルズ数 u_*y/ν のみの関数で表されることがわかる．

この式をニクラーゼ (Nikuradse) の実験と比較すると，滑らかな円管内の流れに対しては $\kappa = 0.4$，$A = 5.5$ とおけばよい．式 (4.21) を常用対数を用いて表すと，

$$\frac{u}{u_*} = 5.75\log\left(\frac{u_*}{\nu}y\right) + 5.5 \tag{4.22}$$

を得る．式 (4.22) を円管内の速度分布に関する**対数法則** (logarithmic law) という．また，$y = r_\mathrm{o}$（円管中心）で $u = u_\mathrm{max}$ とすると，式 (4.22) より

$$\frac{u_\mathrm{max}}{u_*} = 5.75\log\left(\frac{u_*r_\mathrm{o}}{\nu}\right) + 5.5$$

となるので，この式より 式 (4.22) を両辺とも差し引くと，つぎのようになる．

$$\frac{u_\mathrm{max} - u}{u_*} = 5.75\left\{\log\left(\frac{u_*r_\mathrm{o}}{\nu}\right) - \log\left(\frac{u_*y}{\nu}\right)\right\}$$

$$= 5.75\log\left(\frac{r_\mathrm{o}}{y}\right) \tag{4.23}$$

4.5.2 乱流速度分布の指数法則

滑らかな管内の流れが乱流のときの速度分布は，図 4.10 に青線で示すように，層流のときの放物線とはおおいに異なっている．図 4.10 には，平均速度 V が等しいとき

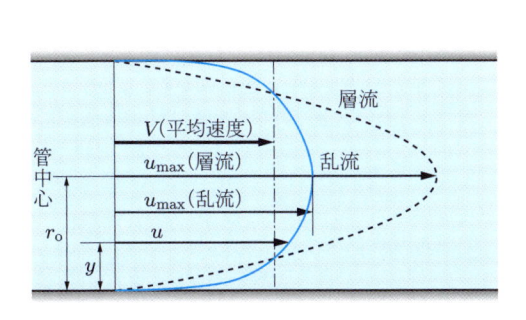

図 4.10 円管内乱流と層流の速度分布

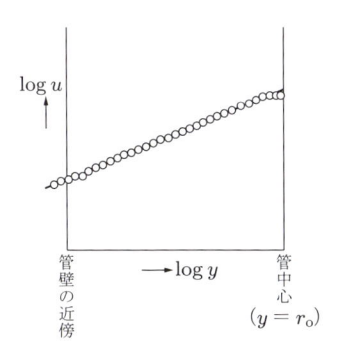

図 4.11 円管内乱流の速度

の乱流と層流の速度分布をともに示してある．

層流の速度分布は，4.3 節でのべたように，V の値は中心最大速度 $u_{\max}$（層流）のちょうど半分であるが，乱流のときには，その値は最大値 $u_{\max}$（乱流）の 0.8 倍くらいである．

乱流の速度分布の実験結果を両対数の方眼紙にプロットすると，図 4.11 のようになり，管壁から y の距離における速度は，管の中心にごく近い範囲を除いて，傾斜 $1/n$（n は定数）の直線となる．すなわち，

$$u = u_{\max}\left(\frac{y}{r_{\mathrm{o}}}\right)^{1/n} \qquad (r_{\mathrm{o}}：管の半径) \tag{4.24}$$

と表すことができる．これを速度分布に関する**指数法則**という．

カルマンおよびプラントルはそれぞれ独立に，乱流が滑らかな管内を流れるとき，式 (4.24) の n が 7 となること，すなわち

$$u = u_{\max}\left(\frac{y}{r_{\mathrm{o}}}\right)^{1/7} \tag{4.25}$$

を導いた．この式をカルマン - プラントルの**1/7 乗べき法則** (seventh power law) という．

式 (4.19) と式 (4.18) より
$$u_*^2 = \frac{\tau_{\mathrm{o}}}{\rho} = \frac{\lambda}{8}V^2$$

となるが，後述する滑らかな管壁の λ に関するブラジウスの実験式 (4.33) を用いると

$$u_*^2 = \frac{1}{8} \times 0.3164\left(\frac{\nu}{V \cdot 2r_{\mathrm{o}}}\right)^{1/4} V^2 = \frac{0.3164}{8}\left(\frac{\nu}{2u_* r_{\mathrm{o}}}\right)^{1/4} V^{7/4} u_*^{1/4}$$

$$\therefore \quad \frac{V}{u_*} = \left(\frac{8}{0.3164}\right)^{4/7}\left(\frac{2u_* r_{\mathrm{o}}}{\nu}\right)^{1/7} \fallingdotseq 6.99\left(\frac{u_* r_{\mathrm{o}}}{\nu}\right)^{1/7}$$

ここで，$V/u_{\max} = 0.8$ を用いると

$$\frac{u_{\max}}{u_*} = \frac{u_{\max}}{V}\frac{V}{u_*} \fallingdotseq 8.74\left(\frac{u_* r_{\mathrm{o}}}{\nu}\right)^{1/7} \tag{4.26}$$

が得られる．

プラントルは，壁面近くの乱流の流れでは，ρ，ν，τ_{o} と壁からの距離 y が重要な役割をする物理量で，u/u_* が無次元数 $u_* y/\nu$ によって表されるという速度分布の普遍則 (universal law of velocity distribution) を導いた．

$$\frac{u}{u_*} = f\left(\frac{u_* y}{\nu}\right)$$

この式において，$y = r_{\mathrm{o}}$ とすると $u = u_{\max}$ であるから，

$$\frac{u_{\max}}{u_*} = f\left(\frac{u_* r_{\mathrm{o}}}{\nu}\right)$$

となる．この式と式 (4.26) とを比較すると，容易に関数 f の形が決定でき，

$$\frac{u}{u_*} \fallingdotseq 8.74\left(\frac{u_* y}{\nu}\right)^{1/7}$$

が得られる．したがって，

$$\frac{u}{u_{\max}} = \left(\frac{y}{r_\mathrm{o}}\right)^{1/7}$$

が得られる．

つぎに，ニクラーゼ (Nikuradse) の実験によれば，速度分布を式 (4.24) で表したとき，n の値はレイノルズ数 $Re\ (= Vd/\nu)$ とともに増加する．すなわち，

$n = 6 \quad (Re = 4 \times 10^3)$
$n = 7 \quad (Re = 10^4 \sim 1.2 \times 10^5)$
$n = 8 \quad (Re = 2 \times 10^5 \sim 4 \times 10^5)$

が得られている．

例題 4.3 毎分 360 L の水が，内径 75 mm の滑らかな管内を流れている．この管路の 1000 m あたりの損失ヘッドと管壁面のせん断応力を求めよ．つぎに，滑らかな管内の乱流速度分布が対数法則と指数法則に従うものとして，管中心の速度と管中心から 20 mm の所の速度をそれぞれ求めよ．ただし，水温は 20°C とする．

解 管内を流れる水の平均速度 V は

$$V = \frac{360 \times 10^{-3}\,\mathrm{m}^3}{60\,\mathrm{s}} \cdot \frac{1}{(\pi/4) \times 0.075^2\,\mathrm{m}^2} = 1.36\,\mathrm{m/s}$$

となる．表 1.1 より，水の動粘度 ν および密度 ρ は，それぞれ $1.004 \times 10^{-6}\,\mathrm{m}^2/\mathrm{s}$, $998.2\,\mathrm{kg/m}^3$ である．したがって，レイノルズ数 Re は，式 (4.1) より

$$Re = \frac{Vd}{\nu} = \frac{1.36\,\mathrm{m/s} \times 0.075\,\mathrm{m}}{1.004 \times 10^{-6}\,\mathrm{m}^2/\mathrm{s}} = 1.02 \times 10^5$$

と得られる．このレイノルズ数に対する管摩擦係数 λ は，式 (4.33) のブラジウスの式を用いると，

$$\lambda = 0.3164 Re^{-1/4} = 0.3164 \times (1.02 \times 10^5)^{-1/4} = 0.0177$$

となる．よって，損失ヘッド h_f は，式 (4.3) より

$$h_f = \lambda \frac{l}{d} \frac{V^2}{2g} = 0.0177 \times \frac{1000\,\mathrm{m}}{0.075\,\mathrm{m}} \times \frac{1.36^2\,\mathrm{m}^2/\mathrm{s}^2}{2 \times 9.80665\,\mathrm{m/s}^2} = 22.3\,\mathrm{m} \quad (答)$$

管壁面のせん断応力 τ_o は，式 (4.18) より

$$\tau_\mathrm{o} = \frac{\rho \lambda V^2}{8} = \frac{998.2\,\mathrm{kg/m}^3 \times 0.0177 \times 1.36^2\,\mathrm{m}^2/\mathrm{s}^2}{8} = 4.08\,\mathrm{Pa} \quad (答)$$

となる．
 つぎに，管内の乱流速度分布が以下のような場合を考える．
 (1) 対数法則に従う場合

摩擦速度 u_* は，式 (4.19) と 式 (4.18) より

$$u_* = \sqrt{\frac{\lambda}{8}} V = \sqrt{\frac{0.0177}{8}} \times 1.36\,\text{m/s} = 0.0640\,\text{m/s}$$

となり，管中心の速度 u_max は，式 (4.22) で $y = r_\text{o}$ とおくことにより

$$\frac{u_\text{max}}{u_*} = 5.75 \log\left(\frac{u_*}{\nu} r_\text{o}\right) + 5.5$$

$$= 5.75 \log\left(\frac{0.0640\,\text{m/s}}{1.004 \times 10^{-6}\,\text{m}^2/\text{s}} \times 0.0375\,\text{m}\right) + 5.5 = 24.9$$

が得られるから，つぎのようになる．

$$u_\text{max} = 24.9 \times u_* = 24.9 \times 0.0640\,\text{m/s} = 1.59\,\text{m/s} \qquad \text{(答)}$$

管中心から 20 mm の所の速度 u は，式 (4.22) に $y = 37.5\,\text{mm} - 20\,\text{mm} = 17.5\,\text{mm}$ を代入すると，つぎのようになる．

$$u = 0.0640\,\text{m/s} \times \left\{5.75 \log\left(\frac{0.0640\,\text{m/s}}{1.004 \times 10^{-6}\,\text{m}^2/\text{s}} \times 0.0175\,\text{m}\right) + 5.5\right\}$$

$$= 1.47\,\text{m/s} \qquad \text{(答)}$$

(2) 指数法則に従う場合

管中心の速度 u_max は，質量保存則より求められる．すなわち，速度分布が式 (4.25) の 1/7 乗べき法則に従うので，

$$V \pi r_\text{o}^2 = \int_{r_\text{o}}^{0} u_\text{max} \left(\frac{y}{r_\text{o}}\right)^{1/7} 2\pi (r_\text{o} - y)(-\text{d}y)$$

$$\therefore \quad \frac{V}{u_\text{max}} = \frac{2}{(1/7 + 1)(1/7 + 2)}$$

よって，$V = 1.36\,\text{m/s}$ より u_max はつぎのようになる．

$$u_\text{max} = \frac{8}{7} \cdot \frac{15}{7} \cdot \frac{V}{2} = \frac{8}{7} \cdot \frac{15}{7} \cdot \frac{1.36\,\text{m/s}}{2} = 1.67\,\text{m/s} \qquad \text{(答)}$$

管中心から 20 mm の所の速度 u は，式 (4.25) よりつぎのようになる．

$$u = u_\text{max} \left(\frac{y}{r_\text{o}}\right)^{1/7} = 1.67\,\text{m/s} \times \left(\frac{37.5\,\text{mm} - 20\,\text{mm}}{37.5\,\text{mm}}\right)^{1/7}$$

$$= 1.50\,\text{m/s} \qquad \text{(答)}$$

(指数法則に従う場合，管中心での速度は実際より大きくなる傾向がある．図 4.11 参照．)

4.6 粘性流体に対するベルヌーイの式の拡張

前章の 3.4 節でのべたベルヌーイの式 $V^2/(2g) + p/(\rho g) + z = H$ (= 定数) は，完全流体の定常流に対するものである．もしもこれを，断面積が一定で，水平におかれた管路内の流れに適用し，かつ連続の式を用いると，容易にわかるように管路に沿って速度 V は一定であるから，圧力 p も一定となる．すなわち，このような管路内の流

れを完全流体として計算すると，上流の断面における圧力も，下流の断面における圧力も同じ値となる．しかし，実際の流れにおいてはこのようなことはなく，断面積が一定であっても，上流の圧力は必ず下流の圧力よりも大きい．これは流体に粘性があるためである．ここでは，このような粘性流体の流れにベルヌーイの式を拡張しよう．

一般に，粘性のある流体の流れにおいて，上流の断面 1 と，下流の断面 2 との二つの断面における全ヘッドの間に，つぎの関係がある．

$$\left(\frac{V_1^2}{2g} + \frac{p_1}{\rho g} + z_1\right) - \left(\frac{V_2^2}{2g} + \frac{p_2}{\rho g} + z_2\right) = h \tag{4.27}$$

(添字 1，2 は，それぞれの断面 1，2 の値を示す．)

これは，流体が断面 1，2 の間を流れる途中で，流体の粘性のために全ヘッドが減少することを示している．上式の h をこの管路における**損失ヘッド** (head loss) という．

この損失ヘッドには，(i) 真直な均一断面の管路を流体が流れる場合の，流体の粘性による摩擦損失ヘッド h_f と，(ii) 流路の断面形や形状の変化にともない生じる流れのはく離[*1]や，うずの発生などのために失われる損失ヘッド h_v が含まれる．

したがって，粘性流体の定常流に対して，ベルヌーイの式を拡張した形で表すと，つぎのようになる．

$$\frac{V_1^2}{2g} + \frac{p_1}{\rho g} + z_1 = \frac{V_2^2}{2g} + \frac{p_2}{\rho g} + z_2 + h_f + h_v \tag{4.28}$$

真直な円管に対しては，管摩擦による損失ヘッドは，式 (4.3) で示したように

$$h_f = \lambda \frac{l}{d} \frac{V^2}{2g} \tag{4.29}$$

で与えられる．ここに，λ は管摩擦係数，l は断面 1，2 の間の円管の長さ，d は管の内径，V は管内の流体の平均速度である．

つぎに，流路の変化にともなう損失ヘッド h_v は，流路の形状，流れの状態などのさまざまな条件によって異なり，理論的計算によっては，ごく特殊の場合が求められているにすぎず，ほとんどすべて実験的にこれが求められている．

この h_v は

$$h_v = \zeta \frac{V^2}{2g} \tag{4.30}$$

と表す．ここに，ζ は**損失係数** (coefficient of head loss) とよばれている．また，V は流路の変化による損失の影響をうけない断面での平均速度で，損失が起こる場所の前後で平均速度が変化する場合には，一般に大きいほうの速度を使用する．

λ や ζ は，いずれも無次元の係数である．λ は以下にのべるように，レイノルズ数，

[*1] 壁面から離れるように流れることをいう．7.4 節で詳しくのべる．

管内壁の粗さおよび流れの状態によって定まる（ζに関しては次章でのべる）．

最後に，断面1と2との間に，たとえば，ポンプのように，エネルギーをヘッド H_P の形で与えるもの，およびタービン（水車）のように，エネルギーをヘッド H_T の形で消費するものが存在し，また，管摩擦や流路の変化などを多く含む場合には，式 (4.28) はつぎのようになる．

$$\frac{V_1^2}{2g}+\frac{p_1}{\rho g}+z_1+H_P = \frac{V_2^2}{2g}+\frac{p_2}{\rho g}+z_2+H_T+\sum h_f+\sum h_v \quad (4.31)$$

4.7 管摩擦係数の実用公式

層流のとき，管摩擦係数は式 (4.12) より

$$\lambda = \frac{64}{Re} \quad (4.32)$$

となる．これは図 4.12 よりわかるように，レイノルズ数が $Re < 2300$ の範囲で実験とよく合う．

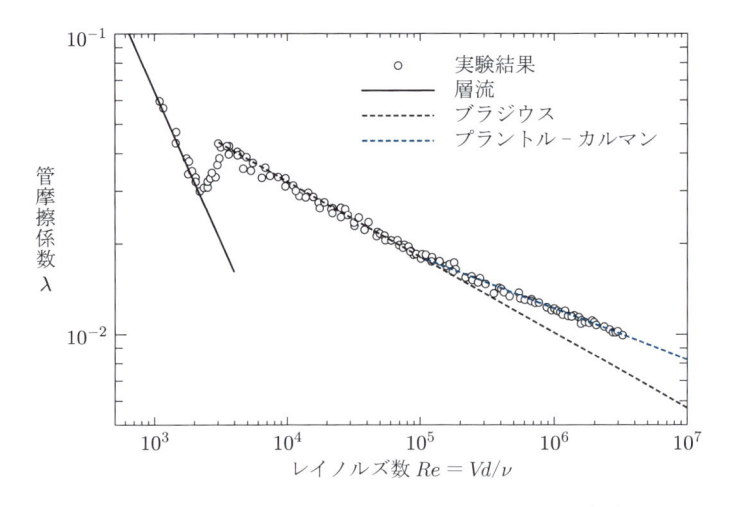

図 4.12 滑らかな円管の管摩擦係数とレイノルズ数[44]

レイノルズ数 Re がこれ以上になると，管内の流れは乱流に移り変わる．管の内壁が滑らかな場合の速度分布については前にのべたが，このときの管摩擦係数 λ については多くの実験式がある．図 4.12 の実験結果からわかるように，λ は Re だけの関数としてほぼ1本の曲線に乗っている．

滑らかな管壁の場合の λ についてのさまざまな公式を示すと，つぎのようになる．

（ⅰ）**ブラジウス (Blasius) の式**

$$\lambda = 0.3164 Re^{-1/4} \qquad (Re = 3 \times 10^3 \sim 1 \times 10^5) \tag{4.33}$$

（ⅱ）**ニクラーゼ (Nikuradse) の式**

$$\lambda = 0.0032 + 0.221 Re^{-0.237} \qquad (Re = 1 \times 10^5 \sim 3 \times 10^6) \tag{4.34}$$

（ⅲ）**プラントル‐カルマン (Prandtl–Kármán) の式**

$$\left. \begin{array}{l} \sqrt{\lambda} = \dfrac{1}{2\log(Re\sqrt{\lambda}) - 0.8} \\ \text{または,} \\ \dfrac{1}{\sqrt{\lambda}} = 2\log\left(\dfrac{Re\sqrt{\lambda}}{2.52}\right) \end{array} \right\} \qquad (Re = 1 \times 10^5 \sim 1 \times 10^7) \tag{4.35}$$

つぎに，内壁が粗い面の場合の λ についてのべる．

実用されている管の内面は，図 4.13 に示すように，不規則な凹凸をもつ粗面と，波状に凹凸を示す波状粗面（たとえば，厚くペイントを塗った面など）がある．

（a）粗面　　　　　　　　（b）波状粗面

図 4.13　管の内面と粗さ

ニクラーゼは，滑らかな管内を人工的に粗面にして実験を行った．すなわち，平均直径 k の砂粒を滑らかな面に張りつけ，k/d（d：管の内径）の値をさまざまに変えて，レイノルズ数の広範囲にわたって管摩擦係数 λ の値を求めた．その結果を図 4.14 に示す．この図よりわかるように，レイノルズ数 Re の小さい間は粗さの大小にかかわらず，滑らかな管内の層流の流れ（$\lambda = 64/Re$）に一致しているが，レイノルズ数が大きくなって乱流の範囲に入ると，粗さの大きいものは Re の値には無関係に一定となり，その場合には λ は k/d の値のみに関係する．

k/d がそれほど大きくない場合には，レイノルズ数が十分大きくなると λ は Re には無関係となるが，それ以下のレイノルズ数では滑らかな管の場合と一致する．

この実験結果は，つぎのように考えることができる．すなわち，管内の流れが乱流のとき，壁面にごく薄い層流底層が存在し，しかもその厚さはレイノルズ数が増すとしだいに薄くなるから，ある粗さをもった円管では，レイノルズ数が小さい間は，壁面の突起はこの層流底層に覆われており，粗さの影響が表れてこない（この状態を流体力学的に滑らかな面という）．しかし，レイノルズ数が増すと，この突起が層流底層より突き出るようになり，λ の値はしだいに Re には無関係に一定となる．したがって，λ は k/d の値のみによって変化するわけである（この状態を流体力学的に完全粗

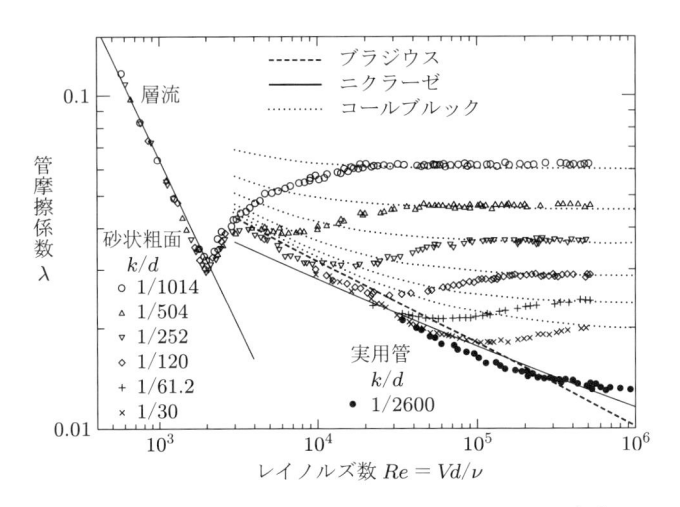

図 4.14 粗い円管の管摩擦係数（ニクラーゼの実験）[44]

面という）．

さて，実用されている管の内壁は，完全な粗面と滑面との中間的な特性をもっているが，ニクラーゼの実験によると，管の粗さを与える等価粗さを k_e としたとき（この k_e の値は表 4.1 に示す），十分大きなレイノルズ数 $[Re\sqrt{\lambda}(k_e/d) \geqq 200]$ では流体力学的に完全粗面となる．このとき，λ は上にのべたように k_e/d だけの関数となり，次の式 (4.36) で与えられる．

表 4.1 さまざまな実用管に対する等価粗さ（リヒター）[11]

管の材料および種類	面の状態	k_e [mm]
銅，黄銅の引抜き，プレス管，ガラス管，合成樹脂管，新しい高圧ゴムホース	一応滑らかであるか，銅ニッケルおよびクロムのめっきがされた場合	0.00135〜0.00152
〃	十分滑らか	0.00162
継目なし鋼管，圧延，引抜きの新品実用管	典型的な圧延面	0.02〜0.06
〃	酸洗い後	0.03〜0.04
〃	酸洗いせず	0.03〜0.06
〃	細い管の場合	最高 0.1
〃	金属溶射によるステンレス鋼管	0.08〜0.09
〃	清浄な亜鉛引き管（どぶづけ）	0.07〜0.10
〃	市販亜鉛引き管（どぶづけ）	0.10〜0.16

表 4.1 さまざまな実用管に対する等価粗さ（リヒター）[11]（続き）

溶接鋼管新品	典型的圧延面で長手溶接	0.04～0.10
〃	アスファルト引き	0.01～0.05
〃	セメント塗り	約 0.18
〃	トタン板製ダクト	約 0.008
使用中の鋼管	一様にさびのきずが出た状態	約 0.15
〃	ある程度さびて軽度にさびこぶが出た状態	0.15～0.4
〃	中程度にさびこぶが生じた状態	約 1.5
〃	強度にさびこぶが生じた状態	2～4
〃	長時間使用後に清浄した場合	0.15～0.20
〃	アスファルト引きで所々はげ落ちてさび発生	約 0.1
〃	長年月使用後のガス輸送管路の平均	約 0.5
〃	はく状片のたい積がある 20 年使用後のガス輸送管路	約 1.1
〃	25 年使用の不規則にタール，ナフタリンのたい積のみられる管路	約 2.5
リベット止め鋼管	新品 ｛簡単なリベット継手	約 1
〃	複雑なリベット継手（継手様式により異なる）	最高 9
〃	25 年管使用の強度にさびが生じたリベット止め管	12.5
鋳鉄管	新品，典型的鋳はだ	0.2～0.6
〃	新品，アスファルト引き	0.1～0.13
〃	使用後，さび始めの状態	1～1.5
〃	さびこぶが生じた状態	1.5～4
〃	長年使用後，清浄にした場合	0.3～1.5
〃	都市下水道の平均値	1.2
〃	強度にさびが生じた場合	4.5
木製管	新品	0.2～1
〃	長期使用後（水）	0.1
コンクリート管	新品，市販品，滑らか仕上げ	0.3～0.8
〃	新品，市販品，中程度の粗さ	1～2
〃	新品，市販品，粗い	2～3
〃	新品，鉄筋コンクリート，入念な仕上げ	0.1～0.15
〃	新品，強化コンクリート，滑らかな上塗り	0.1～0.15
〃	新品，強化コンクリート，上塗りなし	0.2～0.8
〃	滑らかな上塗り品の長年月使用後	0.2～0.3
〃	継目なし管路の平均値	0.2
〃	継目のある管路の平均値	2.0
アスベスト管	新品，滑らか	0.03～0.1
土 管	新品，磁器管	約 0.7
〃	新品，陶土管	約 9

$$\frac{1}{\sqrt{\lambda}} = 1.14 - 2\log\left(\frac{k_e}{d}\right), \qquad Re\sqrt{\lambda}\left(\frac{k_e}{d}\right) \geqq 200 \qquad (4.36)^{*1}$$

(k_e：表 4.1 参照)

つぎに，流体力学的に滑らかな状態から完全粗面へ移行する領域では，λ は k_e/d と Re との関数となり，

$$\frac{1}{\sqrt{\lambda}} = -2\log\left(\frac{k_e/d}{3.71} + \frac{2.51}{Re\sqrt{\lambda}}\right) \qquad (4.37)$$

で与えられる．これを**コールブルック (Colebrook) の式**という．

式 (4.36) および式 (4.37) を用いて作成されたのが，図 4.15 に示す**ムーディ線図 (Moody diagram)** である．この線図は，市販されている新しい管に対して，実験と比較的よく合うので広く利用されている．

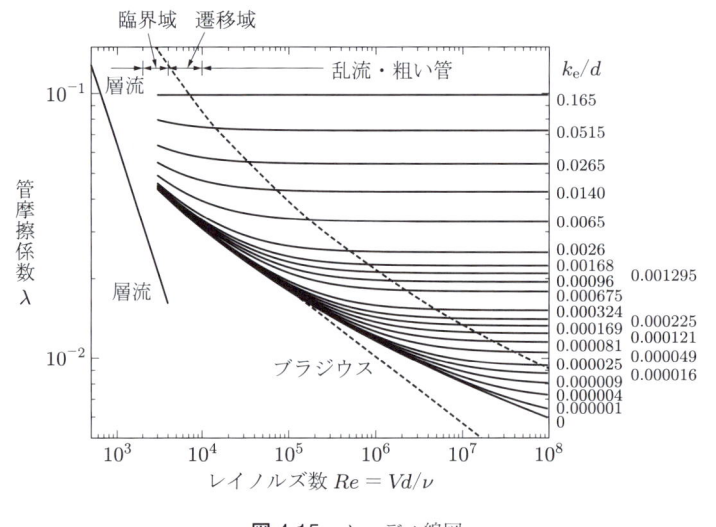

図 4.15 ムーディ線図

なお，実用管路のうち，上水道管や発電所の導水管などに対しては，これまでとまったく異なる形式のヘーゼン－ウィリアムス (Hazen–Williams) の公式がよく用いられている．これについては，p. 135 の式 (6.11) に示す．

例題 4.4 内径 300 mm の新品の鋳鉄管内を平均速度 4 m/s で，温度 15°C の水が流れているとき，管摩擦係数と管路 300 m あたりの損失ヘッドを求めよ．

解 表 1.1 より，水の動粘度 ν は 1.139×10^{-6} m^2/s，また表 4.1 より，新品の鋳鉄管の

---

*1 式 (4.36) は，管の半径 r_o を用いると，$1/\sqrt{\lambda} = 1.74 - 2\log(k_e/r_o)$ となる．

等価粗さ k_e を 0.4 mm とする．この管路を流れる水のレイノルズ数 Re は

$$Re = \frac{Vd}{\nu} = \frac{4\,\mathrm{m/s} \times 0.3\,\mathrm{m}}{1.139 \times 10^{-6}\,\mathrm{m^2/s}} = 1.05 \times 10^6$$

となる．いま，管摩擦係数 λ を求める式として，ニクラーゼの実験による 式 (4.36) を用いる．すなわち，

$$\frac{1}{\sqrt{\lambda}} = 1.14 - 2\log\left(\frac{k_e}{d}\right) = 1.14 - 2\log\left(\frac{0.4\,\mathrm{mm}}{300\,\mathrm{mm}}\right) = 6.89$$

よって，$\lambda = 0.0211$ となる．

ここで，$Re\sqrt{\lambda}(k_e/d) = 1.05 \times 10^6 \times \sqrt{0.0211} \times 0.4\,\mathrm{mm}/300\,\mathrm{mm} = 203 > 200$ となり，式 (4.36) の適用範囲内である．

ゆえに，管摩擦係数 λ は 0.0211 である． (答)

管路 300 m あたりの損失ヘッド h_f は，式 (4.3) よりつぎのようになる．

$$h_f = 0.0211 \times \frac{300\,\mathrm{m}}{0.3\,\mathrm{m}} \times \frac{4^2\,\mathrm{m^2/s^2}}{2 \times 9.80665\,\mathrm{m/s^2}} = 17.2\,\mathrm{m} \qquad \text{(答)}$$

例題 4.5 内径 0.3 m，長さ 300 m，相対粗さ $k_e/d = 0.00083$ の管路で，水面高さ 60 m と 75 m の二つの十分大きな水槽をつないでいる．このとき，温度 10°C の水の流量を求めよ．ただし，入口損失係数 ζ_1 を 0.5，出口損失係数 ζ_2 を 1.0 とする．

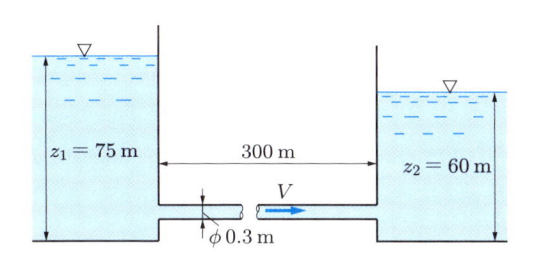

図 4.16 例題 4.5 の図

解 表 1.1 より，水の動粘度 ν は $1.307 \times 10^{-6}\,\mathrm{m^2/s}$ であり，管内の平均速度を $V\,[\mathrm{m/s}]$ とすると，この管内を流れる水のレイノルズ数 Re はつぎのようになる．

$$Re = \frac{V\,[\mathrm{m/s}] \times 0.3\,\mathrm{m}}{1.307 \times 10^{-6}\,\mathrm{m^2/s}} = 2.30 \times 10^5 V \tag{i}$$

損失ヘッド h_f，入口，出口における損失ヘッド h_v を，式 (4.28) の拡張されたベルヌーイの式に代入すると，

$$z_1 = z_2 + \lambda \frac{l}{d}\frac{V^2}{2g} + \zeta_1 \frac{V^2}{2g} + \zeta_2 \frac{V^2}{2g}$$

$$\therefore \quad z_1 - z_2 = \left(\lambda \frac{l}{d} + \zeta_1 + \zeta_2\right)\frac{V^2}{2g}$$

ここで，$z_1 - z_2 = 75\,\text{m} - 60\,\text{m} = 15\,\text{m}$ より，
$$15\,\text{m} = \left(\lambda \frac{300\,\text{m}}{0.3\,\text{m}} + 0.5 + 1.0\right)\frac{V^2\,[\text{m}^2/\text{s}^2]}{2 \times 9.80665\,\text{m/s}^2} \quad (\text{ii})$$
となる．式 (ii) の平均速度 V [m/s] を求めるために，まず管摩擦係数 λ を仮定すると式 (ii) より V が求まり，式 (i) でレイノルズ数が決まる．このレイノルズ数および相対粗さ k_e/d を用いて，式 (4.37) のコールブルックの式で仮定の λ が正しいかどうか検討して V を決定する．いま，滑らかな管でレイノルズ数が 10^5 程度では，式 (4.33) のブラジウスの式から，λ は 0.018 となる．そこで，まず λ を 0.018 と仮定して計算を進める．

(1) $\lambda = 0.018$ より，式 (ii) から $V = 3.88\,\text{m/s}$．式 (i) から $Re = 8.92 \times 10^5$．
式 (4.37) のコールブルックの式より，
$$\text{式 (4.37) の左辺} = \frac{1}{\sqrt{\lambda}} = \frac{1}{\sqrt{0.018}} = 7.45$$
$$\text{式 (4.37) の右辺} = -2\log\left(\frac{k_e/d}{3.71} + \frac{2.51}{Re\sqrt{\lambda}}\right) = 7.22$$

(2) $\lambda = 0.019$ と仮定すると，(1) と同様にして，$V = 3.79\,\text{m/s}$，$Re = 8.72 \times 10^5$．
式 (4.37) の左辺 $= 7.25$
式 (4.37) の右辺 $= 7.22$

(3) $\lambda = 0.0192$ と仮定すると，$V = 3.77\,\text{m/s}$，$Re = 8.67 \times 10^5$．
式 (4.37) の左辺 $= 7.22$
式 (4.37) の右辺 $= 7.22$

ゆえに，λ は 0.0192 である．
したがって，流量 Q はつぎのようになる．
$$Q = \frac{\pi}{4}d^2 \cdot V = \frac{\pi}{4} \times 0.3^2\,\text{m}^2 \times 3.77\,\text{m/s} = 0.266\,\text{m}^3/\text{s} = 266\,\text{L/s} \quad (\text{答})$$

4.8 円形断面以外の管の摩擦損失

実用の管路の中には，円形断面以外の四角形など，さまざまな断面の管路がある．これらの管路の管摩擦係数 λ については比較的実験値が少なく，正確な λ の値を知るためには，そのつど実験を行わなければならない場合が多い．しかし，このような実験をすることは，一般にかなり面倒である．一方，実用上はだいたいの見当をつけるだけでよい場合がある．

さて，管の断面が円形でないときに，管の内径 d に対応して用いられる値として，**水力平均深さ** (hydraulic mean depth) を定義しよう．すなわち，管内を流体が充満して流れているときには，管の断面積を A，その断面における管の周長を s とし，
$$m = \frac{A}{s} \tag{4.38}$$

を水力平均深さという．

いま，流体が流れ方向に一定の断面形の管内を流れ，管の長さ l における圧力降下を Δp とすると，この部分の流体にはたらく力の釣合いは，両端面に作用する圧力による力 $A\Delta p$ が，流体と壁面との間の摩擦力 $\tau_\mathrm{o} sl$（ただし，τ_o は壁面における摩擦応力）と等しいから，

$$A\Delta p = \tau_\mathrm{o} sl \quad \therefore \quad \frac{\Delta p}{l} = \tau_\mathrm{o}\frac{s}{A} = \frac{\tau_\mathrm{o}}{m} \tag{4.39}$$

となる．したがって，もし τ_o が一定であれば，水力平均深さ m が小さいほど，管路の単位長さあたりの圧力降下 $\Delta p/l$ が大きくなる．これは，断面積 A の割に断面の周長 s が大きいためである．

つぎに，一辺の長さが，それぞれ b，h の長方形の断面を流体が充満して流れるときは，$A = bh$，$s = 2(b+h)$ であるから

$$m = \frac{bh}{2(b+h)}$$

となり，また直径 d の円管ではつぎのようになる．

$$m = \frac{(\pi/4)d^2}{\pi d} = \frac{d}{4} \tag{4.40}$$

この場合，m は円の直径に比例した値である．円形断面以外のときは，$4m$ の値が円管の直径 d に相当するから，円形断面以外の管摩擦の損失ヘッド h_f は，式 (4.3) のかわりに次式を用いる．

$$h_f = \frac{\Delta p}{\rho g} = \lambda \frac{l}{4m}\frac{V^2}{2g} \tag{4.41}$$

この場合，レイノルズ数としては，円管の Vd/ν の d のかわりに $4m$ を用い（すなわち，$Re = 4Vm/\nu$），このレイノルズ数に対応する円管の λ の値を使って，式 (4.41) による損失ヘッドを推定することができる．図 4.17 は，長方形断面の管の断面上の等速度の点を結んだ曲線であって，中央の部分はだ円に近い形となっている．式 (4.39) の τ_o は，周囲における平均の摩擦応力を与えている．

なお，この方法は，乱流の場合には適用できるが，厳密には正しくない．とくに，層流の場合には適用できない．

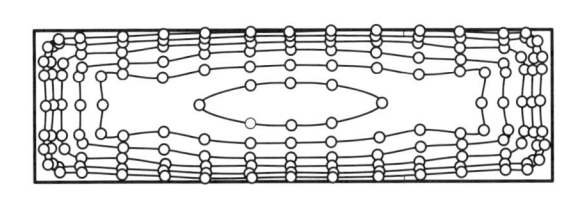

図 4.17 長方形断面の管の断面上の等速度線図[44]

例題 4.6 一辺 240 mm の正方形断面をもつ滑らかな管路内を，温度 10°C の水が毎秒 $0.35\,\mathrm{m^3}$ 流れている．この管路の 30m あたりの損失ヘッドを求めよ．

解 管路内を流れる水の平均速度 V は

$$V = \frac{0.35\,\mathrm{m^3/s}}{0.24^2\,\mathrm{m^2}} = 6.08\,\mathrm{m/s}$$

となり，水力平均深さ m は，式 (4.38) より

$$m = \frac{A}{s} = \frac{0.24^2\,\mathrm{m^2}}{4 \times 0.24\,\mathrm{m}} = 0.06\,\mathrm{m}$$

となる．表 1.1 より，水の動粘度 ν は $1.307 \times 10^{-6}\,\mathrm{m^2/s}$ である．したがって，レイノルズ数 Re は，式 (4.1) での管の内径 d のかわりに $4m$ を用いて，つぎのようになる．

$$Re = \frac{4Vm}{\nu} = \frac{4 \times 6.08\,\mathrm{m/s} \times 0.06\,\mathrm{m}}{1.307 \times 10^{-6}\,\mathrm{m^2/s}} = 1.12 \times 10^6$$

このレイノルズ数に対する管摩擦係数 λ は，式 (4.34) のニクラーゼの式を用いると，

$$\lambda = 0.0032 + 0.221 Re^{-0.237} = 0.0032 + 0.221 \times (1.12 \times 10^6)^{-0.237}$$
$$= 0.0113$$

となる．よって，損失ヘッド h_f は，式 (4.41) よりつぎのようになる．

$$h_f = \lambda \frac{l}{4m} \frac{V^2}{2g} = 0.0113 \times \frac{30\,\mathrm{m}}{4 \times 0.06\,\mathrm{m}} \times \frac{6.08^2\,\mathrm{m^2/s^2}}{2 \times 9.80665\,\mathrm{m/s^2}}$$
$$= 2.66\,\mathrm{m} \tag{答}$$

演習問題

問題 4.1 内径 30 mm の管内を温度 20°C の水が流れている．この流れが臨界レイノルズ数 $Re_c = 2300$ に達したときの流量を求めよ．また，温度 20°C の空気の場合も求めよ．ただし，空気の動粘度は $1.460 \times 10^{-5}\,\mathrm{m^2/s}$ とする．

問題 4.2 比重 0.75，粘度 7.8 mPa·s の灯油 7 L/min をギヤポンプで，内径 25 mm の滑らかな管を用いて 30 m 送る．このとき，管摩擦による損失ヘッドを求めよ．

問題 4.3 内径 2 m の管内を水が流れている．その流れは乱流で，その速度分布は $u = 10 + 0.8 \ln y$ (u：速度 m/s, y：壁からの距離 m) である．いま，壁から 1/3 m の所でのせん断応力が 103 Pa であるとき，この点でのうず動粘度，プラントルの混合距離を求めよ．

問題 4.4 内径 150 mm の管内を平均速度 4.5 m/s で水が流れている．いま，この管の 90 m あたりの損失ヘッドが 16 m である．このときの摩擦速度を求めよ．

問題 4.5 内径 120 mm の滑らかな管内を温度 40°C の温水が流れている．管中心の速度が

1.5 m/s であるとき，摩擦速度を求めよ．また，壁でのせん断応力を求めよ．さらに，10 m 長さあたりの圧力降下を求めよ．ただし，乱流速度分布は対数法則を用いて求めよ．

問題 4.6　内径 100 mm の管内を水が流れている．管中心の速度が 20 cm/s であるときの流量を求めよ．ただし，乱流速度分布は式 (4.25) の 1/7 乗べき法則を用いて求めよ．

問題 4.7　水面差 2 m の二つの水槽を長さ 60 m の滑らかな管で連結すると，温度 30°C の温水が毎秒 0.1 m^3 流れる．このときの管の内径を求めよ．ただし，入口損失係数は 0.5，出口損失係数は 1.0 とする．

問題 4.8　内径 20 mm，長さ 300 m の滑らかな銅管内をポンプを用いて，温度 80°C の温水 9 L/min を循環させるとき，ポンプが温水に与えるヘッドを求めよ．ただし，この管路における管摩擦係数以外のすべての損失係数の和は 20 とする．

問題 4.9　温度 40°C の温水が内径 75 mm の管内を流れている．このときのレイノルズ数は 80000 である．管の内面に 0.15 mm 径の砂が一様に塗られているとき，300 m あたりの損失ヘッドを求めよ．また，滑らかな管の場合の損失ヘッドはいくらになるか．

問題 4.10　450 mm × 300 mm の長方形断面の管内を平均速度 6 m/s で空気が流れている．このとき，600 m あたりの損失ヘッドと圧力降下を求めよ．ただし，空気の動粘度は 1.460×10^{-5} m^2/s，密度は 1.226 kg/m^3 とする．

第5章
管路系の損失ヘッド

水道管やプラントでは，流体を運ぶために複雑な管路網を必要とする．その際に，必要な流量を供給するためには，管路の損失エネルギーを見積もる必要がある．ここでは，損失エネルギーを見積もるための基本事項についてのべる．あわせて，それらに付随して問題となる水撃現象とキャビテーション現象についてのべる．

5.1　水力勾配線およびエネルギー勾配線

図 5.1 のように二つの水槽を結んだ管路を考えよう．簡単のために，二つの水槽の間にポンプや水車のように，水にエネルギーを与えたり取り出したりする機械がない場合を考える．

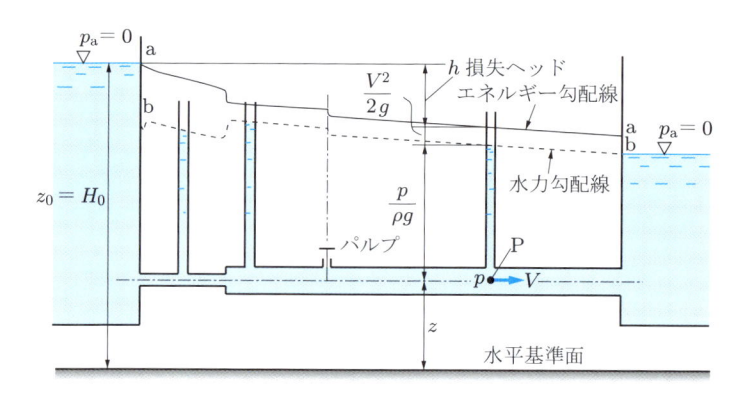

図 5.1　水力勾配線とエネルギー勾配線

両水槽の水面にはたらく圧力は大気圧に等しいとし，また，管路の途中に静圧孔をあけて，先の開いたガラス管（圧力計）をつないであるとすると，このガラス管内の水面の管路からの高さは，圧力ヘッドであって，その場所のゲージ圧力を p とすれば $p/(\rho g)$ である．

いま，水槽は十分大きくて水面の高さが変化しないものとし，管摩擦などによる管路の損失ヘッドを h とする．また，管路の途中の点 P の位置ヘッドを z とすると，式 (4.27) から，上流の水槽水面の水平基準面からの高さ z_0 は

$$z_0 = \frac{V^2}{2g} + \frac{p}{\rho g} + z + h \tag{5.1}$$

で与えられる．ここで，h は式 (4.29) および式 (4.30) の h_f と h_v の和であって，

$$h = \sum \lambda \frac{l}{d} \frac{V^2}{2g} + \sum \zeta \frac{V^2}{2g}$$

で与えられる．

図 5.1 に示すように，管路の途中のガラス管の水面の基準面からの高さ $z + p/(\rho g)$ は，式 (5.1) より

$$z + \frac{p}{\rho g} = z_0 - \frac{V^2}{2g} - h \tag{5.2}$$

である．

図 5.1 の曲線 bb は，ガラス管内の水面を結んだ曲線で，**水力勾配線** (hydraulic grade line) といわれ，水力勾配線の水平面となす傾斜を**水力勾配** (hydraulic gradient) という．式 (5.2) からわかるように，粘性のある実際の流れ ($h \neq 0$) では，粘性のない場合 ($h = 0$) にくらべ，ガラス管内の水面高さは損失ヘッド h だけ多く下がる．

つぎに，水力勾配線より，その点の速度ヘッド $V^2/(2g)$ だけ上の点を通る曲線は，その場所の全ヘッド $[H = V^2/(2g) + p/(\rho g) + z]$ をつらねた線であって（図 5.1 の実線 aa），これを**エネルギー勾配線** (energy grade line) という．

損失のない完全流体の流れでは，式 (5.1) より全ヘッドは z_0 と等しくなり，エネルギー勾配線は水平となるが，損失のある実際の流れでは，上にのべた損失ヘッド h だけ流れの方向に必ず低下する．

換言すると，「水力勾配線はエネルギー勾配線より速度ヘッドだけ低い曲線」である[*1]．

以下，本章においては，前章でのべた管摩擦以外の管路内の損失ヘッド，すなわちエネルギー損失について取り扱う．これらの損失は，管路に沿う流体の速度の大きさや方向が変化することによって，生じるものである．

例題 5.1 図 5.2 のように，二つの表面積の大きな水槽を水平より 15° 傾斜した長さ 100 m の管路 ABC（管路の中央 B で管径が 300 mm から 600 mm に拡大している）で連結したとき，両水槽の水面差が 7 m となった．管路 ABC に沿って水力勾配線およびエネルギー勾配線を求めよ．ただし，入口損失 ζ_1 は 0.6，出口損失 ζ_2 は 1.0，細管での管摩擦係数 λ_1 は 0.03，太管での管摩擦係数 λ_2 は 0.02 とする．

[*1] 流体が鉛直の管路や鉛直に近い管路を流れる場合には，図 5.1 に示すように，水力勾配線やエネルギー勾配線を描くことは困難であまり有用ではない．このようなときには，管路に沿って距離 s をはかり，この s を横軸にとってこれらの曲線を表すと，各場所における静圧や全ヘッドの分布が明らかになる．

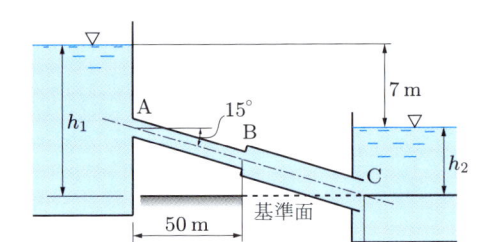

図 5.2 例題 5.1 の問いの図

解 点 B での急拡大における損失係数 ζ は*1，式 (5.7) より $\xi = 1.0$ として

$$\zeta = \xi\left(1 - \frac{A_1}{A_2}\right)^2 = 1.0\left\{1 - \frac{(\pi/4){d_1}^2}{(\pi/4){d_2}^2}\right\}^2 = \left\{1 - \left(\frac{d_1}{d_2}\right)^2\right\}^2$$

$$= \left\{1 - \left(\frac{300\,\text{mm}}{600\,\text{mm}}\right)^2\right\}^2 = 0.563$$

となる．つぎに，細管での速度を V_1 とすると，太管での速度 V_2 は，連続の式より

$$V_2 = \left(\frac{d_1}{d_2}\right)^2 V_1 \tag{i}$$

となる．よって，管路出口 C での管中心を基準面として，水槽水面と管路出口 C で拡張されたベルヌーイの式を用いると，次式を得る．

$$\frac{p_1}{\rho g} + h_1 = \frac{p_2}{\rho g} + h_2 + \lambda_1 \frac{l_1}{d_1}\frac{{V_1}^2}{2g} + \lambda_2 \frac{l_2}{d_2}\frac{{V_2}^2}{2g} + \zeta_1 \frac{{V_1}^2}{2g} + \zeta \frac{{V_1}^2}{2g} + \zeta_2 \frac{{V_2}^2}{2g}$$

いま，$p_1 = p_2$（大気圧）および式 (i) より

$$h_1 - h_2 = \left\{\lambda_1 \frac{l_1}{d_1} + \zeta_1 + \zeta + \left(\frac{d_1}{d_2}\right)^4\left(\lambda_2 \frac{l_2}{d_2} + \zeta_2\right)\right\}\frac{{V_1}^2}{2g}$$

となり，上式に各数値を代入すると，

$$7\,\text{m} = \left\{0.03 \times \frac{50\,\text{m}/\cos 15°}{0.3\,\text{m}} + 0.6 + 0.563 + \left(\frac{0.3\,\text{m}}{0.6\,\text{m}}\right)^4 \right.$$
$$\left. \times \left(0.02 \times \frac{50\,\text{m}/\cos 15°}{0.6\,\text{m}} + 1.0\right)\right\} \times \frac{{V_1}^2}{2 \times 9.80665\,\text{m/s}^2}$$

となる．よって，上式より V_1 が，式 (i) より V_2 がそれぞれつぎのように求まる．

$$V_1 = 4.59\,\text{m/s}, \qquad V_2 = 1.15\,\text{m/s}$$

したがって，各点での水力勾配線およびエネルギー勾配線の高さはつぎのようになる．

点 A 直後の水力勾配線の高さは，基準面より水面までの高さを h_1 [m] とすると，式 (5.2) より

$$\left.\left(z + \frac{p}{\rho g}\right)\right|_{z=\text{点 A 直後}} = h_1 - \frac{{V_1}^2}{2g} - \zeta_1\frac{{V_1}^2}{2g}$$

---

*1 5.2.1 項を参照．

$$= h_1 \,[\mathrm{m}] - (1+0.6) \times \frac{4.59^2 \,\mathrm{m^2/s^2}}{2 \times 9.80665 \,\mathrm{m/s^2}} = h_1 \,[\mathrm{m}] - 1.72 \,\mathrm{m}$$

エネルギー勾配線の高さは

$$\left.\left(z + \frac{p}{\rho g} + \frac{V_1^{\,2}}{2g}\right)\right|_{z=\text{点 A 直後}} = h_1 \,[\mathrm{m}] - 1.72 \,\mathrm{m} + \frac{4.59^2 \,\mathrm{m^2/s^2}}{2 \times 9.80665 \,\mathrm{m/s^2}}$$
$$= h_1 \,[\mathrm{m}] - 0.646 \,\mathrm{m}$$

となる. 以下同様にして, 点 B 直前では

$$\left.\left(z + \frac{p}{\rho g}\right)\right|_{z=\text{点 B 直前}} = h_1 - \frac{V_1^{\,2}}{2g} - \lambda_1 \frac{l_1}{d_1}\frac{V_1^{\,2}}{2g} - \zeta_1 \frac{V_1^{\,2}}{2g}$$
$$= h_1 \,[\mathrm{m}] - \left(1 + 0.03 \times \frac{50 \,\mathrm{m}/\cos 15°}{0.3 \,\mathrm{m}} + 0.6\right)$$
$$\times \frac{4.59^2 \,\mathrm{m^2/s^2}}{2 \times 9.80665 \,\mathrm{m/s^2}} = h_1 \,[\mathrm{m}] - 7.28 \,\mathrm{m}$$

$$\left.\left(z + \frac{p}{\rho g} + \frac{V_1^{\,2}}{2g}\right)\right|_{z=\text{点 B 直前}}$$
$$= h_1 \,[\mathrm{m}] - 7.28 \,\mathrm{m} + \frac{4.59^2 \,\mathrm{m^2/s^2}}{2 \times 9.80665 \,\mathrm{m/s^2}} = h_1 \,[\mathrm{m}] - 6.21 \,\mathrm{m}$$

点 B 直後では

$$\left.\left(z + \frac{p}{\rho g}\right)\right|_{z=\text{点 B 直後}} = h_1 - \frac{V_2^{\,2}}{2g} - \lambda_1 \frac{l_1}{d_1}\frac{V_1^{\,2}}{2g} - \zeta_1 \frac{V_1^{\,2}}{2g} - \zeta \frac{V_1^{\,2}}{2g}$$
$$= h_1 \,[\mathrm{m}] - \frac{1.15^2 \,\mathrm{m^2/s^2}}{2 \times 9.80665 \,\mathrm{m/s^2}} - \left(0.03 \times \frac{50 \,\mathrm{m}/\cos 15°}{0.3 \,\mathrm{m}} + 0.6 + 0.563\right)$$
$$\times \frac{4.59^2 \,\mathrm{m^2/s^2}}{2 \times 9.80665 \,\mathrm{m/s^2}} = h_1 \,[\mathrm{m}] - 6.88 \,\mathrm{m}$$

$$\left.\left(z + \frac{p}{\rho g} + \frac{V_2^{\,2}}{2g}\right)\right|_{z=\text{点 B 直後}} = h_1 \,[\mathrm{m}] - 6.88 \,\mathrm{m} + \frac{1.15^2 \,\mathrm{m^2/s^2}}{2 \times 9.80665 \,\mathrm{m/s^2}}$$
$$= h_1 \,[\mathrm{m}] - 6.81 \,\mathrm{m}$$

管路出口 C 直前では

$$\left.\left(z + \frac{p}{\rho g}\right)\right|_{z=\text{点 C 直前}} = \left.\left(z + \frac{p}{\rho g}\right)\right|_{z=\text{点 B 直前}} - \lambda_2 \frac{l_2}{d_2}\frac{V_2^{\,2}}{2g}$$
$$= h_1 \,[\mathrm{m}] - 6.88 \,\mathrm{m} - 0.02 \times \frac{50 \,\mathrm{m}/\cos 15°}{0.6 \,\mathrm{m}}$$
$$\times \frac{1.15^2 \,\mathrm{m^2/s^2}}{2 \times 9.80665 \,\mathrm{m/s^2}} = h_1 \,[\mathrm{m}] - 7.00 \,\mathrm{m}$$

$$\left.\left(z + \frac{p}{\rho g} + \frac{V_2^{\,2}}{2g}\right)\right|_{z=\text{点 C 直前}} = h_1 \,[\mathrm{m}] - 7.00 \,\mathrm{m} + \frac{1.15^2 \,\mathrm{m^2/s^2}}{2 \times 9.80665 \,\mathrm{m/s^2}}$$
$$= h_1 \,[\mathrm{m}] - 6.93 \,\mathrm{m}$$

となる. ゆえに, 管路に沿う水力勾配線およびエネルギー勾配線は, 図 5.3 のようになる.

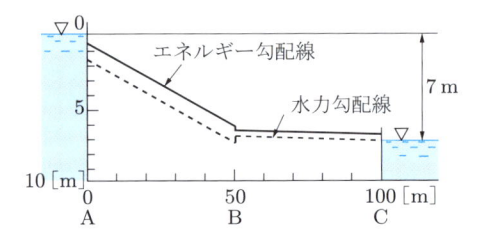

図 5.3 例題 5.1 の解の図

5.2 断面積の急変化にともなう損失ヘッド

5.2.1 管路断面が急に拡大する場合

図 5.4 に示すように，内径 d の管がそれより大きい内径 D の管に接続されている場合，流れの断面積 A_1 が急に拡大して A_2 となり，速度の大きい V_1 の流れが壁から離れて噴流となって，速度の小さい V_2 の流れに衝突し，うずをつくってかなりのエネルギー損失を生じるので，エネルギー勾配線はこの間で急に低下する．

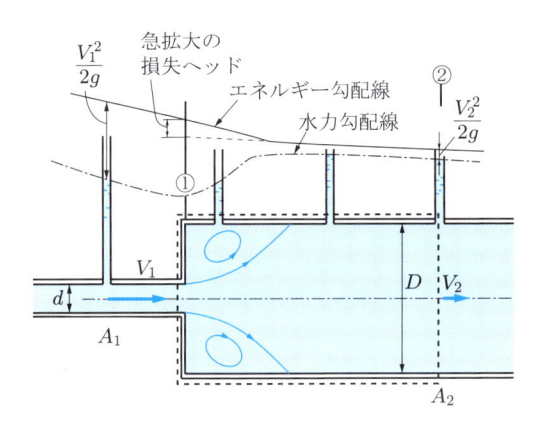

図 5.4 拡大管の損失ヘッド

断面①の上流および断面②の下流では，流れはそれぞれ一定の速度 V_1, V_2 をもっており，流れの管摩擦損失によって，エネルギー勾配線および水力勾配線はそれぞれ一定の傾斜をもった直線となる．断面①と②との間の全損失のうちから管摩擦損失を差し引いたもの，すなわち，断面の拡大による損失ヘッドは，図 5.4 のように，下流のエネルギー勾配線を延長して上流の勾配線との段差より求めることができる．

さて，損失があるときのベルヌーイの式 (4.28) において，断面①，②間の管摩擦

を省略すると
$$\frac{V_1{}^2}{2g} + \frac{p_1}{\rho g} = \frac{V_2{}^2}{2g} + \frac{p_2}{\rho g} + h_\mathrm{v}$$
となる．これより損失ヘッド h_v は
$$h_\mathrm{v} = \frac{V_1{}^2 - V_2{}^2}{2g} - \frac{p_2 - p_1}{\rho g} \tag{5.3}$$
となるが，断面が急に拡大するときの圧力上昇 $p_2 - p_1$ の値は，図の破線のような検査面内の流体について，運動量の法則を適用することによって求めることができる．

この検査面内の流体のうける力は，① および ② の断面における圧力による力と，急拡大部の環状の面における圧力による力である．この部分の圧力は，流れがはく離[*1]して急拡大部へ流入したときその圧力は p_1 であるので，環状の面の付近では流体が静止していると仮定してその圧力も p_1 で一定と考える．したがって，運動量の法則を適用すると
$$p_1 \frac{\pi}{4} d^2 - p_2 \frac{\pi}{4} D^2 + p_1 \frac{\pi}{4}(D^2 - d^2) = \rho \frac{\pi}{4} D^2 V_2{}^2 - \rho \frac{\pi}{4} d^2 V_1{}^2$$
となり，結局
$$p_1 - p_2 = \rho V_2{}^2 - \rho \frac{d^2}{D^2} V_1{}^2$$
が得られる．さらに，連続の式 $A_1/A_2 = d^2/D^2 = V_2/V_1$ を用いれば，圧力上昇 $p_2 - p_1$ は
$$\frac{p_2 - p_1}{\rho g} = \frac{V_1 V_2 - V_2{}^2}{g}$$
となる．ゆえに，この値を 式 (5.3) に代入すれば，損失ヘッド h_v は
$$h_\mathrm{v} = \frac{V_1{}^2 - V_2{}^2 - 2(V_1 V_2 - V_2{}^2)}{2g} = \frac{(V_1 - V_2)^2}{2g} \tag{5.4}$$
となる．この式を導くときに仮定した流れの状態と実際とが合わないことを考慮して，係数 ξ を乗じて次式を用いることにする．
$$h_\mathrm{v} = \xi \frac{(V_1 - V_2)^2}{2g} \tag{5.5}$$
レイノルズ数の比較的大きい実験によると，急拡大のときの ξ の値は，断面積比 A_1/A_2 によって少し変化するが，1 に近い値で，最初の仮定がほぼ成り立つことがわかる．

つぎに，拡大する前の速度 V_1 を基準とし，
$$h_\mathrm{v} = \zeta \frac{V_1{}^2}{2g} \tag{5.6}$$

[*1] 急拡大部では，図 5.4 のように流れが壁面に沿って流れず，そのまま噴流のように流れる．このように壁面に沿って流れないことをはく離といい，詳しくは 7.4 節でのべる．

として損失係数 ζ を定義すれば，式 (5.5) は

$$h_\mathrm{v} = \xi \frac{V_1{}^2}{2g}\left(1 - \frac{V_2}{V_1}\right)^2 = \xi \frac{V_1{}^2}{2g}\left(1 - \frac{A_1}{A_2}\right)^2$$

であるから，

$$\zeta = \xi\left(1 - \frac{A_1}{A_2}\right)^2 \tag{5.7}$$

となる．

つぎに，管路の出口から大きい容器内へ V_1 の速度で流体が流出する場合のいわゆる出口損失は，式 (5.7) において $A_2 \to \infty$ となった場合であるから，その損失係数は $\zeta = \xi_{A_2 \to \infty} = 1.0$ となる．これは，容器内のほぼ静止している流体の中に，管の出口端から噴流となって流入した流体が，図 5.5 のように，周囲の流体と混合してうずをつくり，音や熱となって噴流のもつ運動のエネルギーを全部消費してしまうから，出口における損失ヘッドは速度ヘッド $V_1{}^2/(2g)$ に等しくなるためである．

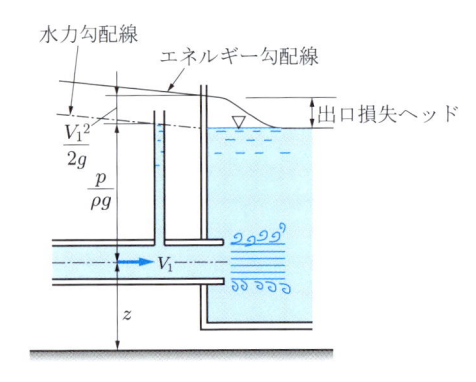

図 5.5 出口損失

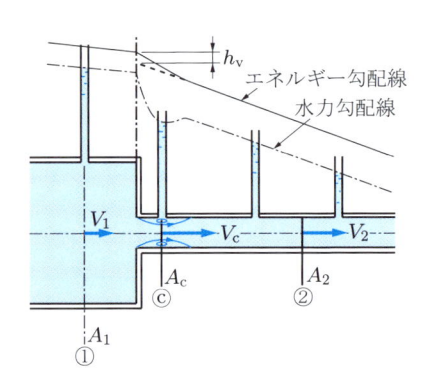

図 5.6 急縮小管の損失ヘッド

5.2.2 管路断面が急に縮小する場合

図 5.6 に示すように，管の内径が急に縮小する場合には，二つの管の接続部のかどより流れがはく離していったん収縮した後は，5.2.1 項の急拡大の場合とよく似た流れになって，断面積 A_2 の管内に充満し速度は V_2 となる．いま，管内縮流部 ⓒ における速度および断面積を，それぞれ V_c, A_c とする．この縮流部 ⓒ と下流部 ② との間に生じる損失ヘッドは，式 (5.4) より

$$h_2 = \frac{(V_\mathrm{c} - V_2)^2}{2g} = \frac{V_2{}^2}{2g}\left(\frac{V_\mathrm{c}}{V_2} - 1\right)^2 = \frac{V_2{}^2}{2g}\left(\frac{A_2}{A_\mathrm{c}} - 1\right)^2$$

となる．また，管の上流部 ① から縮流部 ⓒ まで急に縮小するときの損失ヘッドを

$h_1 = \zeta' V_2^2/(2g)$ と表すと，この損失ヘッドは，縮流部以後の損失ヘッドにくらべて非常に小さく，ζ' を $\{(A_2/A_c) - 1\}^2$ にくらべて無視することができる．したがって，全体の損失ヘッドを

$$h_v = \zeta \frac{V_2^2}{2g}$$

と表せば

$$\zeta = \left(\frac{A_2}{A_c} - 1\right)^2$$

となる．ここで，

$$\frac{A_c}{A_2} = C_c \tag{5.8}$$

とおき，この C_c を**収縮係数** (coefficient of contraction) という．これを用いると，ζ は

$$\zeta = \left(\frac{1}{C_c} - 1\right)^2 \tag{5.9}$$

となる．このように，C_c の値が小さいほど，損失係数 ζ の値は大きい．したがって，二つの管の継目のところに丸味があるかないかはこの値におおいに影響する．表 5.1 は，接続部において，下流の管の入口部分にかどがある場合の実験結果を示してある．

表 5.1 急縮小の損失[11]

A_2/A_1	0.1	0.2	0.3	0.4	0.5	0.6	0.7	0.8	0.9	1.0
C_c	0.61	0.62	0.63	0.65	0.67	0.70	0.73	0.77	0.84	1.00
ζ	0.41	0.38	0.34	0.29	0.24	0.18	0.14	0.089	0.036	0

つぎに，大きい容器から管路に流入する場合には $A_2/A_1 \to 0$ となり，一般に C_c の値は最小となる．このとき，管入口の形状によりはく離の状態が変化し，損失係数の値が異なってくる．これらの値を図 5.7 に示す．このうち，図 (c) のように容器内に管が突入した入口をボルダの口金 (Borda's mouth piece) とよぶ．

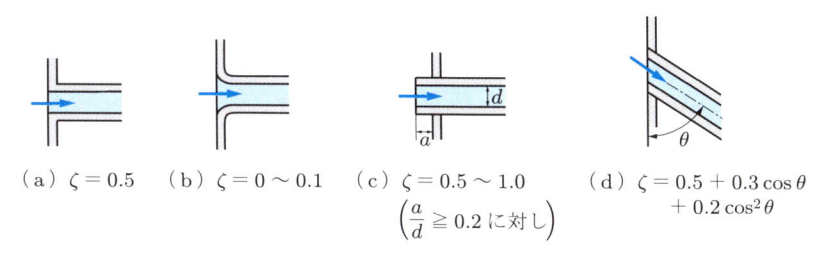

(a) $\zeta = 0.5$ (b) $\zeta = 0 \sim 0.1$ (c) $\zeta = 0.5 \sim 1.0$ $\left(\dfrac{a}{d} \geqq 0.2 \text{ に対し}\right)$ (d) $\zeta = 0.5 + 0.3\cos\theta + 0.2\cos^2\theta$

図 5.7 入口形状と入口損失（ζ は損失係数）

例題 5.2 図 5.8 に示すようなサイフォン現象を利用して，水槽 A から水槽 B に水を送る二つのケースを取り上げる．水槽 A と水槽 B の水面の高さの差は H である．サイフォンを利用する管の長さはケース 1 と 2 ではそれぞれ l_1 と l_2 とし，管の直径は両ケースとも同じ d とする．また，ケース 1 では，水槽 A の水面とサイフォン出口の高さの差は H_e ($< H$) とする．それぞれの水槽は非常に大きいとして流量 Q を求めよ．また，両ケースとも同じ流量となるときの関係を求めよ．ただし，管の摩擦係数は λ で，入口損失と曲がり損失は無視する．

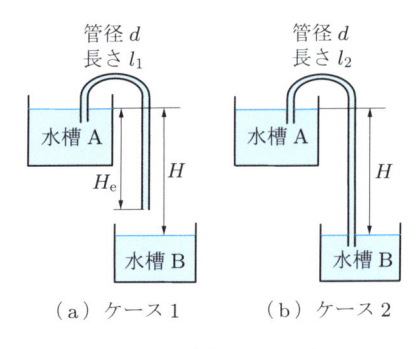

図 5.8 例題 5.2 の図

解 ケース 1 と 2 において，水は水槽 A から管に吸引され，それぞれ流速 V_1 と V_2 で管内を流れ水槽 B に送られる．基準面からのそれぞれの水槽の水面高さを z_1 と z_2 とし，また，管の出口の基準面からの高さを z_e とする．

ケース 1 では，水槽 A の水面から管出口まで，拡張されたベルヌーイの式を用いる．

$$z_1 + \frac{p_a}{\rho g} = z_e + \frac{p_a}{\rho g} + \frac{1}{2g}V_1^2 + \lambda \frac{l_1}{d}\frac{1}{2g}V_1^2$$

ただし，p_a は大気圧である．したがって，管からの流出速度 V_1 はつぎのようになる．

$$V_1 = \sqrt{\frac{2g(z_1 - z_e)}{1 + \lambda(l_1/d)}} = \sqrt{\frac{2gH_e}{1 + \lambda(l_1/d)}}$$

よって，管内を流れる流量 Q_1 は

$$Q_1 = \frac{\pi}{4}d^2 V_1 = \frac{\pi}{4}d^2 \sqrt{\frac{2gH_e}{1 + \lambda(l_1/d)}} \qquad \text{(答)}$$

となる．

一方，ケース 2 では，サイフォン管が水槽 B の水面下に挿入されているので，水槽 A の水面から水槽 B の水面との間に拡張されたベルヌーイの式を用いる．

$$z_1 + \frac{p_a}{\rho g} = z_2 + \frac{p_a}{\rho g} + \lambda\frac{l_2}{d}\frac{1}{2g}V_2^2 + \zeta\frac{1}{2g}V_2^2$$

ただし，ζ は管出口損失係数である．したがって，管内を流れる流速 V_2 はつぎのようになる．

$$V_2 = \sqrt{\frac{2g(z_1 - z_2)}{\lambda(l_2/d) + \zeta}} = \sqrt{\frac{2gH}{\lambda(l_2/d) + \zeta}}$$

よって，流量 Q_2 は

$$Q_2 = \frac{\pi}{4}d^2\sqrt{\frac{2gH}{\lambda(l_2/d) + \zeta}} \qquad \text{(答)}$$

となる．出口損失係数は $\zeta = 1$ であるので，両ケースとも同じ流量となる条件は，$Q_1 = Q_2$ より

$$\frac{H_e}{H} = \frac{1 + \lambda(l_1/d)}{1 + \lambda(l_2/d)}$$

となる. (答)

例題 5.3 図 5.9 のような管路における水力勾配線より,管摩擦係数および急縮小の損失係数を求めよ. ただし,流量は 1.4 L/s とする.

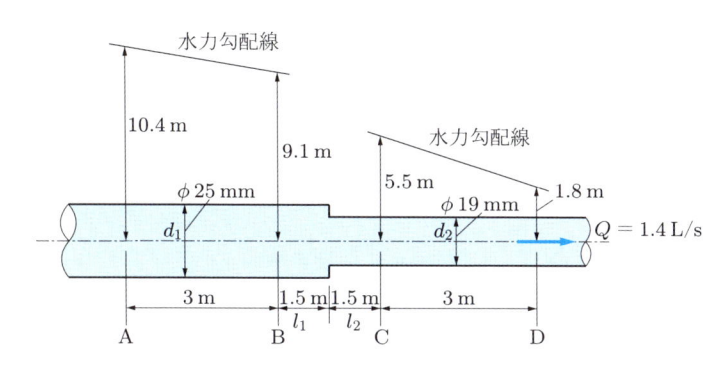

図 5.9 例題 5.3 の図

解 太管および細管での速度をそれぞれ V_1, V_2 とすると,連続の式より

$$Q = \frac{\pi}{4}d_1^2 V_1 = \frac{\pi}{4}d_2^2 V_2$$

$$\therefore\ V_1 = \frac{Q}{(\pi/4)d_1^2} = \frac{0.0014\,\mathrm{m^2/s}}{(\pi/4)\times 0.025^2\,\mathrm{m^2}} = 2.85\,\mathrm{m/s}$$

$$V_2 = \frac{Q}{(\pi/4)d_2^2} = \frac{0.0014\,\mathrm{m^2/s}}{(\pi/4)\times 0.019^2\,\mathrm{m^2}} = 4.94\,\mathrm{m/s}$$

太管および細管での管摩擦係数 λ_1, λ_2 は,図の水力勾配線を用いることにより,式 (4.29) から得られる.すなわち,つぎのようになる.

$$10.4\,\mathrm{m} - 9.1\,\mathrm{m} = \lambda_1 \frac{3\,\mathrm{m}}{0.025\,\mathrm{m}} \times \frac{2.85^2\,\mathrm{m^2/s^2}}{2\times 9.80665\,\mathrm{m/s^2}}$$

$$\therefore\ \lambda_1 = 0.0262$$

$$5.5\,\mathrm{m} - 1.8\,\mathrm{m} = \lambda_2 \frac{3\,\mathrm{m}}{0.019\,\mathrm{m}} \times \frac{4.94^2\,\mathrm{m^2/s^2}}{2\times 9.80665\,\mathrm{m/s^2}}$$

$$\therefore\ \lambda_2 = 0.0188 \tag{答}$$

よって,断面 B, C において拡張されたベルヌーイの式を適用し,急縮小の損失係数を ζ とすると,つぎのようになる.

$$\frac{V_1^2}{2g} + \frac{p_B}{\rho g} = \frac{V_2^2}{2g} + \frac{p_C}{\rho g} + \lambda_1 \frac{l_1}{d_1}\frac{V_1^2}{2g} + \zeta \frac{V_2^2}{2g} + \lambda_2 \frac{l_2}{d_2}\frac{V_2^2}{2g}$$

$$\therefore \quad \frac{p_B}{\rho g} - \frac{p_C}{\rho g} = \left(\lambda_1 \frac{l_1}{d_1} - 1\right)\frac{V_1^2}{2g} + \left(1 + \zeta + \lambda_2 \frac{l_2}{d_2}\right)\frac{V_2^2}{2g}$$

上式に各数値を代入する．すなわち，

$$9.1\,\text{m} - 5.5\,\text{m} = \left(0.0262 \times \frac{1.5\,\text{m}}{0.025\,\text{m}} - 1\right) \times \frac{2.85^2\,\text{m}^2/\text{s}^2}{2 \times 9.80665\,\text{m}/\text{s}^2}$$

$$+ \left(1 + \zeta + 0.0188 \times \frac{1.5\,\text{m}}{0.019\,\text{m}}\right) \times \frac{4.94^2\,\text{m}^2/\text{s}^2}{2 \times 9.80665\,\text{m}/\text{s}^2}$$

ゆえに，上式より急縮小の損失係数 ζ を計算すれば，$\zeta = 0.219$ となる． (答)

5.3 断面が漸次広がる場合の損失ヘッド

図 5.10 に示すように，断面積がゆるやかに広がる管路は，ポンプや送風機の**ディフューザ** (diffuser) のように，流れのもつ速度エネルギーを圧力に変換する場合によく用いられる．入口断面 ① における速度，圧力および断面積を，それぞれ V_1, p_1 および A_1 とし，管の拡大後，圧力が最大になったところの断面 ② におけるそれらの値を，それぞれ V_2, p_2 および A_2 とする．

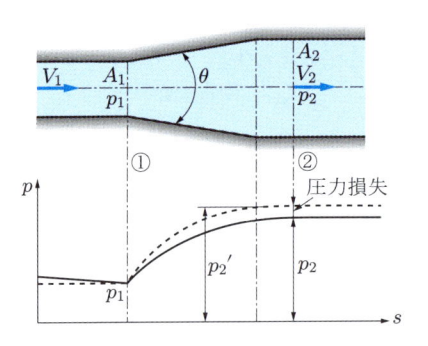

図 5.10 ゆるやかな広がり管

はじめに，もしも流れに損失がないものとすると，広がった後の断面 ② における理論的な圧力 $p_2{'}$ は，ベルヌーイの式と連続の条件より

$$p_2{'} - p_1 = \frac{\rho}{2}(V_1^2 - V_2^2) = \frac{\rho}{2}V_1^2\left\{1 - \left(\frac{A_1}{A_2}\right)^2\right\} \tag{5.10}$$

である．この圧力を図 5.10 の破線で示してある．しかし，実際の粘性のある流体の流れでは，流れに損失を生じるから，広がった後の流れの圧力は，図 5.10 のように p_2 となり，しかも，その最大値は，広がった後少し下流に現れる．いま，この圧力上昇と，式 (5.10) の理論的圧力上昇との比を η と表すと，

$$\eta = \frac{p_2 - p_1}{p_2' - p_1} = \frac{p_2 - p_1}{(\rho/2)V_1^2\{1 - (A_1/A_2)^2\}} \tag{5.11}$$

となる．これは，広がり流れにおいて，速度ヘッドの減少が圧力ヘッドの回復となる割合，または，運動のエネルギーの減少が圧力のエネルギーの増加として回収される割合を示し，これを**広がり管の効率** (diffuser efficiency) または**圧力回復率**という．

図 5.11 に示すように，広がり管の η の値は，断面の形状や広がり角によって異なり，広がり角が $\theta = 5 \sim 10°$ の程度では $0.85 \sim 0.94$ であるが，広がり角 θ が増すと η の値はしだいに小さくなる．

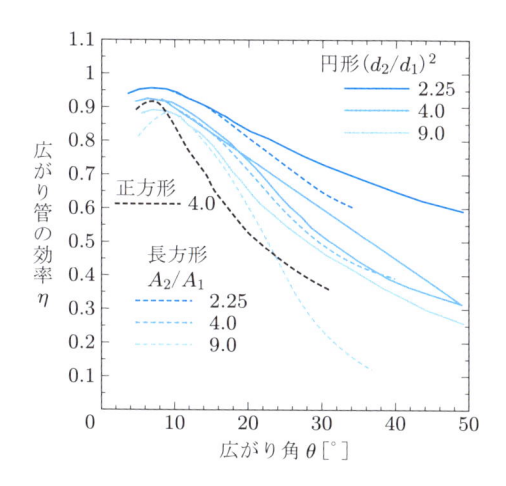

図 5.11 円形，正方形および長方形の広がり管の効率

つぎに，広がり管による圧力損失は，図 5.10 に示されるように $p_2' - p_2$ であるから，これを損失ヘッド h_v で示せば，

$$p_2' - p_2 = \rho g h_v \tag{5.12}$$

となる．いま，この h_v を急拡大の場合の式 (5.5) および式 (5.6) と同様に

$$h_v = \xi \frac{(V_1 - V_2)^2}{2g} \quad \left(= \zeta \frac{V_1^2}{2g}\right) \tag{5.13}$$

で表し，さらに，式 (5.11) より $1 - \eta$ を求め，これに式 (5.12) を用いると

$$1 - \eta = 1 - \frac{p_2 - p_1}{p_2' - p_1} = \frac{p_2' - p_2}{p_2' - p_1} = \frac{\rho g h_v}{p_2' - p_1}$$

となる．この式の右辺の分子に式 (5.13) を，また分母に式 (5.10) を代入すると，

$$1 - \eta = \frac{\rho(\xi/2)(V_1 - V_2)^2}{(\rho/2)(V_1^2 - V_2^2)} = \xi \frac{1 - (V_2/V_1)}{1 + (V_2/V_1)} = \xi \frac{1 - (A_1/A_2)}{1 + (A_1/A_2)}$$

あるいは

$$\xi = \frac{1+(A_1/A_2)}{1-(A_1/A_2)}(1-\eta) \tag{5.14}$$

となる.また,損失係数 ζ と ξ との関係は,急拡大の場合と同様に,式 (5.7) で与えられる.

ギブソン (Gibson) の実験によると,円形広がり管および長方形広がり管の場合,広がり角 θ と ξ との関係は,図 5.12 (a), (b) のようになり,ξ の値は $\theta=5\sim 8°$ 付近で最小となっている.

(a) 円形

(b) 正方形,長方形および円形

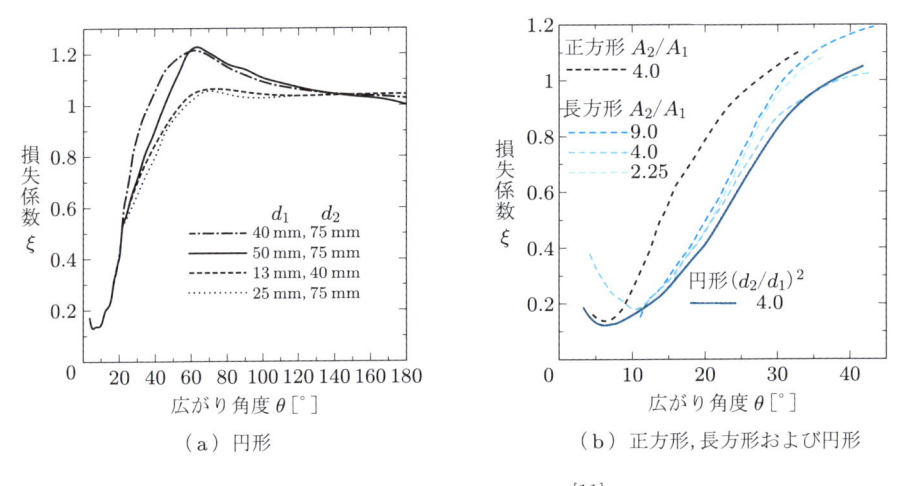

図 5.12 広がり管の損失係数[11]

一般に,流れが広がる場合には,広がり角 θ が小さく流れ方向に圧力の上昇が大きくない場合には,図 5.13 (a) のように,流れは管路一杯になって流れ,流れにともなう損失は摩擦損失によって生じ,断面積比 A_2/A_1 が一定のときは管長が長くなって損失は増加する.

広がり角が大きくなると圧力の上昇は大きくなり,このため流れは図 5.13 (b) のように管壁より離れてうずを巻いた部分を生じ,これが大きい損失を生じる.したがって,流れが管壁面から離れない範囲で,広がり角をもっとも大きくした場合には損失が少なく,この角度は約 $8°$ である.

図 5.13 広がり管内の流れ

この現象を定性的に説明しよう．図 5.14 で，断面 ① における速度が一様でないとし，ある点 P_1 における速度を V_1，また，点 Q_1 における速度を $V_1 + \Delta V_1$ とする．点 P_1，Q_1 を通るそれぞれの流線に沿って流れた流体が断面 ② において，それぞれ V_2，$V_2 + \Delta V_2$ になるとする．ここで，粘性の影響を省略し，流れに沿う圧力の変化のみによって速度の変化する有様を調べよう．

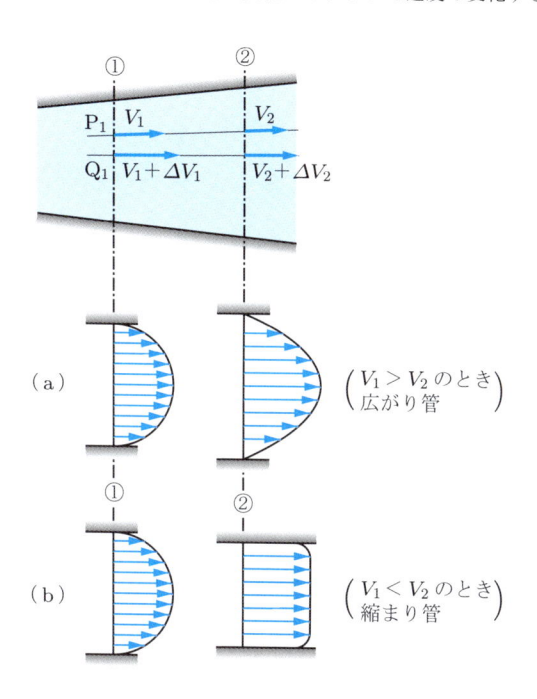

図 5.14 速度分布の変化

断面 ①，② の圧力を，それぞれ p_1，p_2 とする．点 P_1 を通る流線と点 Q_1 を通る流線に沿うベルヌーイの式は，それぞれ

$$\frac{\rho}{2} V_1{}^2 + p_1 = \frac{\rho}{2} V_2{}^2 + p_2,$$

$$\frac{\rho}{2} (V_1 + \Delta V_1)^2 + p_1 = \frac{\rho}{2} (V_2 + \Delta V_2)^2 + p_2$$

であるから，ΔV_1，ΔV_2 が小さいとしてその 2 乗の項を省略し，上式を辺々差し引くことにより，$V_1 \Delta V_1 = V_2 \Delta V_2$，すなわち

$$\frac{\Delta V_2 / V_2}{\Delta V_1 / V_1} = \left(\frac{V_1}{V_2} \right)^2$$

が得られる．流れが広がり圧力上昇があるときは，$V_1 > V_2$ であるから，上式より $\Delta V_2 / V_2 > \Delta V_1 / V_1$ となり，$\Delta V / V$ は断面 ② で断面 ① より大となり，図 5.14 (a) のように流れは管路の中心に集まる．これが極端になると，流れは管壁から離れて一方に片寄るようになる．これに反し流れが狭まり，圧力が降下する流れでは，$V_1 < V_2$ であるから，図 5.14 (b) のように，断面 ② において流れは一様に近づく．

5.4 曲がり管の損失ヘッド

5.4.1 ベンド

図 5.15 (a) に示すように，ゆるやかに曲がる**ベンド** (bend pipe) の流れを観察すると，曲がりの中央の断面 AB では遠心力によって外側の圧力が高くなり，内側では逆に低くなる．したがって，内側では点 A の圧力は低いので，点 A より下流に行くに従い圧力が上昇する．また外側では，点 B の圧力が高いから，曲がりはじめから点 B に至るまでは流れに沿って圧力が上昇する．

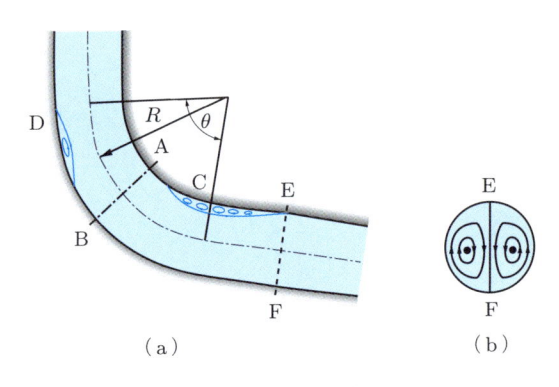

図 5.15 ベンドの流れ

曲がりが急で，流れ方向に大きな圧力上昇が生じるときは，まずベンドの内側の後半部（図 5.15 の点 C 付近）で流れがはく離する[*1]．また，外側の前半部（図 5.15 の点 D 付近）でも，規模は小さいが，はく離を生じることがある．

管の中心部の流体は，遠心力によってベンドの外側に突きあたるように進むが，この流れはやがて管壁面に沿ってベンドの内側のほうへまわり込むように進み，図 5.15 (b) に示すように，一対の向かいあったうずが，壁の横断面内に生じる．この流れは管の主流に垂直な断面内の流れであるので，これを**二次流れ** (secondary flow) という．したがって，ベンドを出た流れは，この二次流れと管の軸方向との流れが合成されて，一対の向かいあうらせん状の流れとなる．

ベンドによる全損失ヘッド h は，ベンド部分の管摩擦損失と，上にのべたはく離や二次流れなどの曲がりだけによる損失を加えたもので，

$$h = \zeta \frac{V^2}{2g} = \left(\lambda \frac{l}{d} + \zeta_b'\right)\frac{V^2}{2g} \quad (5.15)$$

で表される．ここに，ζ は全損失係数，λ は管摩擦係数，ζ_b' は流れが曲げられるため

[*1] はく離は 5.3 節で説明したように，流れに沿って圧力が上昇するときに起こりうる．

のみの損失係数である．また，l はベンドの中心線の長さ，d は管の内径である．

ζ の値は，レイノルズ数，曲がりの角度，曲率，内面の粗さなどにより異なる．いま，90° 方向変化するベンドの中心線の曲率半径を R とすると，ワイスバッハ (Weisbach) は実験結果より，$0.5 < R/d < 2.5$ の範囲に対して

$$\zeta_b' = 0.131 + 0.163\left(\frac{d}{R}\right)^{3.5} \quad (90° \text{ ベンド}) \tag{5.16}$$

を導いた．

つぎに，図 5.16 に示すような長方形断面をもつ 90° ベンドでは，ζ を与える式として，$1.5 < R/h < 4.0$ に対して有効なつぎの実験式がある．

$$\zeta = C_1\left(\frac{R}{h}\right) + C_2\left(\frac{R}{h}\right)^{-2} \tag{5.17}$$

ここに，C_1, C_2 の値は図 5.16 より求められる．

また，図 5.17 に示すように，曲がり部で高さ h を狭くし，厚さを増して同一断面積になるようにすると，二次流れが弱くなって損失を少なくすることができる．

つぎに，曲がり管の曲率半径が小さくなって図 5.18 のようになったベンドに，同じ長さの案内羽根を数枚入れると，損失は著しく軽減される．このとき，案内羽根の数

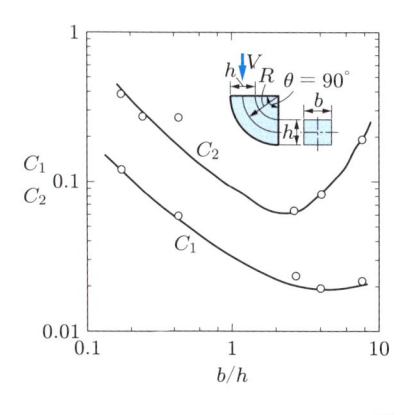

図 5.16 長方形断面ベンドの損失係数[5] 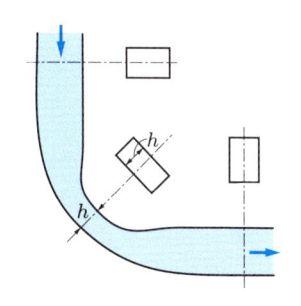　　図 5.17 同一断面積流路

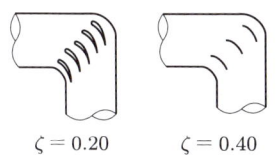

$\zeta = 0.20$　　$\zeta = 0.40$　　$\zeta = 0.10$　　$\zeta = 0.35$

（a）円形管におけるベンド　　（b）四角管におけるベンド

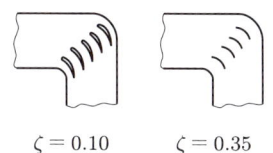

図 5.18 ベンドの各種の案内羽根[16]

5.4.2 エルボ

図 5.19 に示すように，急激に曲がる管を**エルボ** (elbow) という．エルボは，かどがあるので流れがはく離し，ベンドにくらべて大きい損失を生じる．いま，エルボによる損失ヘッド h_v を

$$h_v = \zeta \frac{V^2}{2g}$$

と表すと，損失係数 ζ と曲がり角 θ との関係は，図 5.20 のようになる．図中の曲線 A は長方形断面，D は正方形断面で，曲線 B_r，B_s は円形断面の場合であって，添字 r, s は粗面および滑らかな面を示す．

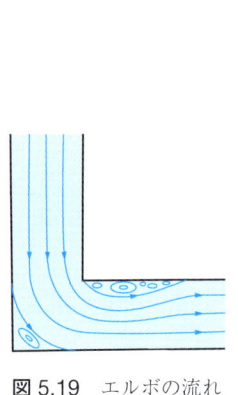

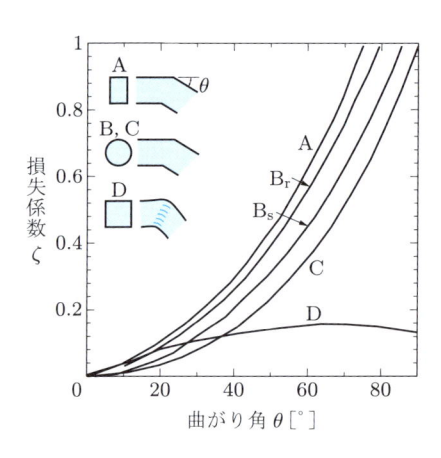

図 5.19 エルボの流れ　　図 5.20 エルボの損失係数[9]

曲線 C は

$$\zeta = 0.946 \sin^2\left(\frac{\theta}{2}\right) + 2.05 \sin^4\left(\frac{\theta}{2}\right) \tag{5.18}$$

である．この式 (5.18) は，エルボについてのワイスバッハ (Weisbach) の実験式といわれるものである．

例題 5.4 内径 50 mm の管路の途中に，直角エルボが取り付けられている．管摩擦係数 λ を 0.03 とするとき，エルボでの損失ヘッドに等しい損失を生じる管の長さ L

を求めよ*1．また，この管路を毎秒 $0.005\,\mathrm{m}^3$ の水が流れているとき，エルボにおいて単位時間に失われる損失エネルギーを求めよ．

解 エルボの損失係数 ζ は，式 (5.18) のワイスバッハの実験式より

$$\zeta = 0.946\sin^2\left(\frac{90°}{2}\right) + 2.05\sin^4\left(\frac{90°}{2}\right) = 0.986$$

となる．エルボにおける速度を V とすると，エルボの損失と長さ L の管摩擦損失とが等しいから次式を得る．

$$0.986 \times \frac{V^2}{2g} = 0.03 \times \frac{L}{0.05\,\mathrm{m}} \times \frac{V^2}{2g}$$

ゆえに，$L = 1.64\,\mathrm{m}$ となる． (答)

つぎに，損失エネルギー E は，エルボでの損失ヘッドを h_v とすると

$$E = \rho Q g h_\mathrm{v} = \frac{\rho Q g \zeta V^2}{2g}$$

となる．また，このときの流量における水の速度 V は，連続の式より

$$V = \frac{Q}{(\pi/4)d^2} = \frac{0.005\,\mathrm{m}^2/\mathrm{s}}{(\pi/4) \times 0.05^2\,\mathrm{m}^2} = 2.55\,\mathrm{m/s}$$

となるから，損失エネルギー E はつぎのようになる．

$$E = 1000\,\mathrm{kg/m^3} \times 0.005\,\mathrm{m^3/s} \times 9.80665\,\mathrm{m/s^2} \times 0.986$$

$$\times \frac{2.55^2\,\mathrm{m^2/s^2}}{2 \times 9.80665\,\mathrm{m/s^2}} = 16.0\,\mathrm{W} \quad (答)$$

5.5 弁およびコックの損失ヘッド

弁およびコックはその用途によっていろいろな種類があるが，これらは管路に損失ヘッド $h_\mathrm{v} = \zeta V^2/(2g)$ を生じさせて，管路の流量を制御するものである．いずれも，弁を全閉にしたとき ζ の値は無限大となり，全開のときはその値は最小になる．

これらの損失ヘッドは，断面積の変化や流れの方向変化などの組合せによって生じるもので，非常に複雑である．したがって，正確な ζ の値を知るには実験によらなければならないことが多いが，その主なものについて以下にのべる．

5.5.1 仕切弁

図 5.21 には，円形断面の**仕切弁** (sluice valve) を示す．この弁は全開のとき，損失係数の値が，つぎにのべる玉形弁よりも小さい．弁を閉じていくと，主として弁直後における断面積の急拡大によって損失が生じる．仕切弁の ζ の値を表 5.2 に示す．

---

*1 L を**相当管長** (equivalent length) という．

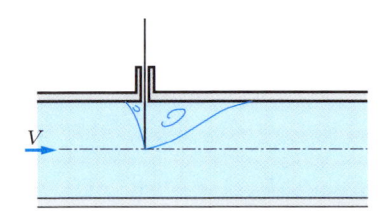

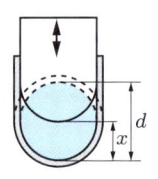

図 5.21　仕切弁

表 5.2　仕切弁の ζ の値[11]

弁のよび口径 [mm]	開度 x/d					
	1/8	1/4	3/8	1/2	3/4	1
15	374	53.6	18.26	7.74	2.204	0.808
25	211	40.3	10.15	3.54	0.882	0.233
50	146	22.5	7.15	3.22	0.739	0.175
100	67.2	13.0	4.62	1.93	0.412	0.164
150	87.3	17.1	6.12	2.64	0.522	0.145
200	66.0	13.5	4.92	2.19	0.464	0.103
300	96.2	17.4	5.61	2.29	0.414	0.047

5.5.2　止め弁および玉形弁

図 5.22 に示すのは**止め弁** (stop valve) の例である．これらは円すい形の接触部をもつ弁座 (valve seat) に密着するような形をした弁が，ハンドルの回転によって上下に動くようになっている．したがって，弁を全開しても損失係数 ζ の値は 2 以上と大きいが，漏れを完全に防ぐ必要のある所に用いられる．図 5.22 の左端は外形が球形をし

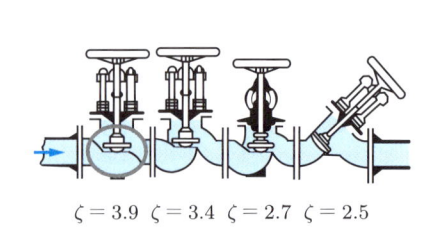

$\zeta = 3.9$　$\zeta = 3.4$　$\zeta = 2.7$　$\zeta = 2.5$

図 5.22　止め弁と全開時における ζ の値[11]

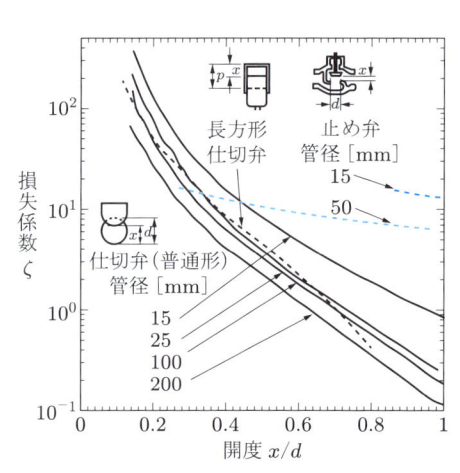

図 5.23　仕切弁と止め弁の損失係数[5]

ているので，とくに**玉形弁** (glove valve) といわれる．図 5.23 に仕切弁と止め弁の ζ の曲線を示す．

5.5.3 蝶形弁およびコック

図 5.24 に**蝶形弁** (butterfly valve) を示す．θ を弁板 (valve plate) の管軸からの傾き角とすれば，θ が大きくなるとともに急激に損失係数 ζ の値が増す．その一例を図 5.25 に示してある．蝶形弁の特徴は，構造が比較的簡単で全開のときの ζ の値も小さいが，他の弁にくらべて大きい回転モーメントが作用するので，弁の開度を一定に保つためには，このモーメントに打ち勝つだけの保持モーメントが必要，ということである．また，流れを完全に締め切ることも比較的難しい．

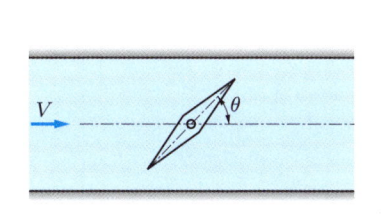

図 5.24 蝶形弁

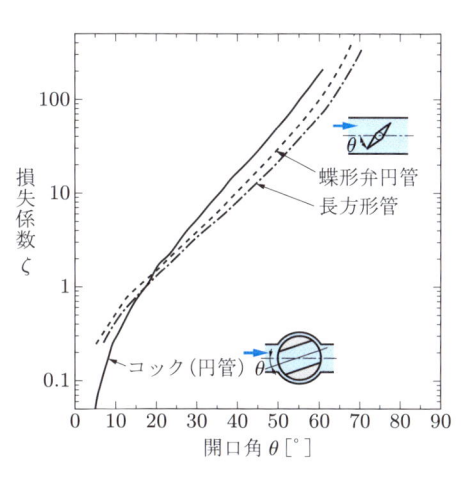

図 5.25 蝶形弁とコックの損失係数[5]

円形蝶形弁の全開 ($\theta = 0°$) のときの ζ の値は，おおよそ $\zeta \fallingdotseq t/d$ で与えられる．ここに，t は弁円板の厚さ，d は円板の直径である．この値は普通，0.15～0.25 くらいである．

コック (cock) は急激な開閉を要する場合に便利で，しかも全閉時に漏れを完全に止めることができる．コックの回し角 θ を大きくすると，蝶形弁と同様に，ζ の値が急激に増していく．その一例を図 5.25 に示す．

5.6　分岐管，合流管における損失ヘッド

図 5.26 に示すように，一つの管路が二つ以上に分岐する場合，または逆に管路が合流して一つの管路になる場合には，流れの速度の大きさや方向が変化するので損失を

116　第5章　管路系の損失ヘッド

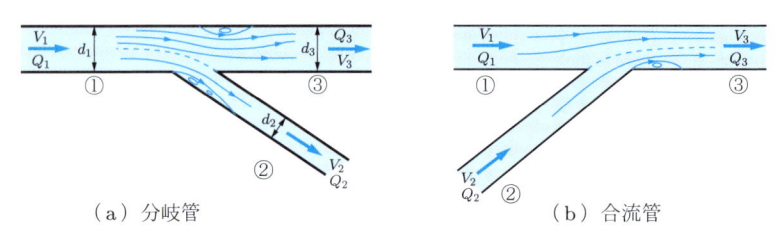

（a）分岐管　　　　　　　　　　　（b）合流管

図 5.26　分岐管と合流管

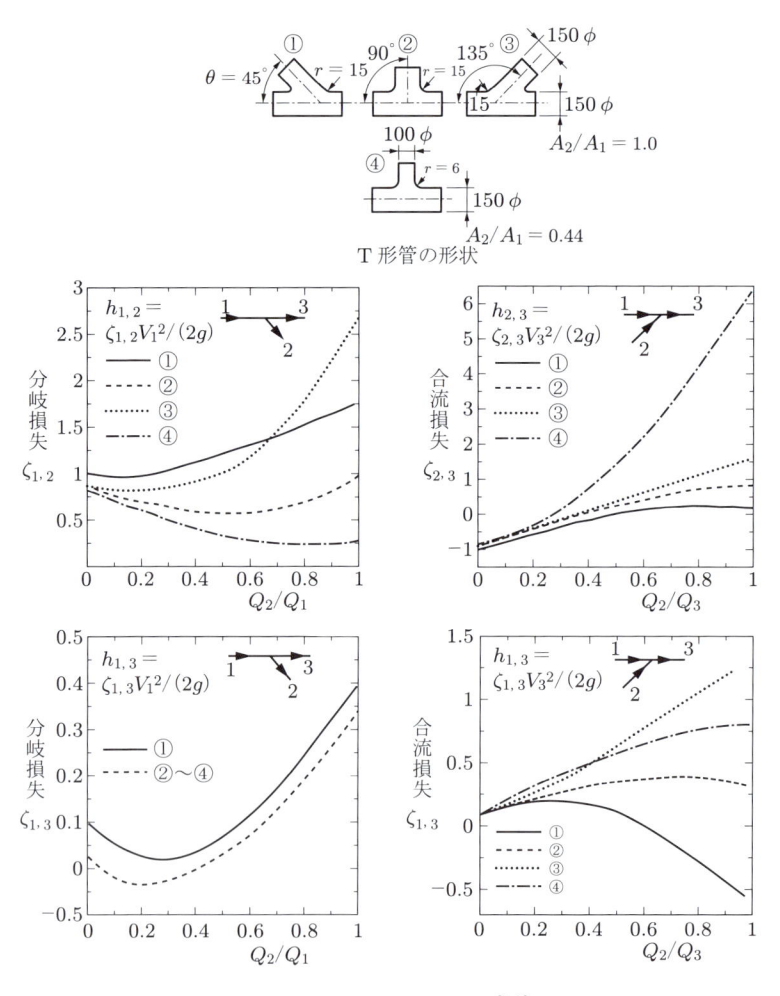

T形管の形状

図 5.27　分岐合流損失の例[21]

生じる．すなわち，分岐管の場合には，管摩擦損失のほかに主管 ① より支管 ② への流れに曲がり損失を生じ，主管 ① より ③ への流れに広がり損失が生じる．合流管においても，主管 ① から ③ への流れに狭まり損失があり，支管 ② から主管 ③ への流れに曲がり損失が生じる．普通，これらの損失ヘッド h をつぎのように表す．

$$\text{分岐管のとき} \quad h_{1,2} = \zeta_{1,2}\frac{V_1^2}{2g}, \quad h_{1,3} = \zeta_{1,3}\frac{V_1^2}{2g} \tag{5.19}$$

$$\text{合流管のとき} \quad h_{1,3} = \zeta_{1,3}\frac{V_3^2}{2g}, \quad h_{2,3} = \zeta_{2,3}\frac{V_3^2}{2g} \tag{5.20}$$

損失係数 ζ の値は，分岐または合流角 θ や，分岐または合流部のかどの丸味半径によって異なり，正確な値は実験によらなければならない．これらの例を図 5.27 に示す．

これらの図よりわかるように，合流管の場合の $\zeta_{1,3}$ や $\zeta_{2,3}$ の値が負となることがある（分岐のときも $\zeta_{1,3}$ の値が，わずかに負になる所がある）．これらは，他の管の流量が多いとき，その流れによって吸い込まれることを示すもので，たとえ一方の管路の損失係数が負であっても，合流による全体の損失ヘッドはもちろん正である．

5.7 キャビテーション

第 3 章では，ベルヌーイの式から速度が速くなると圧力が下がり，また，ランキンうずではうず中心の圧力が周囲の圧力の 2 倍低くなることを説明した．一方，液体はその界面の圧力が蒸気圧以下になると沸騰し，気体に相変化する[*1]．実用に供されている水には目に見えない小さな気泡核（平均径 < 100 μm）が存在する．このために，流速やうず強さが大きくなると，圧力が下がり局部的に相変化し，気泡核界面で蒸発し小さな気泡が多数生じ，合体しながら多数の目に見える大きさの気泡に成長することもある．このような目に見える局部的気泡の発生する現象を**キャビテーション現象**あるいは単に**キャビテーション**（または**空洞**；cavitation）という．キャビテーションが生じると，流体機器の性能が劣化し，機器の表面に材料の損失（壊食 (erosion)）が起き，振動や騒音の原因ともなる．しかし，この現象を積極的に利用しようとする試みが医療や環境分野など多方面で行われている．

キャビテーションの発生には，(1) 気泡核が存在すること，(2) 圧力が十分低いこと，

[*1] 水の蒸気圧は温度に関係し，実用的にはつぎのアントワン式で与えられる．
$$\log_{10} p\,[\text{mmHg}] = 8.02754 - \frac{1705.616}{231.405 + T\,[\text{°C}]}$$
水は 100°C では標準気圧の 1013 hPa，20°C では約 23 hPa で蒸発する．管内を流動している不純物を含まない純水では，気液界面が存在しないので圧力が蒸気圧以下になっても蒸発しない．純水の引張り耐力は温度によって異なるが，50°C 以下では大気圧の 10〜270 倍といわれる．

(3) 気泡の成長する時間が十分に長いことが必要である．発生した気泡は流れとともに運ばれ，圧力が高くなるところで消滅する．このとき，気泡周辺の液体が気泡を押しつぶし，大きな衝撃力（気泡崩壊衝撃圧）が発生する．そのために，気泡消滅近辺の流体機器表面に連続して高周波の衝撃力が作用し，壊食や振動，騒音を発生する．

圧力が蒸気圧より低くなると，気泡核が成長するので，キャビテーション発生の基本的指針となる無次元数は，次式で定義される**キャビテーション係数** σ (cavitation number) である．

$$\sigma = \frac{p_\infty - p_v}{(1/2)\rho U_\infty^2} \tag{5.21}$$

p_∞, U_∞ は無限遠方の静圧と流速，ρ は密度，p_v は蒸気圧である．この係数は圧力係数 C_p（7.4節参照）に対応するもので，$-C_p \geqq \sigma$ が気泡成長の必要条件である．キャビテーションは局所的に流速が大きくなる所や強いうずが生じる所で発生する可能性が高い．したがって，物体形状，表面粗さ，表面の濡れ性，乱れ強さ，さらに液体中に含まれる不純物等に関係する．

図 5.28 はオリフィス（付録 I, p.193 参照）付近の流れで，キャビテーションがオリフィスの先端 BB' から発生している場合の模式図である．オリフィスに流入する流れは，オリフィスで絞られ流速が増加し，オリフィス先端 BB' から少し後流で最大速度となる．オリフィス板の背面（ABCA および A'B'C'A' で囲まれた領域）ではほぼ一定の圧力で，この最大の流速に対応する圧力に等しい．オリフィス背面の流れはうずあり流れで，流速は小さい．オリフィス先端からのはく離流線 BC (B'C') に沿ってはく離うずが形成され，圧力はこのはく離うずの中心付近でさらに低くなる．したがって，キャビテーション気泡が発生するとすると，オリフィス先端から少し離れたはく離うず中心からである．発生した気泡は成長しながらつぎつぎと後流に流され，管壁近く（C や C'）で消滅する．この消滅する付近で壊食が起こる．そこで，実用的にはこの消滅する位置を予測し，この付近の材料強度を増すなどの対策が必要となる．

図 5.29 は翼型まわりのキャビテーション発生の模式図である．翼型では翼上面の

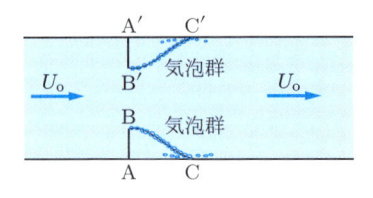

図 5.28 キャビテーションの発生

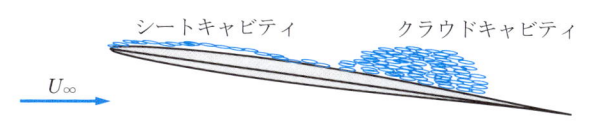

図 5.29　翼型まわりのキャビテーション

圧力が下面より低いので，キャビテーション気泡は上面で発生する[*1]．発生した気泡群（キャビティ；cavity）は合体しながらシート状の気泡群を形成する（シートキャビティ；sheet cavity）．このシート状のキャビティは再付着点付近で不安定となり無数の気泡に分裂し，大きな気泡群（クラウドキャビテーション；cloud cavitation）を形成して後流に流れていく．このクラウドキャビテーションの発生が騒音や振動の飛躍的な増大をもたらす．そこで，このシートキャビティを翼型の後縁より後ろまで引き伸ばすと安定したキャビティが形成される．このような状態を**スーパーキャビテーション**（または**超空洞** (supercavitation)）といい，高性能な翼型が開発されている．

例題 5.5　水面が大気に開放されている水槽内に翼型をおいて実験する場合でも，キャビテーションの発生する可能性がある．水温を 10℃ とし，翼型の最低圧力係数を $C_{p\min} = -1.0$ とするとき，水槽の一様速度 U_∞ をどの程度にするとキャビテーション発生の可能性があるか．ただし，水の蒸気圧 p_v は 10℃ で 12 hPa とする．

解　圧力係数は $C_p = (p - p_\infty)/\{(1/2)\rho U_\infty{}^2\}$ と定義されている．したがって，翼型表面の圧力係数 C_p が与えられると，翼型表面の圧力 p は

$$p = p_\infty + \frac{1}{2}\rho C_p U_\infty{}^2$$

となる．よって，この p の最小値が蒸気圧 p_v より低くなれば，キャビテーション発生の可能性がある．

$$p_\infty + \frac{1}{2}\rho C_{p\min} U_\infty{}^2 < p_v$$

よって，$C_{p\min} = -1.0$ より

$$U_\infty > \sqrt{\frac{2(p_\infty - p_v)}{\rho(-C_{p\min})}} = \sqrt{\frac{2 \times (101.325 - 1.2)\,\text{kPa}}{999.7\,\text{kg/m}^3}}$$

$$= \sqrt{\frac{2 \times 100.125 \times 1000\,\text{kg/(ms}^2)}{999.7\,\text{kg/m}^3}} \approx 14\,\text{m/s}$$

となり，約 14 m/s 以上の流速でキャビテーションが発生する可能性がある．ただ，翼型表面の粗さや一様流の乱れなどによって異なってくるので，この値は目安である．　　**(答)**

[*1]　翼型まわりの流れは 7.5 節参照．

例題 5.6 無限に広い流体中に半径 R の球形気泡があり,気泡内外で圧力差 $p_\text{o} - p_\infty$ があると気泡は成長する.このときの気泡径 R に関する成長方程式を導け.p_o は気泡内圧力,p_∞ は気泡外部の無限遠の圧力である.

解 気泡は $\dot{R} = \mathrm{d}R/\mathrm{d}t$ で半径方向に成長し流体を動かす.その流量は $Q = 4\pi R^2 \dot{R}$ である.非圧縮性流体とすると,半径 r の球面から同じ流量 Q が流れている.半径 r の球面上の半径方向速度を u_r とすると,$Q = 4\pi r^2 u_r$ である.したがって,$u_r = (R^2/r^2)\dot{R}$ となる.この流れは半径方向に流れる非定常流れであるので,運動方程式は 3.3 節の式 (3.8) から

$$\frac{\partial u_r}{\partial t} + u_r \frac{\partial u_r}{\partial r} = -\frac{1}{\rho}\frac{\partial p}{\partial r}$$

となり,この式を $r = R$ から $r = \infty$ まで r について積分すると

$$\int_R^\infty \frac{\partial u_r}{\partial t}\,\mathrm{d}r + \int_R^\infty u_r \frac{\partial u_r}{\partial r}\,\mathrm{d}r = -\frac{1}{\rho}\int_R^\infty \frac{\partial p}{\partial r}\,\mathrm{d}r$$

となる.右辺の圧力に関する積分は容易に求められ,

$$\frac{1}{\rho}\int_R^\infty \frac{\partial p}{\partial r}\,\mathrm{d}r = \frac{p(\infty) - p(R)}{\rho} = \frac{p_\infty - p_\text{o}}{\rho}$$

となる.ここで,$p_\text{o} = p(R)$ で,気泡表面の圧力である.左辺の第 2 項は

$$\int_R^\infty u_r \frac{\partial u_r}{\partial r}\,\mathrm{d}r = \int_R^\infty \frac{R^2 \dot{R}}{r^2} \cdot \left(-\frac{2R^2 \dot{R}}{r^3}\right)\,\mathrm{d}r$$

$$= -2(R^2\dot{R})^2 \int_R^\infty \frac{\mathrm{d}r}{r^5} = -\frac{1}{2}\dot{R}^2$$

となる.つぎに,$\partial u_r/\partial t = \{\mathrm{d}(R^2\dot{R})/\mathrm{d}t\}(1/r^2)$ であるので,左辺の第 1 項は

$$\int_R^\infty \frac{\partial u_r}{\partial t}\,\mathrm{d}r = \frac{\mathrm{d}(R^2\dot{R})}{\mathrm{d}t}\int_R^\infty \frac{\mathrm{d}r}{r^2} = \frac{\mathrm{d}(R^2\dot{R})}{\mathrm{d}t}\frac{1}{R} = 2\dot{R}^2 + R\ddot{R}$$

となる.ただし,$\ddot{R} = \mathrm{d}^2R/\mathrm{d}t^2$ である.これらの結果を整理すると,気泡内外の圧力差 $p_\text{o} - p_\infty$ と球形気泡の半径 R の関係が導かれる.

$$R\ddot{R} + \frac{3}{2}\dot{R}^2 = \frac{p_\text{o} - p_\infty}{\rho}$$

この成長方程式は**レイリー (Rayleigh) の式**とよばれている. (答)

キャビテーション気泡が崩壊するときの時間(崩壊時間)は数 μs であり,気泡内部と外部との熱移動時間にくらべて極めて短い.したがって,崩壊時の気泡内部の気体は断熱圧縮され,大気の数千倍の高圧で数千℃以上の高温となる.その際,気泡内部に気化していた水分子がラジカルな H と OH になり,OH の高反応性により有機化合物を分解することが可能となる.このような特性を利用した環境浄化に応用する研究など,近年,キャビテーションの有効利用に関する研究が盛んに行われている.

5.8 水撃

水を蓄えた大きな水槽から，出口に弁の取り付けられた管路を通して水が流出する図 5.30 のような場合を考える．管の断面積を一定とすると，弁を開放した状態では，水は管内を一定の流速 U で流れている．この定常な状態から弁を急に閉鎖したとき，流れは急にせき止められ弁に大きな圧力がはたらき，圧力の不連続面が形成され上流側に移動する．この不連続面が管路の入口に達すると，水槽の静圧が一定であるのでこの圧力上昇を打ち消す圧力降下が起こり，圧力降下の不連続面が下流に移動する．このように，上昇した圧力と降下した圧力の伝播が繰り返し往復する．このような急激な圧力変化を引き起こす現象を**水撃** (water hammer) という．

水はこれまでは非圧縮性流体として取り扱ってきたが，弁を急に閉鎖したとき水は圧縮されわずかに体積が減少し（密度が増し），圧力が上昇する．そこで，わずかに密度変化する非定常の流れを考える．図 5.31 は断面積 A が一定で，BB′ を境として速度 V，密度 ρ と圧力 p が急激に変化している場合を示す．不連続な BB′ は移動しない．流体は左側から右側に速度 V で流れ，BB′ を過ぎると速度がわずかに変化し $V + \delta V$ となり，密度は ρ から $\rho + \delta \rho$ に変化する[*1]．このとき，連続の式から

$$\rho V A = (\rho + \delta \rho)(V + \delta V) A$$

となる．ここで，$|\delta V| \ll |V|$, $|\delta \rho| \ll \rho$ と考えているので，次式が導かれる．

$$\frac{\delta V}{V} + \frac{\delta \rho}{\rho} = 0 \tag{5.22}$$

つぎに，検査面 CC′D′D における運動量の法則（第 3 章参照）を利用すると，

$$\rho V^2 A + A p = (\rho + \delta \rho)(V + \delta V)^2 A + (p + \delta p) A$$

となる．ただし，CC′ 面での圧力を p とし，DD′ 面での圧力もわずかに変化し $p + \delta p$ としている．この式から高次の微小量を省略すると

$$2 V \rho \delta V + V^2 \delta \rho + \delta p = 0$$

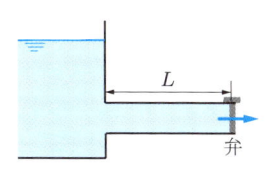

図 5.30　大きな水槽に取り付けられている管路

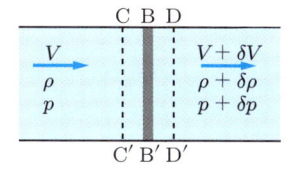

図 5.31　不連続面前後の流れ

[*1] この流れを管路に固定した座標で考えると，不連続面は静止している流体中を速度 V で左側に移動している．この不連続面が通過すると，流体の流速がゼロから δV に，密度は ρ から $\rho + \delta \rho$ に変化することを意味している．

となる．この式に式 (5.22) を用いて $\delta\rho$ または δV を消去すると，
$$\rho V \delta V = -\delta p, \qquad V^2 \delta \rho = \delta p \tag{5.23}$$
が得られる．したがって，速度 V は
$$V = \pm c, \qquad c = \sqrt{\frac{\delta p}{\delta \rho}}$$
となる．速度 c（または a と書く）は，密度変化がわずかの場合における密度変化の伝播速度（圧力変化の伝播速度）であり，**音速** (speed of sound, acoustic speed) という[*1]．この結果を管路に固定した座標から見ると，密度変化が音速 c で伝播している．

この結果を利用して，$t=0$ で急に弁を閉鎖した図 5.30 の流れを考える．定常で流れていた運動のエネルギーがすべて圧力のエネルギーに変わり，液体は圧縮され密度変化し，不連続面が発生する．式 (5.23) から，このときの圧力の上昇は，$V=c$，$\delta V = -U$ より
$$\delta p = \rho c U \tag{5.24}$$
である．この関係をジューコウスキー (Joukowski) の式という．

この圧力上昇した不連続面は流れをせき止めながら管路の入口に向かって音速 c で移動する．このとき，不連続面の弁側では速度がゼロで，管路入口側は速度 $u=U$ のままである．そして，管路の入口に達すると，管路内の圧力は $\rho c U$ 高くなるので，流体は U で水槽内に逆流し，管路内の圧力は定常のときの状態に戻る．したがって，$\rho c U$ の圧力上昇が急激にゼロに圧力降下するので不連続面が生じる．この不連続面は管路入口から弁の方向に音速 c で移動する．この不連続面の前方（弁側）では流速がゼロであり，後方では流体は逆流 ($u=-U$) している．

つぎに，この不連続面が弁に到達すると，弁が閉じられたままであるので，さらに $\rho c U$ の圧力降下が起こり，不連続面は弁で反射され管路入口方向に音速で移動する．このとき，不連続面の後方（弁側）では流速はゼロで前方では逆流したままである．この不連続面が管路の入口に達すると，圧力が降下しすぎているので，今度はこれを補うように $\rho c U$ の圧力上昇が起こり，不連続面が再び弁側に音速で移動する．不連続面の前方の流速はゼロで後方は弁側に向かう順流 ($u=U$) である．この不連続面が弁に到達するときの状態は最初の状態と一致するので，この現象が繰り返される．以上の現象を図 5.32 に示す．鋸歯状の実線が不連続面である．図 5.32 の下図は，管路内の点 P における圧力上昇 δp の時間履歴を示している．点 P が弁より s_o の位置とすると，$t_o = s_o/c$ である．現実の流れでは粘性があるので，徐々に流速と圧力上昇は減衰する．

[*1] 急に弁を閉じると圧力の上昇とともに管も弾性変形する．その影響は音速 c に現れる．$c = \sqrt{1/[\rho\{\beta + D/(Es)\}]}$，$D$ は管直径，E は管の縦弾性係数，β は液体の圧縮率，s は管の肉厚．

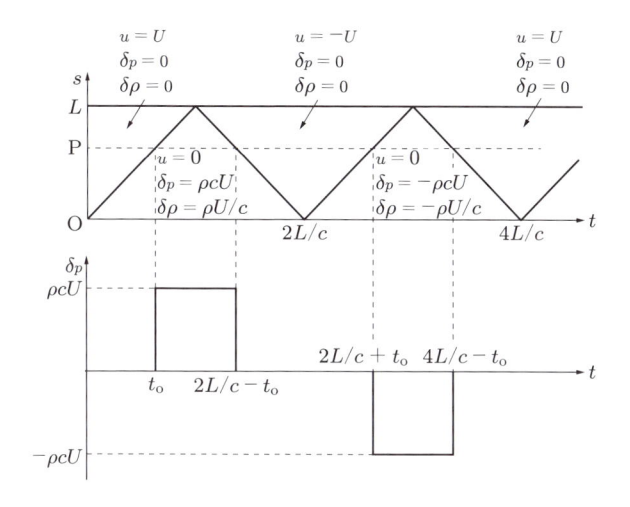

図 5.32 不連続面の伝播[23]

例題 5.7 非定常の運動方程式と連続の式から，図 5.31 に示した流れの圧力と密度はつぎのように表されることを示せ．
$$\rho = \rho_\mathrm{o} + f(s-ct) + g(s+ct), \quad p = p_\mathrm{o} + c^2\{f(s-ct) + g(s+ct)\}$$
ただし，関数 f, g は任意の関数である．また，速度と密度の時間変化は非常に大きいとする．

解 題意から $|\partial V/\partial t| \gg |V(\partial V/\partial s)|$ であるので，3.3 節の式 (3.8) の運動方程式は
$$\frac{\partial V}{\partial t} = -\frac{1}{\rho}\frac{\partial p}{\partial s} \tag{i}$$
となる．3.2 節の連続の式 (3.3) から，管断面積 A が一定で，$|\partial \rho/\partial t| \gg |V(\partial \rho/\partial s)|$ と仮定しているので
$$\frac{\partial \rho}{\partial t} + \rho\frac{\partial V}{\partial s} = 0 \tag{ii}$$
となる．$c^2 = \mathrm{d}p/\mathrm{d}\rho$ より，式 (i) は
$$\rho\frac{\partial V}{\partial t} = -c^2\frac{\partial \rho}{\partial s} \tag{iii}$$
となる．先の音速のところで指摘したように，密度変動は音速 c で左右に伝播する．速度変動も同様である．したがって，密度 ρ と速度 V はつぎのように表すことができる．
$$\rho = \rho_\mathrm{o} + f(s-ct) + g(s+ct), \quad V = V_\mathrm{o} + F(s-ct) + G(s+ct)$$
ρ_o と V_o は基準となる密度と速度である．この関係を式 (ii) に代入すると，容易につぎの関係が導かれる．
$$F' = \frac{c}{\rho}f', \quad G' = -\frac{c}{\rho}g'$$
ただし，ダッシュ ' は微分を表す．この関係を利用すると，式 (iii) は恒等的に成り立つ．以

上を整理すると,
$$\rho = \rho_\circ + f(s-ct) + g(s+ct), \quad V = V_\circ + \frac{c}{\rho}\{f(s-ct) - g(s+ct)\}$$
となる.また,圧力 p は基準圧 $p_\circ$ とすると,$\delta p = c^2 \delta\rho$ の関係から
$$p = p_\circ + c^2\{f(s-ct) + g(s+ct)\}$$
となる[*1]. (答)

この例題 5.7 の結果を利用して図 5.30 の流れを調べてみよう.$\Delta p = p - p_\circ$,$\Delta V = V - V_\circ$ とすると
$$\Delta p = -\rho c \Delta V + 2c^2 f(s-ct)$$
$$\Delta p = \rho c \Delta V + 2c^2 g(s+ct)$$
となる.上の式から,圧力波が前進するときは図 5.33 のように圧力 $\Delta p/(c\rho)$ と速度 ΔV は一次関数で,その傾きは -1 である(図の CD に平行な直線群).後退する波は傾きが $+1$ の AB に平行な直線群である[*2].座標 s を弁から管路の入口方向にとるとする.$t = +0$ で弁が急閉鎖されるので,圧力波は s の増加する方向に伝わり,上式の第 1 式の場合である.$0 \leq s < ct$ では速度がゼロで,圧力は $\Delta p = \rho c U$ である.この状態が図 5.33 の縦軸上の点 I である.この波が管路の入口に達すると,管路入口では $\Delta p = 0$ であるので,点 I を通る直線 CD と横軸との交点 J の状態が定まる.したがって,圧力波が管路入口に達したとき,圧力波後方の速度は U(したがって,$u = -U$),$\Delta p = 0$ の状態が弁側に伝播される.この波は後退波であるので,上の第 2 式に従い点 J を通り AB に平行な直線となる.波が弁に達すると,そこでは速度がゼロであるので縦軸との交点 K が求まる.ここでは圧力が減少($\Delta p = -\rho c U$)していることが

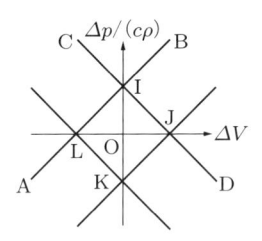

図 5.33 伝播する圧力と速度[32]

[*1] これらの結果から,時間微分 $\partial/\partial t$ は空間微分 $\partial/\partial s$ にくらべ音速倍大きいので,ここでの仮定は妥当であることがわかる.

[*2] $(p-p_\circ)/c^2 = f(s-ct)$ で表される圧力波は,$s = ct + s_\circ$($s_\circ =$ 一定)では $(p-p_\circ)/c^2 = f(s_\circ)$ と初期圧力($p = p_\circ + c^2 f(s_\circ)$)と同じである.したがって,圧力波は前進しているので前進波という.一方,$(p-p_\circ)/c^2 = g(s+ct)$ では $s = s_\circ - ct$ で初期圧力であり,圧力波は後退しているので後退波という.

わかる．この波が前進波となり管路入口に伝播するので，点 K を通る傾き -1 の直線となる．管路入口では $\Delta p = 0$ であるので，点 L が求まる．したがって，不連続波は（この波の背面の速度は $-U$ $(u = U)$ となり弁側に流れてくる）後退波となり，点 L を通り傾き 1 の直線となり点 I が定まり，この波が弁に達した状態は初期状態と同じとなる．このように弁の急閉鎖から $4L/c$ 後に最初の状態に戻り，以後周期 $4L/c$ のこの変化が繰り返されることになる．

5.9　管路によって送られる流体動力

　流体が管路内を流れているとき，管路のある断面における流体の全ヘッドを H とすれば，式 (3.11) より

$$gH = \frac{V^2}{2} + \frac{p}{\rho} + gz \tag{5.25}$$

となるが，この式の右辺の三つの項は，それぞれ，単位質量の流体の運動のエネルギー，圧力のエネルギーおよび位置のエネルギーである．したがって，左辺の gH は単位質量の流体のもつ力学的[*1]な全エネルギーを与える．

　いま，単位時間あたりの流量を Q とすると，管路のある断面を単位時間に通過する質量，すなわち，質量流量は ρQ である．したがって，$\rho Q g H$ が管路のある断面を単位時間あたり通過する流体のもつエネルギー，すなわち，**流体動力** (fluid power) となる．

　たとえば，水のもつ位置のエネルギーを利用して水力発電を行う場合を考えよう．図 5.34 は水力発電所における水路縦断面の概略図を示す．

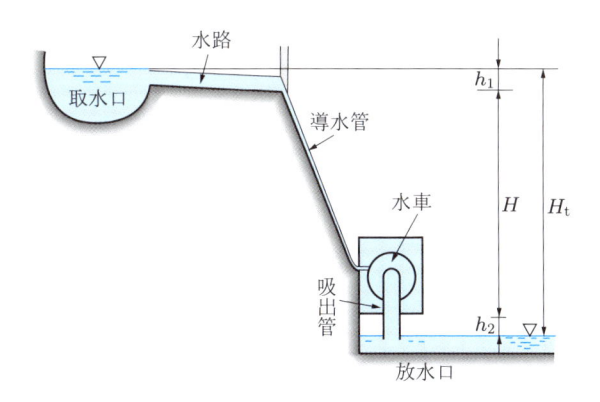

図 5.34　水力発電所における水路縦断面の概略図

[*1]　式 (5.25) には熱エネルギーは考慮されていない．

図 5.34 の取水口と放水口とは，ともに大気に開放されており，またそれらの点における速度を無視すると，取水口と放水口との高低差すなわち全落差 H_t [m] は，これら 2 点間の全ヘッドの差に等しい．いま，流量 Q [m^3/s] の水が**導水管** (penstock) を通って流れ落ちるとき，水路および導水管における損失ヘッドを h_1 [m] とし，**水車** (water turbine) 出口より**吸出管** (draft tube) を通って放出路に至る間の損失ヘッドを h_2 [m] とすれば，利用しうる**有効落差** (effective head) H [m] は

$$H = H_t - (h_1 + h_2) \tag{5.26}$$

である．したがって，水車において発生しうる水動力 (water power) L_w は，次式で与えられる．

$$L_w = \rho g Q H \,[\text{N}\cdot\text{m/s} = \text{J/s}] = \frac{\rho g Q H}{1000}\,[\text{kW}] \tag{5.27}$$

また，水車の効率を η とすれば，水車の軸出力として得られる正味の動力 L_s は

$$L_s = \eta L_w \tag{5.28}$$

となる．

つぎに，図 5.35 のように送風機 (blower) により大気を吸入して管路系に送風する場合を考えよう．この場合，送風機の入口および管路の出口での圧力および速度が与えられているとし，送風機によって送られた流体動力を調べてみよう．いま，入口の圧力を $p_1 = 0$，速度を $V_1 = 0$ とし，管路出口での圧力を p_2，速度を V_2 とする．空気の流れを考えているので，位置ヘッドは無視できるとする．このとき，送風機入口の全ヘッド H_1 は $H_1 = 0$ となり，管路出口での全ヘッド H_2 は $H_2 = V_2{}^2/(2g) + p_2/(\rho g)$ となる．いま，送風機によって管路に与えられた全ヘッドを H とし，送風機出口から管路出口までの損失ヘッドを h とすれば，式 (4.31) より

$$H_1 + H = H_2 + h$$

となるから，これに H_1 および H_2 の値を代入すると

$$H = \frac{V_2{}^2}{2g} + \frac{p_2}{\rho g} + h \tag{5.29}$$

となる．

送風機によって与えられた全圧 p_t と全ヘッド H との間には

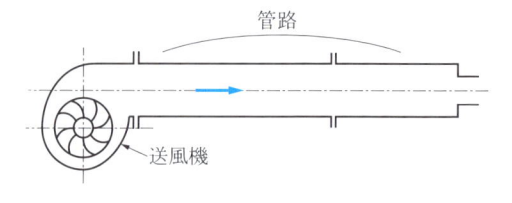

図 5.35 管路による送風[16]

$$\frac{p_t}{\rho g} = H \tag{5.30}$$

の関係があるから，空気流量を $Q\,[\mathrm{m^3/s}]$ とし p_t を Pa の単位で表すと，送風機により管路中の空気に与えられる空気動力 (air power) L_a は，次式で与えられる．

$$L_a = \rho g Q H = p_t Q\,[\mathrm{J/s}] \tag{5.31}$$

送風機の効率を η とすれば，送風機を運転するに要する動力 L_s はつぎのようになる．

$$L_s = \frac{L_a\,[\mathrm{J/s}]}{\eta} = \frac{p_t Q}{1000\eta}\,[\mathrm{kW}] \tag{5.32}$$

例題 5.8 図 5.35 に示すように，送風機で送風する．いま，流量 $2\,\mathrm{m^3/s}$，管路出口圧力 $4\,\mathrm{kPa}$，出口内径 $300\,\mathrm{mm}$ のとき，送風機を運転するために必要な軸動力を求めよ．ただし，空気の密度 ρ は $1.226\,\mathrm{kg/m^3}$，送風機の効率 η は 0.75 とする．また，送風機出口から管路出口までの損失ヘッドは無視する．

解 管路出口での空気の速度 V_2 は，連続の式より

$$V_2 = \frac{Q}{(\pi/4)d^2} = \frac{2\,\mathrm{m^3/s}}{(\pi/4) \times 0.3^2\,\mathrm{m^2}} = 28.3\,\mathrm{m/s}$$

となる．送風機によって管路に与えられた全ヘッド H は，式 (5.29) において $h=0$ より

$$\begin{aligned}H &= \frac{V_2^2}{2g} + \frac{p_2}{\rho g} \\ &= \frac{28.3^2\,\mathrm{m^2/s^2}}{2 \times 9.80665\,\mathrm{m/s^2}} + \frac{4 \times 10^3\,\mathrm{Pa}}{1.226\,\mathrm{kg/m^3} \times 9.80665\,\mathrm{m/s^2}} = 374\,\mathrm{m}\end{aligned}$$

となる．よって，空気動力 L_a は，式 (5.31) より

$$\begin{aligned}L_a &= \rho g Q H \\ &= 1.226\,\mathrm{kg/m^3} \times 9.80665\,\mathrm{m/s^2} \times 2\,\mathrm{m^3/s} \times 374\,\mathrm{m} = 8.99\,\mathrm{kW}\end{aligned}$$

と得られる．ゆえに，送風機を運転するために必要な軸動力 L_s は，式 (5.32) よりつぎのようになる．

$$L_s = \frac{L_a}{\eta} = \frac{8.99\,\mathrm{kW}}{0.75} = 12.0\,\mathrm{kW} \tag{答}$$

演習問題

問題 5.1 図 5.1 のように，二つの水槽を連結する長さ $10\,\mathrm{m}$ の管路がある．この管路は水槽出口より $2\,\mathrm{m}$ の所で管内径 $200\,\mathrm{mm}$ から管内径 $300\,\mathrm{mm}$ に急拡大し，さらにこの急拡大部より $2.5\,\mathrm{m}$ 下流に $1/4$ 開度の仕切り弁が設けられている．いま，水量が $18\,\mathrm{m^3/min}$ であるとき，管路の急拡大部前後および仕切り弁前後における水力勾配線とエネルギー勾配線の，管中心軸からの高さを求めよ．ただし，図中の左の水槽の管中心軸からの水面の高さを $30\,\mathrm{m}$,

管入口損失係数を 0.5，管摩擦係数を 0.02 とする．

問題 5.2 図 5.36 に示すような滑らかな管路系において，管摩擦による損失ヘッドと入口での損失係数を求めよ．

問題 5.3 図 5.37 に示すような管路内を，水が上から下へ流れているとき，U 字管圧力計に封入された温度 15℃ の水銀の示差を求めよ．ただし，管摩擦損失を無視する．

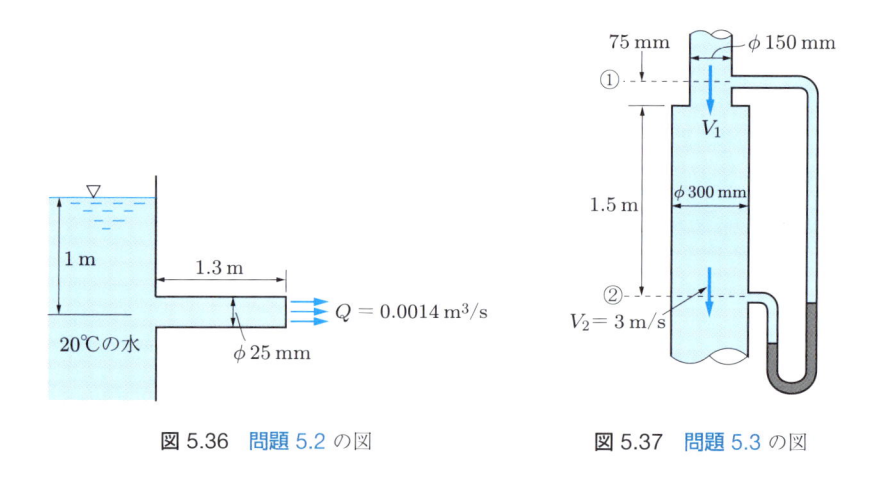

図 5.36　問題 5.2 の図

図 5.37　問題 5.3 の図

問題 5.4 水平におかれた内径 300 mm の管が，広がり角 20° で内径 600 mm の管につながれており，この管内を流量 0.3 m³/s の水が流れている．いま，細い管での圧力が 140 kPa であるとき，太い管での圧力を求めよ．

問題 5.5 水面差 0.3m のとき，図 5.38 に示すようなサイフォンを流れる水の流量を求めよ．ただし，管摩擦係数は 0.02，曲がり損失係数は 0.2，入口損失係数は 0.5，出口損失係数は 1.0 とする．

問題 5.6 図 5.39 のような装置で，大気中に水を放出する場合，仕切弁の開度が 1/2 のときの流量を求めよ．ただし，管摩擦係数 λ は 0.02，入口損失係数 ζ は 0.5 とする．

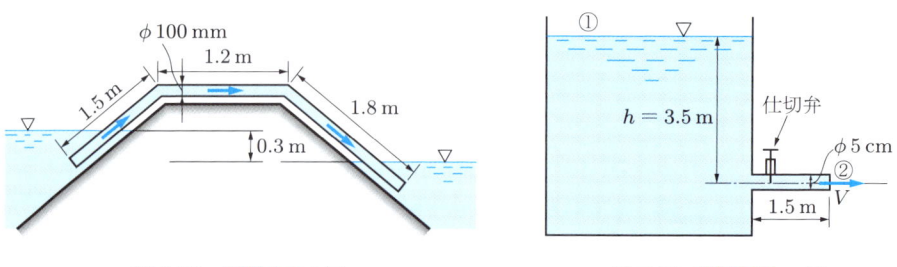

図 5.38　問題 5.5 の図

図 5.39　問題 5.6 の図

問題 5.7 図 5.40 に示すように，大きな水槽から管路 ABC により，水面差 1 m 下の水槽に温度 15℃ の水を送っている．いま，管の内径は 150 mm で，B 部ではエルボが，それにつづく BC 部では曲率半径 300 mm の 90° ベンドが取り付けられているとき，水の流量を求めよ．ただし，入口損失係数を 0.5 とする．

図 5.40　問題 5.7 の図

問題 5.8 図 5.24 に示すように，内径 50 mm の管内に蝶形弁が取り付けられ，密度 1.226 kg/m^3 の空気が毎分 1.8 m^3 流れている．この弁による圧力降下はどれほどか．蝶形弁の角度が 30°，60° のそれぞれの場合について求めよ．

問題 5.9 図 5.26 に示すように，主管 ①，③ および支管 ② の内径はすべて 150 mm で，分岐角 135° の分岐管内を水が流れている．いま，主管 ① の流量が 100 L/s で，支管 ② の流量が 60 L/s であるとき，分岐により単位時間に失われるエネルギーを求めよ．

問題 5.10 図 5.41 に示すように，全効率 60% の井戸用水中ポンプを用いて，温度 15℃ の水が毎時 6.3 m^3 の流量で，長さ 40 m，内径 50 mm の滑らかな管を通って内圧 200 kPa（ゲージ圧）の貯蔵用タンクへ送られる．このポンプに必要な軸動力を求めよ．

問題 5.11 ポンプにより，図 5.42 のような管路内を温度 15℃ の水が，毎分 6 m^3 放水されている．このとき，ポンプに必要な軸動力を求めよ．ただし，フート弁の損失係数を 1.5 とし，ポンプの効率を 0.75 とする．

問題 5.12 落差 100 m，流量 20 m^3/s の水力発電所が発生しうる正味の動力を求めよ．ただし，導水管の長さを 90 m，内径を 1500 mm，吸出管の長さを 20 m，内径を 2000 mm，水車の効率を 80% とする．また，両管での管摩擦係数はともに 0.013，導水管の入口損失係数

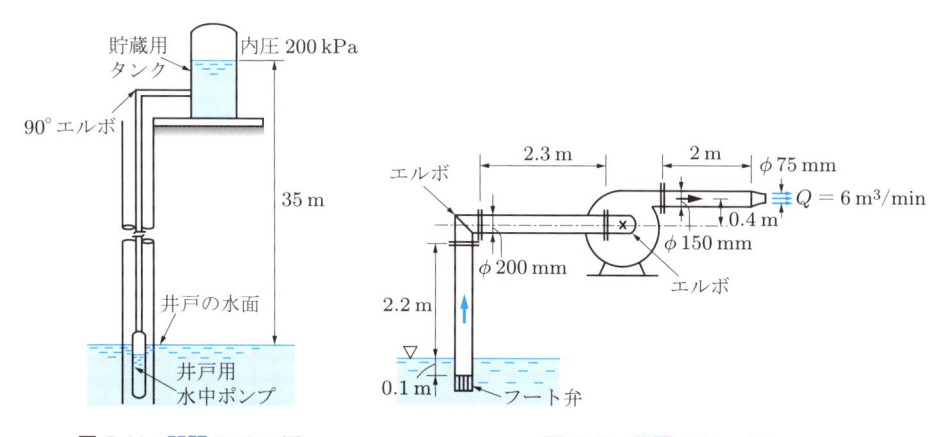

図 5.41　問題 5.10 の図

図 5.42　問題 5.11 の図

と吸出管の出口損失係数をそれぞれ 0.2 と 0.8 とし，水の温度を 15°C とする．

問題 5.13 図 5.43 に示すように，水面差 24 m の二つの水槽が内径 300 mm，長さ 1500 m の管でつながれており，弁を全開にしたときこの管路を流れる最大流量は 0.15 m³/s である．いま，この管路に長さ 600 m の同じ内径の管を並列に接続したとき，望みうる最大流量を求めよ．

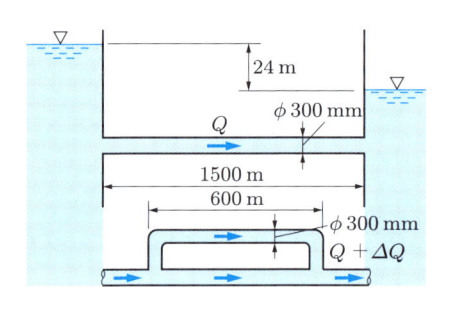

図 5.43 問題 5.13 の図

問題 5.14 面積比 $A_2/A_1 = 1/5$ のベンチュリ管（図 3.12）に 20°C，$p_1 = 1000$ hPa の水が流入している．のど部でキャビテーション気泡が発生しないための流入速度 V_1 の条件を求めよ．ただし，このときの水の蒸気圧 $p_v = 23$ hPa とする．

問題 5.15 20°C の水の音速を求めよ．体積弾性係数 $K = 2.08 \times 10^9$ Pa とする．

問題 5.16 円管内を 2 m/s で 20°C の水が流れている．管の下流に設置されている弁を瞬間的に閉鎖したときの水撃作用による圧力上昇量を求めよ．水の体積弾性係数 $K = 2.08 \times 10^9$ Pa とする．

第6章

水路の流れ

　川や水路，溝などの流れは，水と空気との界面が存在する流れである．水と空気との密度差が非常に大きいので，空気の流れは無視できる．したがって，気液界面の圧力は，気体側の圧力に等しく一定である．このため，表面張力の影響が小さいときは，界面は圧力が一定となるようにその形状が自由に変化するので，自由表面といわれる．この章では，このような自由表面をもつ流れについて説明する．

6.1　水路（開きょ）

　川や溝などのように自由表面をもつ水の流路を**水路**または**開きょ** (channel) という．これらの流れは，土木工学でよく取り扱われる問題である．

　水路には，天然の河川，人工の運河，溝，用水路などや，水が完全に満たされていないトンネルや下水管がある．このうち，水路壁の上部が開いているものを**開水路** (open channel)，また，閉じているものを**閉水路**あるいは**暗きょ** (closed channel) と区別していうこともある．これらの流れはいずれも自由表面をもっていて，同一の水路でも流量に応じて水深が変わるので，前章の管路の流れにくらべて複雑である．

　水路の流れの状態は，層流または乱流，定常流または非定常流，一様な流れまたは一様でない流れに分類できる．たとえば，傾斜しておかれたガラス板の上を液体が薄い膜状になって流れる場合などは，層流になっている．

　水路の流れの状態は，図 6.1 に示すような**水力平均深さ**[*1] (hydraulic mean depth) m と，平均速度 V を基準としたレイノルズ数

$$Re = \frac{mV}{\nu}$$

を用いて表すと，$Re < 500$ で層流，$Re > 2000$ で乱流となり，その中間のレイノルズ数の値では層流から乱流への遷移領域となっている．これを管路の場合と比較すると，式 (4.40) で示したように，m が円管の内径 d の 1/4 に等しいから，低臨界レイノルズ数はほぼ一致する．たいていの実用水路では，レイノルズ数が大きいため流れは乱流である．また，壁面のせん断応力 τ_0 は速度の 2 乗に比例し，摩擦係数はレイノ

[*1]　4.8 節参照．

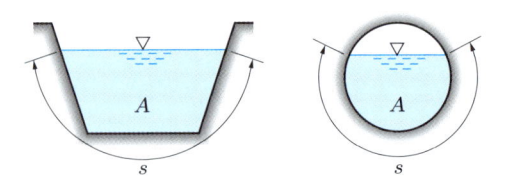

図 6.1 水路の水力平均深さ $m = \dfrac{A}{s}$ （s：ぬれぶちの長さ）

ルズ数にほぼ無関係で壁面の粗さのみによって定まる．

　水路における非定常流は，水門を開閉したときなどのように，水路のある点における速度や水深が時間とともに変化する流れであって，定常流は時間とともに流れの状態が変化しない流れである．

　図 6.2 は，貯水池から幅および壁面の粗さ一定の水路 ABCD を通って，水が定常的に流れる場合を示す．入口 A から流れが加速されると，それにともなって水深が減り同時に速度が増す（増速流）．しかし，速度の増加のため壁面の摩擦力も増し，B に至って水の重量の流れ方向の成分と，壁面の摩擦力とが釣合って，流れ方向に一様な速度および深さの流れとなり，この状態が C までつづく．C から下流では水路の勾配が減るため，流れは CD の間で減速される（減速流）．また，D より下流では，BC よりも深い水深の一様な流れとなる．すなわち，定常で一様な流れは，断面形や壁面の状態および勾配が一定の長い直線水路に起こるもので，どの位置でも等しい水深をもっている．これに反し，定常ではあるが一様でない流れでは，流れ方向に水深が変化する．

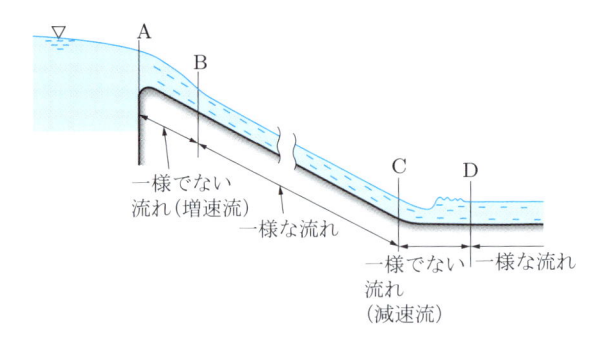

図 6.2 さまざまな水路流れ

　水路の流れでは，前章にのべた水力勾配線はつねに水面と一致する．これは，図 6.3 のように，水路の側壁に孔をあけて鉛直に立てたガラス管を接続すると，管内の水は水路内の水面まで昇ることから容易にわかる．

　一般に，水路の横断面における流れの速度分布は，固体壁面においてはゼロで壁面

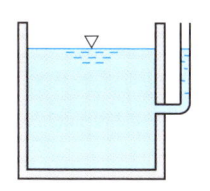

図 6.3　水路水面と水力勾配線の一致 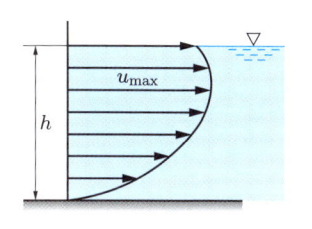　　図 6.4　水路内の流れの速度分布

から離れるに従って増加するが，長方形断面の水路の深さ方向の速度分布は図 6.4 のようになり，最大速度は水面に発生せず，水面から 0.05〜0.25h の深さの点に生じる．また，平均速度は水面下の深さ 0.5〜0.7h 付近の速度とほぼ一致する．計算を簡単にするため，以下においては，すべて平均速度 V で取り扱うことにする．

6.2　一様な流れの平均速度公式

図 6.5 のように，距離 l だけ離れた二つの横断面 ①，② の間にある水にはたらく流れ方向の力の釣合いを考える．水深が一定であるから，水の圧力によって断面 ① に作用する力と断面 ② に作用する力とは釣合う．したがって，流れ方向に作用する力は水の重量の流れ方向成分のみを考えればよく，この力が壁の摩擦力と等しい．

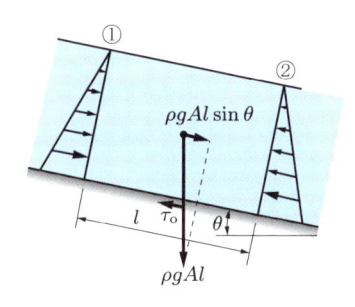

図 6.5　水路流れの力の釣合い

いま，水路の横断面積を A，ぬれぶちの長さを s，水の密度を ρ，水路の底の傾きを θ とし，壁のせん断応力を τ_o とすると，次式が成り立つ．

$$\rho g A l \sin\theta = \tau_\mathrm{o} s l \tag{6.1}$$

一方，壁面の摩擦応力 τ_o は，平均速度 V を用いて式 (4.18) より $\tau_\mathrm{o} = (\lambda/8)\rho V^2$ で与えられるから，これを式 (6.1) へ代入し，平均速度 V を求めれば

$$V = \sqrt{\frac{8g}{\lambda}}\sqrt{\frac{A}{s}\sin\theta} = \sqrt{\frac{8g}{\lambda}}\sqrt{m\sin\theta} \tag{6.2}$$

となる．ここで，m はすでにのべた水力平均深さである．

つぎに，一様な流れのときは，水深および速度は流れの方向に一定であるから，水平面と θ の傾きをもつ水路の底面は，水路の水面，すなわち水力勾配線と平行であり，さらにこれより $V^2/(2g)$ 上方にあるエネルギー勾配線とも平行である．したがって，エネルギー勾配を i とすると，θ が小さいときは

$$\sin\theta = \tan\theta = i \tag{6.3}$$

となる．式 (6.3) を式 (6.2) に代入すると，

$$V = \sqrt{\frac{8g}{\lambda}}\sqrt{mi} \tag{6.4}$$

を得る．いま，

$$C = \sqrt{\frac{8g}{\lambda}} \tag{6.5}$$

とおくと，平均速度 V はつぎのように表される．

$$V = C\sqrt{mi} \tag{6.6}$$

この式 (6.6) は，**シェジー (Chézy) の公式**とよばれ，式中の C をシェジーの係数という．この式は古くから，水路ばかりでなく管路にも用いられてきた．シェジーの係数 C は，式 (6.5) よりわかるように無次元ではなく，$\sqrt{g}$ すなわち $L^{1/2}T^{-1}$ の次元をもっている．したがって，式 (6.6) を用いて計算するときには，V や m の単位に注意する必要がある．

これに対して，摩擦係数 λ は無次元で，一般にはレイノルズ数によって変化するが，レイノルズ数が十分大きいときには壁面の相対粗さのみによって定まる．普通の水路ではレイノルズ数が大きいので，シェジーの係数 C は，水路断面の相対粗さのみによって定まる．

シェジーの係数 C の代表的な実験公式を以下に示す．ただし，m および V の単位を，それぞれ m，m/s とする．

(1) **バザン (Bazin) の公式**

$$C = \frac{87}{1 + (p/\sqrt{m})} \tag{6.7}$$

概略の平均速度を求めるのに使用される．

(2) **ガンギエ‐クッター (Ganguillet–Kutter) の公式**

$$C = \frac{23 + (0.00155/i) + (1/n)}{1 + \{23 + (0.00155/i)\}(n/\sqrt{m})} \tag{6.8}$$

代表的な公式で，広く用いられている．

(3) マニング (Manning) の公式

$$C = \frac{1}{n} m^{1/6} \tag{6.9}$$

指数形公式ともいわれ，簡単な式でありよく用いられている．

以上の各式の p および n の値は，壁面の材質により，表 6.1 および表 6.2 のようになる．なお，壁面が粗いときは，表の右側の大きな値をとる．

式 (6.9) の C の値を 式 (6.6) に代入すると，平均速度 V はつぎのようになる．

$$V = \frac{1}{n} m^{2/3} i^{1/2} \tag{6.10}$$

つぎに，上下水道管などの大規模な管路や水路において広く用いられているヘーゼン－ウィリアムス (Hazen–Williams) の公式を示す．これは式 (6.10) と同じように指数形公式である．

(4) ヘーゼン－ウィリアムスの公式

$$V = 0.849 C_1 m^{0.63} i^{0.54} \tag{6.11}$$

表 6.1 バザンの公式の p の値[16]

壁面の種類	p
木　材	0.06〜0.16
コンクリート	0.06
金　属	0.06〜0.30
れんが	0.16〜0.30
石　積	0.16〜0.46

表 6.2 ガンギエ－クッターまたはマニングの公式の n の値[13]

水路の種類	n
閉管路	
黄銅管	0.009〜0.013
鋳鉄管	0.011〜0.015
びょう（鋲）接鋼管	0.013〜0.017
純セメント平滑面	0.010〜0.013
コンクリート管	0.012〜0.016
人工水路	
滑らかな木材	0.010〜0.014
コンクリート巻	0.012〜0.018
切石モルタル積	0.013〜0.017
粗石モルタル積	0.017〜0.030
粗石空積	0.025〜0.035
土の開さく水路，直行線状で等断面	0.017〜0.025
土の開さく水路，だ行した鈍流	0.023〜0.030
岩盤に開さくした水路，滑らかな場合	0.025〜0.035
岩盤に開さくした水路，粗な場合	0.035〜0.045
自然河川	
線形，断面とも規則正しく，水深が大	0.025〜0.033
同上で河床がれき（礫），草岸のもの	0.030〜0.040
だ行していて，淵瀬のあるもの	0.033〜0.045
だ行していて，水深が小さいもの	0.040〜0.055
水草が多いもの	0.050〜0.080

表 6.3 ヘーゼン - ウイリアムスの公式の C_1 の値[11]

管　種	C_1
新しい鋳鉄管	130〜140
普通鋳鉄管	60〜600
鋼　管	100
ガラス管，黄銅管	140〜150
ヒューム管	120〜140
エタニット管	140
木　管	120
れんが造りの暗きょ	100〜130

この式の C_1 の値を表 6.3 に示す．

例題 6.1 一様流れにおいて，エネルギー勾配 i と壁面摩擦から定まる係数 C を一定とするとき，式 (6.6) は水力平均深さが大きくなると平均流速 V も大きくなることを意味している．したがって，水路断面積 A が一定のとき，水力平均深さを大きくすれば流量を大きくすることができる．A が一定で最大の水力平均深さ m を与える断面を水路面の**最良の形**という．断面が図 6.6 のような二等辺三角形の場合の，最良の形となるものを求めよ．

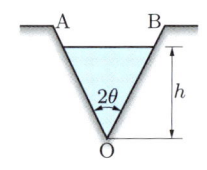

図 6.6　例題 6.1 の図

解　二等辺三角形の頂角を 2θ とし，そこから水面までの高さを h とする．断面積 A とぬれぶちの長さ s は

$$A = h^2 \tan\theta, \quad s = \frac{2h}{\cos\theta} \quad \therefore \quad m = \frac{h}{2}\sin\theta$$

よって，m が最大になるのは $\theta = \pi/2$ ときである．したがって，直角二等辺三角形のときが最良の形である．　　　　　　　　　　　　　　　　　　　　　　　　　　　　　　　（答）

例題 6.2　図 6.7 のような断面をもつ粗石モルタル仕上げの運河で，運河の底面勾配が 0.0005 のときの流量を，(a) バザンの公式，(b) ガンギエ - クッターの公式，および (c) マニングの公式を用いて計算せよ．

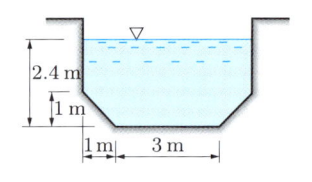

図 6.7　例題 6.2 の図

解　断面積 A は，$A = 2.4\,\mathrm{m} \times 5\,\mathrm{m} - 2 \times (1/2 \times 1\,\mathrm{m} \times 1\,\mathrm{m}) = 11\,\mathrm{m}^2$．ぬれぶちの長さ s は，$s = 3\,\mathrm{m} + 2 \times \sqrt{2}\,\mathrm{m} + 2 \times (2.4\,\mathrm{m} - 1\,\mathrm{m}) = 8.63\,\mathrm{m}$．水力平均深さ m は，$m = A/s = 11\,\mathrm{m}^2 \div 8.63\,\mathrm{m} = 1.27\,\mathrm{m}$．

(a) バザンの公式

表 6.1 より，p を 0.46 とすると，式 (6.7) より
$$C = \frac{87}{1 + (p/\sqrt{m})} = \frac{87}{1 + (0.46/\sqrt{1.27})} = 61.8\,\mathrm{m}^{1/2}/\mathrm{s}$$
となる．ゆえに，流量 Q は，式 (6.6) を用いてつぎのようになる．
$$Q = AV = AC\sqrt{mi} = 11\,\mathrm{m}^2 \times 61.8\,\mathrm{m}^{1/2}/\mathrm{s} \times \sqrt{1.27\,\mathrm{m} \times 0.0005}$$
$$= 17.1\,\mathrm{m}^3/\mathrm{s} \tag{答}$$

(b) ガンギエ - クッターの公式

表 6.2 より，n は 0.024 とすると，式 (6.8) より
$$C = \frac{23 + (0.00155/i) + (1/n)}{1 + \{23 + (0.00155/i)\}(n/\sqrt{m})}$$
$$= \frac{23 + (0.00155/0.0005) + (1/0.024)}{1 + \{23 + (0.00155/0.0005)\}(0.024/\sqrt{1.27})} = 43.6\,\mathrm{m}^{1/2}/\mathrm{s}$$
となる．ゆえに，流量 Q は，同様にしてつぎのようになる．
$$Q = AC\sqrt{mi} = 11\,\mathrm{m}^2 \times 43.6\,\mathrm{m}^{1/2}/\mathrm{s} \times \sqrt{1.27\,\mathrm{m} \times 0.0005}$$
$$= 12.1\,\mathrm{m}^3/\mathrm{s} \tag{答}$$

(c) マニングの公式

式 (6.9) から，
$$C = \frac{1}{n}m^{1/6} = \frac{1}{0.024} \times 1.27^{1/6} = 43.4\,\mathrm{m}^{1/2}/\mathrm{s}$$
となる．ゆえに，流量 Q は，同様にしてつぎのようになる．
$$Q = AC\sqrt{mi} = 11\,\mathrm{m}^2 \times 43.4\,\mathrm{m}^{1/2}/\mathrm{s} \times \sqrt{1.27\,\mathrm{m} \times 0.0005}$$
$$= 12.0\,\mathrm{m}^3/\mathrm{s} \tag{答}$$

6.3　常流と射流および限界水深

ある水路の縦断面を図 6.8 に示す．水路内の点 A を含む横断面における速度がこの断面内ですべて一定の平均速度 V であるとし，水深を h とする．水路の底から y の高さの点 A の圧力を p とすると，$p/(\rho g) = h - y$ であるから，この点の水のもつ全ヘッドは水路の底面を基準として

$$H_\mathrm{o} = \frac{V^2}{2g} + \frac{p}{\rho g} + y = \frac{V^2}{2g} + h \tag{6.12}$$

となる．上式の値 H_o は，水路の底からの高さ y には無関係となり，この横断面内すべて同一となる．この値はまた，エネルギー勾配線の水底からの高さを与える[*1]．ま

[*1] H_o のことを**比エネルギー** (specific energy) ということがある．

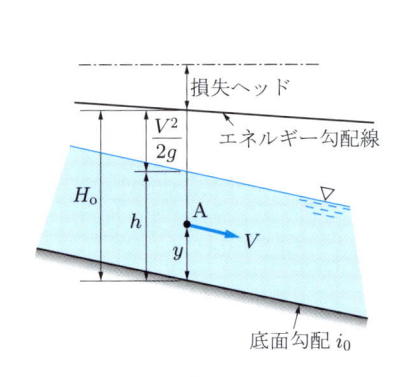

図 6.8 水路とヘッド

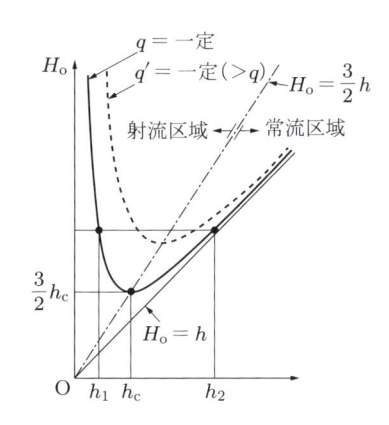

図 6.9 単位幅流量 q 一定のときの水深 h と水路底面を基準にした全ヘッド H_o

た，断面積を A，流量を Q とすると，

$$H_o = \frac{1}{2g}\left(\frac{Q}{A}\right)^2 + h \tag{6.13}$$

と表すこともできる．

以下簡単のため，断面が幅 b の広い長方形の水路を考え，単位幅あたりの流量を q とすると，$Q = bq$ で $A = bh$ となるから

$$V = \frac{Q}{A} = \frac{q}{h} \tag{6.14}$$

となる．ゆえに，式 (6.13) から，H_o はつぎのように表すことができる．

$$H_o = \frac{1}{2g}\frac{q^2}{h^2} + h \tag{6.15}$$

単位幅あたりの流量 q を一定としたときの水路底面よりはかった全ヘッド H_o は，水深 h と速度ヘッド $(1/2g)(q/h)^2$ との和であるから，図 6.9 のように h が大きくなると，直線 $H_o = h$ に近づく曲線となる．したがって，単位幅流量 q が一定の水路においては，一つの H_o に対して，一般に水深は図の h_1 と h_2 の二つの値をもつことがわかる．また，最小の H_o を与える h は，式 (6.15) を h で微分してゼロとおいて求められる．すなわち，

$$\frac{dH_o}{dh} = -\frac{q^2}{gh^3} + 1 = 0$$

より $h = (q^2/g)^{1/3}$ が得られる．これを式 (6.15) に代入すると，最小の H_o の値は

$$H_{o\,min} = \frac{1}{2}\left(\frac{q^2}{g}\right)^{1/3} + \left(\frac{q^2}{g}\right)^{1/3} = \frac{3}{2}\left(\frac{q^2}{g}\right)^{1/3}$$

となる．このように「単位幅流量が一定のとき，水路底面よりはかった全ヘッド H_o

が最小になる水深」を**限界水深** (critical depth) といい，これを h_c で表すと，

$$h_c = \left(\frac{q^2}{g}\right)^{1/3}, \qquad H_{\text{o min}} = \frac{3}{2}h_c \tag{6.16}$$

となる．水深が限界水深 h_c になったときの速度は式 (6.14) と式 (6.16) より求めることができる．この速度を V_c で表し，これを**限界速度** (critical velocity) といい，

$$V_c^2 = \frac{q^2}{h_c^2} = g\frac{h_c^3}{h_c^2} = gh_c, \qquad V_c = \sqrt{gh_c} \tag{6.17}$$

あるいは

$$\frac{V_c^2}{2g} = \frac{h_c}{2} \tag{6.18}$$

となる．

図 6.9 において，限界水深 h_c より深い ($h = h_2$) 流れを**常流** (subcritical flow または tranquil flow) といい，逆に浅い ($h = h_1$) 流れを**射流** (supercritical flow または rapid flow) という．また，式 (6.14) よりわかるように，水路の単位幅流量が一定のとき，限界水深より深い流れの常流では $V < V_c$ となり，逆に射流では $V > V_c$ となる．したがって，式 (6.18) より，「流れが常流であるか射流であるかは，速度ヘッド $V^2/(2g)$ が水深の $1/2$ より小さいか，あるいは大きいかによって判定することができる」．

また，水路の流れが常流か射流かは，限界水深 h_c と H_o の関係式 (6.16) や式 (6.17) の結果からも判定することができる．つまり，つぎの関係のいずれかが満足されればよい．

$$\begin{aligned}
\text{常流}: h > \left(\frac{q^2}{g}\right)^{1/3}, \quad h > \frac{2}{3}H_o, \quad V < \sqrt{gh} \\
\text{射流}: h < \left(\frac{q^2}{g}\right)^{1/3}, \quad h < \frac{2}{3}H_o, \quad V > \sqrt{gh}
\end{aligned} \tag{6.19}$$

例題 6.3 水深 $1.2\,\text{m}$，幅 $4.0\,\text{m}$ の長方形断面の水路を流量 $20\,\text{m}^3/\text{s}$ の水が流れているとき，この流れは常流と射流のいずれであるか答えよ．

解 単位幅あたりの流量 q は

$$q = \frac{Q}{b} = \frac{20\,\text{m}^3/\text{s}}{4.0\,\text{m}} = 5\,\text{m}^3/(\text{s}\cdot\text{m})$$

である．よって，限界水深 h_c は，式 (6.16) より

$$h_c = \left(\frac{q^2}{g}\right)^{1/3} = \left(\frac{5^2\,\text{m}^6/(\text{s}^2\cdot\text{m}^2)}{9.80665\,\text{m/s}^2}\right)^{1/3} = 1.37\,\text{m}$$

となる．ゆえに，限界水深 h_c が水深 $1.2\,\mathrm{m}$ より大きいので，流れは射流である．　　（答）

（別解 1） この水路での水の速度 V は
$$V = \frac{Q}{bh} = \frac{20\,\mathrm{m^3/s}}{4.0\,\mathrm{m} \times 1.2\,\mathrm{m}} = 4.17\,\mathrm{m/s}$$
である．よって，速度ヘッド $V^2/2g$ は
$$\frac{V^2}{2g} = \frac{4.17^2\,\mathrm{m^2/s^2}}{2 \times 9.80665\,\mathrm{m/s^2}} = 0.887\,\mathrm{m}$$
となる．ゆえに，速度ヘッド $0.887\,\mathrm{m}$ が，水深の $1/2$ の $0.6\,\mathrm{m}$ より大だから，流れは射流である．　　（答）

（別解 2） $\sqrt{gh} = \sqrt{9.80665\,\mathrm{m/s^2} \times 1.2\,\mathrm{m}} = 3.43\,\mathrm{m/s}$
また，水路での水の速度 V は，（別解 1）より $V = 4.17\,\mathrm{m/s}$ である．
よって，$V > \sqrt{gh}$ より，式 (6.19) から流れは射流である．　　（答）

例題 6.4 矩形水路のある箇所に水底から z の高さの板を鉛直に立てたとき，板の上流の一様な流れの水深が h_o であった．この水路を流れる流量が最大となるのは，板の所の流れが限界流のときであることを示せ．ただし，水路面の摩擦はないものとする．

解 式 (6.15) から単位幅あたりの流量 q を用いると，板の上流では全ヘッド H_o は，水路底面から水面までの高さ h_o より，
$$H_\mathrm{o} = \frac{1}{2g}\frac{q^2}{h_\mathrm{o}^2} + h_\mathrm{o}$$
である．板の上端からの水面の高さを h とすると，板前方の水路底面を基準面としたときの全ヘッド H は
$$H = \frac{1}{2g}\frac{q^2}{h^2} + z + h$$
である．壁面の摩擦を無視しているので，ベルヌーイの式から $H = H_\mathrm{o} =$ 一定 となる．流量最大となる場合の条件は $\mathrm{d}q/\mathrm{d}h = 0$ である．H が一定であることを利用して，
$$0 = \frac{\mathrm{d}H}{\mathrm{d}h} = \frac{1}{g}\left(\frac{q}{h^2}\frac{\mathrm{d}q}{\mathrm{d}h} - \frac{q^2}{h^3}\right) + 1 = -\frac{q^2}{gh^3} + 1$$
となる．よって，
$$q = h\sqrt{gh} \quad \text{したがって} \quad V = \frac{q}{h} = \sqrt{gh}$$
となり，題意が示された．　　（答）

6.4　一様でない定常流れと跳ね水

水路の水平方向の距離 x における全ヘッド H は，図 6.10 のように，水平基準線か

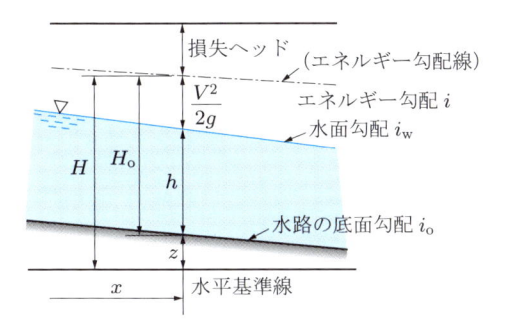

らの水路底面の高さを z, 水深を h とすると,

$$H = \frac{V^2}{2g} + z + h \tag{6.20}$$

で与えられる．これを距離 x で微分すると,

$$\frac{dH}{dx} = \frac{1}{2g}\frac{d(V^2)}{dx} + \frac{dz}{dx} + \frac{dh}{dx} \tag{6.21}$$

となる．この式の各項の意味を考えると, $-dH/dx$ はエネルギー勾配 i, $-dz/dx$ は水路の底面勾配 i_o に等しい．さらに水路の幅を一定とすると, 単位幅流量 $q\,(=Vh)$ は, x に無関係に一定であるから,

$$\frac{1}{2g}\frac{d(V^2)}{dx} = \frac{1}{2g}\frac{d}{dx}\left(\frac{q^2}{h^2}\right) = -\frac{q^2}{g}\frac{1}{h^3}\frac{dh}{dx}$$

となる．したがって, 式 (6.21) は

$$-i = -\frac{q^2}{g}\frac{1}{h^3}\frac{dh}{dx} - i_\mathrm{o} + \frac{dh}{dx}$$

となり, これよりつぎのようになる.

$$\frac{dh}{dx} = \frac{i_\mathrm{o} - i}{1 - \{q^2/(gh^3)\}} = \frac{i_\mathrm{o} - i}{1 - \{V^2/(gh)\}} \tag{6.22}$$

この式の i はエネルギー勾配であるから, もし水路の底面勾配 i_o を変えて i に等しくすれば, 分母がゼロでない限り $dh/dx = 0$ となる．すなわち, $i_\mathrm{o} = i$ のときは水深 h が一定となり, 一様な流れとなる.

いま, 常流で $i_\mathrm{o} \neq i$ の場合について考えよう．常流のときは式 (6.19) より $V < \sqrt{gh}$ となり, 式 (6.22) の分母は正である．損失ヘッドが少なくて流れのエネルギー勾配 i が水路の底面勾配 i_o より小さいときは, 式 (6.22) の分子は正となり $dh/dx > 0$ となるから, 下流に向かって水深が増加し速度が減少する．これは常流の水路の途中に障害物があって, 図 6.11 のようにそれより上流の水面がゆるやかに隆起する場合に対応

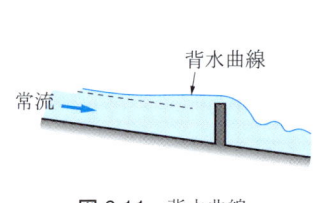

図 6.11 背水曲線　　　**図 6.12** 跳ね水

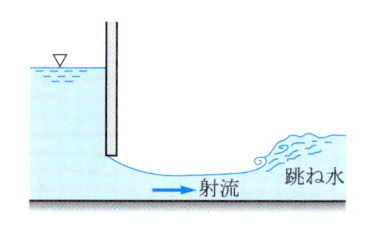

する．この水面曲線を**背水曲線** (back water curve) という．

つぎに，射流のときは $V > \sqrt{gh}$ となり，式 (6.22) の分母は負である．このときは速度が大きいから，損失ヘッドも大きくなり，エネルギー勾配 i が大きくなる．もし，水路の底面勾配があまり大きくないときは $i > i_o$ になる．したがって，式 (6.22) の分子は負となって $dh/dx > 0$ となり，下流に向かって水深が増加し速度が減少する．しかし，先にのべた場合と異なり，水深が限界水深に近づくと分母の負の値がゼロに近づき，$dh/dx \to \infty$ となって水面が急に隆起する．これを**跳ね水** (hydraulic jump) という．このときは，図 6.12 のように水面にうずをともなう大きな乱れが発生し，エネルギーを消費して，流れは射流から常流へ急激に変わる．

上流の速度が限界速度より小さい場合，すなわち常流のときは，上流においてすでに水深が限界水深より深いから，式 (6.22) の分母はつねに正であって，跳ね水は起こらない．

跳ね水の高さは運動量の法則より求めることができる．いま簡単のため，水路は水平とし，最初の水深を h_1，速度を V_1 とし，跳ね水のあとの値をそれぞれ h_2，V_2 とする．すると，図 6.13 のように，水路の横断面に作用する圧力による力は，水路の単位幅につき，それぞれ $\rho g h_1^2/2$，$\rho g h_2^2/2$ であるから，単位幅流量を q とすると

$$\rho q(V_2 - V_1) = \frac{1}{2}\rho g(h_1^2 - h_2^2) \tag{6.23}$$

となる．また，連続の式より $q = V_1 h_1 = V_2 h_2$ であるから，$V_1 = q/h_1$，$V_2 = q/h_2$ となり，これを式 (6.23) に代入すると

$$\frac{q^2}{g}\left(\frac{h_1 - h_2}{h_1 h_2}\right) = \frac{1}{2}(h_1 - h_2)(h_1 + h_2)$$

となる．この式が成立するのは，$h_1 = h_2$（このときは跳ね水は起こらない），または $q^2/(gh_1 h_2) = (h_1 + h_2)/2$ の場合である．これより，h_2 の二次式が得られる．

$$h_2^2 + h_2 h_1 - \frac{2q^2}{gh_1} = 0$$

これを解くと，h_2 は正であるから

図 6.13 跳ね水の高さと運動量の法則

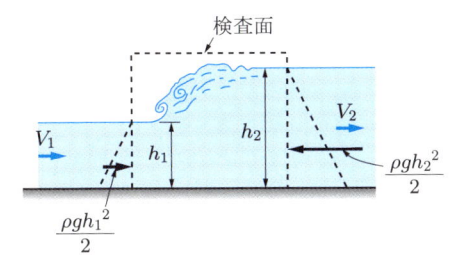

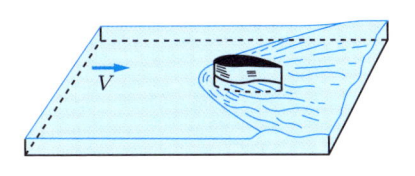

図 6.14 浅底水槽[5]

$$h_2 = \frac{h_1}{2}\left(\sqrt{1 + \frac{8q^2}{gh_1^3}} - 1\right) \tag{6.24}$$

を得る．これより，q と h_1 とが与えられると h_2 を求めることができる．また，逆に h_2 より h_1 を求める式も容易に得られる．

深さ h の水路に発生した水面波の伝播速度 a は理論的に $a = \sqrt{gh}$ （h が波長にくらべてあまり大きくないとき）で与えられるから，常流では速度が波の伝播速度 a より小さく，下流の影響が上流に伝わる．これに反し，射流では速度が波の伝播速度より大きいから，下流の影響は上流へ伝わらない．このことは，圧縮性流体の亜音速流と超音速流における現象によく似ている．また，流れに**直角な衝撃波** (normal shock wave) は，超音速流が亜音速流に急に変化する場合のみに生じる．これは，跳ね水によって射流が常流に急に変化する場合に相当する．

このような性質を利用して，圧縮性流体における衝撃波などの研究に浅底水槽による水路の流れが使われることがある．この場合には，図 6.14 のように，浅底水槽における水深の大小と圧縮性流体の圧力の大小とが対応している．

例題 6.5 深さ 0.5 m の水平な開水路を，単位幅あたりの流量 3.5 m³/(s·m) の水が流れている．このとき跳ね水現象が生じるかどうかを調べよ．もし跳ね水が起こるなら，それ以後の深さおよび跳ね水によるエネルギー消費を求めよ．

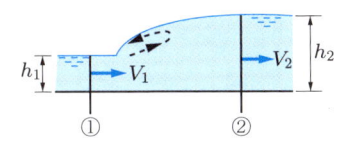

図 6.15 例題 6.5 の図

解 図 6.15 の断面 ① での速度 V_1 は

$$V_1 = \frac{q}{h_1} = \frac{3.5\,\text{m}^3/(\text{s}\cdot\text{m})}{0.5\,\text{m}} = 7.0\,\text{m/s}$$

である．よって，$V_1^2/(gh_1)$ の値は

$$\frac{V_1{}^2}{gh_1} = \frac{7.0^2\,\mathrm{m^2/s^2}}{9.80665\,\mathrm{m/s^2} \times 0.5\,\mathrm{m}} = 9.99$$

となり，この値は 1 より大きい．ゆえに，射流で跳ね水は生じうる． (答)

つぎに，図の断面 ② での水面高さ h_2 は，式 (6.24) よりつぎのようになる．

$$h_2 = \frac{h_1}{2}\left(\sqrt{1+\frac{8q^2}{gh_1{}^3}}-1\right) = \frac{h_1}{2}\left(\sqrt{1+\frac{8V_1{}^2}{gh_1}}-1\right)$$

$$= \frac{0.5\,\mathrm{m}}{2}(\sqrt{1+8\times 9.99}-1) = 2.00\,\mathrm{m} \qquad (答)$$

断面 ② での速度 V_2 は

$$V_2 = \frac{3.5\,\mathrm{m^3/(s\cdot m)}}{2.00\,\mathrm{m}} = 1.75\,\mathrm{m/s}$$

となり，断面 ①，② でのエネルギー差 ΔH は

$$\Delta H = \left\{0.5\,\mathrm{m} + \frac{7.0^2\,\mathrm{m^2/s^2}}{2\times 9.80665\,\mathrm{m/s^2}}\right\} - \left\{2.0\,\mathrm{m} + \frac{1.75^2\,\mathrm{m^2/s^2}}{2\times 9.80665\,\mathrm{m/s^2}}\right\}$$

$$= 0.842\,\mathrm{m}$$

となる．跳ね水による単位幅あたりのエネルギー消費 L は，つぎのようになる．

$$L = \rho g q \cdot \Delta H = 1000\,\mathrm{kg/m^3} \times 9.80665\,\mathrm{m/s^2} \times 3.5\,\mathrm{m^3/(s\cdot m)} \times 0.842\,\mathrm{m}$$

$$= 28.9\times 10^3\,\mathrm{W/m} = 28.9\,\mathrm{kW/m} \qquad (答)$$

演習問題

問題 6.1 水路の底面勾配 0.0001，幅 6 m の滑らかなモルタル塗りの長方形断面をもつ水路を $10\,\mathrm{m^3/s}$ の水が流れているとき，この水路における一様な流れの水深を求めよ．ただし，式 (6.10) の n を 0.013 とする．

問題 6.2 図 6.16 のような複合断面水路で，水路の底面勾配が 0.0009，流量 $32\,\mathrm{m^3/s}$ のときの，一様な流れの水深を求めよ．ただし，式 (6.10) の n を 0.018 とする．

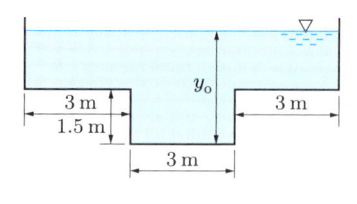

図 6.16 問題 6.2 の図

問題 6.3 水路の底面勾配 0.0001 で，粗石モルタル積みの水路を $10\,\mathrm{m^3/s}$ で流れる一様な流れがあるとき，長方形水路断面の最良の形を求めよ．

問題 6.4 幅 12 m の長方形水路に，水深 1.2 m で $14\,\mathrm{m^3/s}$ の水が流れている．この流れは常流と射流のいずれか，答えよ．またこの場合，式 (6.10) の n を 0.017 とすれば，一様な流れになるための水路の底面勾配はいくらになるか．

問題 6.5 水路の底面の幅 3 m，水平方向に 2・垂直方向に 1 の傾きをもつ側壁でつくられた台形断面の水路を，$28\,\mathrm{m^3/s}$ の水が流れている．このときの限界水深を求めよ．
（注） 式 (6.13) より，$H_\mathrm{o} = h + (Q/A)^2/(2g)$．全ヘッドを最小にするには，$dH_\mathrm{o}/dh = 0$ より $Q^2/g = A^3\,dh/dA$．いま，水面の幅を b とすると，$dA = b\,dh$．よって，$Q^2/g = A^3/b$．

問題 6.6 図 6.17 に示すように，幅 3 m，水路の底面勾配 0.001 の長方形断面の水路を，一様な流れが水深 1.5 m で流れている．いま，下流の底面を持ち上げたとき，限界水深になったとすれば，この高さ x はいくらになるか．ただし，式 (6.10) の n を 0.015 とする．

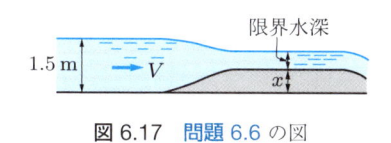

図 6.17 問題 6.6 の図

問題 6.7 幅 3 m の長方形断面の水路で，跳ね水が観察され，跳ね水の上流および下流での水深がそれぞれ 0.6 m と 1.5 m であるとき，この水路における流量を求めよ．また，限界水深を求めよ．

問題 6.8 幅 6 m の長方形断面の水路において，跳ね水より下流の水深が 3.6 m であるとき，跳ね水より上流での水深と速度を求めよ．ただし，流量は $60\,\mathrm{m^3/s}$ である．

第7章

物体の抵抗と揚力

流体の流れの中に物体があるとき，物体は流体から粘性による摩擦力や圧力差による力をうける．このとき，翼のような流線形物体と円柱や球などの物体（鈍体という）とでは，物体まわりの流れが大きく異なり，物体のうける力の要因も異なる．この章では，物体が流体によってうける力について説明する．

7.1 物体に作用する力

速度の大きさが U_∞ の一様流れ (uniform flow) の中にある物体の抵抗と揚力について考える．

いま，物体表面の微小面積 dS に注目し，その点の圧力を p，単位面積あたりの摩擦力（すなわち，摩擦応力）を τ とすると，物体に作用する圧力による力は $p\,dS$ で dS に直角に作用し，摩擦力は $\tau\,dS$ で dS の接線の方向に作用する．いま，図 7.1

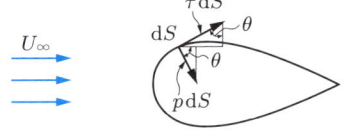

図 7.1 物体に作用する力

のように，微小面積 dS の法線と一様流の速度 U_∞ とのなす角を θ とすると，これらの力の一様流れ方向の成分は，それぞれ $p\,dS\cos\theta$ および $\tau\,dS\sin\theta$ となるので，これらを物体の表面全体 S について積分すると，それぞれ

$$D_p = \int_S p\cos\theta\,dS, \qquad D_f = \int_S \tau\sin\theta\,dS \tag{7.1}$$

となる．D_p は物体表面の圧力による抵抗で，これを**圧力抵抗** (pressure drag)，または**形状抵抗** (form drag) といい，D_f は表面の摩擦による抵抗で，これを**摩擦抵抗** (friction drag) という．したがって，物体の**全抵抗** (total drag) は

$$D = D_p + D_f \tag{7.2}$$

となる．

流れに平行におかれた平板の場合には，圧力抵抗 D_p はゼロである．また，翼のような流線形の物体では，圧力抵抗は摩擦抵抗にくらべて小さいが，流線形以外の普通の物体では，一般に $D_p > D_f$ である．

つぎに，物体の微小面積 dS に作用する二つの力，$p\,dS$ および $\tau\,dS$ の一様流れ方

向に直角な成分を積分すれば，**揚力** (lift) が得られるが，揚力については 7.5 節でのべることにする．

速度 U_∞ の一様流の中にある物体に作用する全抵抗 D は，物体の基準面積を A，流体の密度を ρ として，つぎのように表す．

表 7.1　各種形状の物体の抵抗係数 C_D の概略値

物　体	寸法の割合	基準面積 A	$C_D = D/\{(1/2)\rho U_\infty^2 A\}$
二次元物体			
（円）		$d \times 1$	1.2
（楕円 横長）	$\dfrac{b}{a} = 2$	$b \times 1$	1.6
（楕円 縦長）	$\dfrac{b}{a} = \dfrac{1}{2}$	$b \times 1$	0.6
三次元物体			
円柱（流れに直角）	$\dfrac{l}{d} = 1$ 2 5 10 40 ∞	dl	0.63 0.68 0.74 0.82 0.98 1.20
円板（流れに直角）		$\dfrac{\pi}{4}d^2$	1.17
長方形板（流れに直角）	$\dfrac{a}{b} = 1$ 2 4 10 ∞	ab	1.12 1.15 1.19 1.29 2.01
球		$\dfrac{\pi}{4}d^2$	0.47
（半球 凸面）		$\dfrac{\pi}{4}d^2$	0.42
（半球 凹面）		$\dfrac{\pi}{4}d^2$	1.17

$$D = C_D \frac{\rho U_\infty{}^2}{2} A \tag{7.3}$$

ここに，C_D は**抵抗係数** (drag coefficient) または抗力係数とよばれ，無次元数である．また，$\rho U_\infty{}^2/2$ は一様流の動圧である．なお，物体の基準面積 A としては，一様流に垂直な平面に物体を投影した面積，すなわち正面面積をとることが多い．しかし，翼や平板の場合には，一般に最大投影面積を用いる．

各種形状の物体の抵抗係数 C_D を表 7.1 に示す．C_D の値は一般にレイノルズ数 $Re = U_\infty L/\nu$（ここに，L は物体の代表寸法）によって変化するので，表 7.1 の値は概略の値である．

7.2 境界層

流線形のように流れのはく離が生じにくい物体が，レイノルズ数の大きい流れの中にある場合には，物体まわりの流れは完全流体の流れと非常によく似ている．しかし，物体の表面に近い薄い領域の中では，物体表面から離れるにつれて速度がゼロからある大きさまで急激に変化するので，流体の粘性による影響が強く現れる．

プラントル (Prandtl) はこの現象に注目し，物体まわりのはく離をともなわない流れの場を二つに分けることを提唱した．

(1) 物体表面に極めて近い薄い層：この層内では，物体の表面に沿う方向を x，表面の法線方向を y，また x 方向の速度成分を $u(x,y)$ とすると，法線方向の速度勾配 $\partial u/\partial y$ が非常に大きく，流体の粘性によるせん断応力が大きく現れる．

(2) それより外側の領域：この領域では法線方向の速度勾配が小さく粘性による影響はほとんど無視できるので，完全流体の流れと同様な流れとなっている．

プラントルは (1) の層を**境界層** (boundary layer) と名づけた．この境界層は図 7.2 のように薄いので，その中では y 方向に圧力は一定 $(\partial p/\partial y = 0)$ と見なすことができ，また運動方程式も簡単化することができて解析が容易となる．

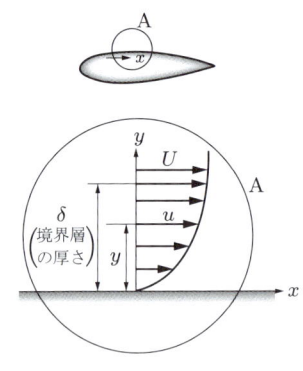

図 7.2 物体表面近くの境界層

一般の物体まわりの流れは，このような境界層の部分と，境界層が物体表面からはく離して流れ出る速度の遅い部分すなわち**後流** (wake) の部分と，それらの外側の完全流体の流れと見なせる部分とに分けることができる．境界層内では，速度 u は漸近的に層外の速度 U に達するので，図 7.3 (a) のように，

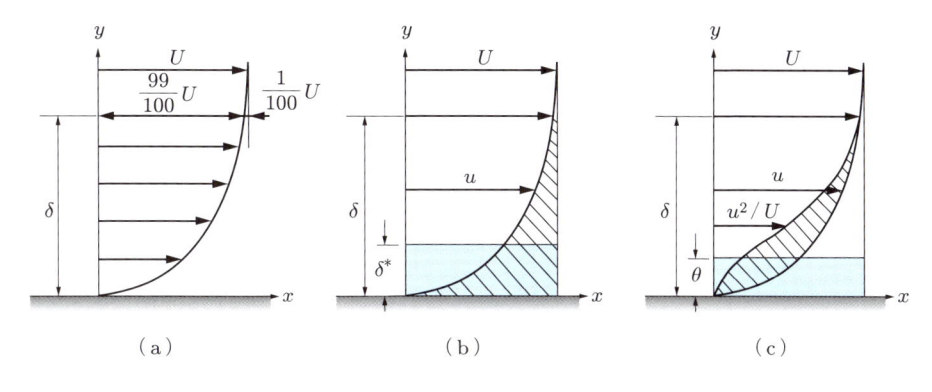

図 7.3 境界層の厚さ[29]

層外の速度 U の 99% の速度になった物体表面からの距離 δ を境界層の厚さと定義している.

境界層の特性を表すのに,次式で示される**排除厚さ** (displacement thickness) δ^* と**運動量厚さ** (momentum thickness) θ がよく用いられる.

$$\delta^* = \frac{1}{U}\int_0^\delta (U-u)\,\mathrm{d}y = \int_0^\delta \left(1-\frac{u}{U}\right)\mathrm{d}y \tag{7.4}$$

$$\theta = \frac{1}{\rho U^2}\int_0^\delta \rho u(U-u)\,\mathrm{d}y = \int_0^\delta \frac{u}{U}\left(1-\frac{u}{U}\right)\mathrm{d}y \tag{7.5}$$

これらの式の積分の上限 δ は,$u = U$ になる点の y の値である.δ^* は図 7.3 (b) において斜線部分と水色の部分の面積が等しくなる y の値であり,境界層が生成したために,境界層外の流れが平均して δ^* だけ外側に排除されたと考えられる厚さである.したがって,層外の完全流体の流れに対しては,物体表面が厚さ δ^* だけ盛り上がったことに相当する.

また,θ は図 7.3 (c) の斜線部分と水色の部分の面積が等しくなる y の値であり,境界層内を通る流体の単位時間あたりの運動量の消失が,壁面がないときに速度 U で厚さ θ の部分を単位時間に通過する運動量に等しくなるように選んだ厚さである.

境界層内の流れにも層流と乱流とがあり,図 7.4 のように一様流に平行な平板には,その先端より境界層が発達するが,先端よりある距離までは層流境界層が生成する.境界層の厚さ δ は,後方へ行くに従って厚くなり,乱流境界層に移り変わる.

δ^*/θ は境界層内の速度分布の形状によって定まる値で,これを境界層の**形状係数** (shape factor) という[*1].

[*1] 図 7.4 の流れでは,形状係数は層流で約 2.6,乱流で約 1.3 である.速度分布が変わると形状係数も変わるので,形状係数は乱流への遷移やはく離の予測に使われる.

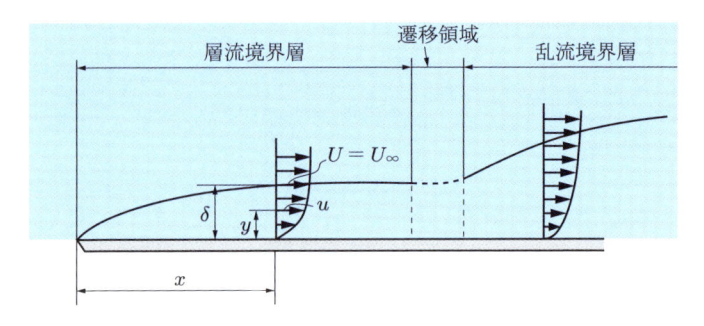

図 7.4 平板に発達する境界層と摩擦抵抗

例題 7.1 乱流境界層内の速度分布が $u/U = (y/\delta)^{1/m}$ で与えられるとき，排除厚さ δ^* と運動量厚さ θ を境界層厚さ δ を用いて表せ．

解 排除厚さ δ^* は，式 (7.4) よりつぎのようになる．

$$\delta^* = \int_0^\delta \left\{1 - \left(\frac{y}{\delta}\right)^{1/m}\right\} dy = \left[y - \frac{m}{m+1}\left(\frac{y}{\delta}\right)^{1/m} y\right]_0^\delta = \delta - \frac{m}{m+1}\delta = \frac{\delta}{m+1}$$

$$\therefore \quad \frac{\delta^*}{\delta} = \frac{1}{m+1} \tag{答}$$

つぎに，運動量厚さ θ は，式 (7.5) よりつぎのようになる．

$$\theta = \int_0^\delta \left(\frac{y}{\delta}\right)^{1/m} \left\{1 - \left(\frac{y}{\delta}\right)^{1/m}\right\} dy = \left[\frac{m}{m+1}\left(\frac{y}{\delta}\right)^{1/m} y - \frac{m}{m+2}\left(\frac{y}{\delta}\right)^{2/m} y\right]_0^\delta$$

$$= \frac{m}{m+1}\delta - \frac{m}{m+2}\delta = \frac{m}{(m+1)(m+2)}\delta$$

$$\therefore \quad \frac{\theta}{\delta} = \frac{m}{(m+1)(m+2)} \tag{答}$$

7.3 平板の摩擦抵抗

図 7.4 のように，速度 U_∞ の一様流中に流れに平行におかれた平板には，その先端より境界層が生成し，先端からの距離 x と速度 U_∞ とを基準にしたレイノルズ数 $R_x (= U_\infty x/\nu) < 3.2 \times 10^5$ の範囲では層流境界層となり，$R_x > 2 \times 10^6$ では乱流境界層となる．また，この中間のレイノルズ数では層流から乱流へ遷移し，この遷移レイノルズ数は一様流に含まれる乱れや平板の滑らかさによって異なってくる．

いま，図 7.5 において，平板の先端を原点にとり，x の位置での境界層の厚さを $\delta(x)$ とすると，境界層外縁 $(y = \delta)$ における速度 U は $U = U_\infty$ である．

この平板の紙面に垂直な単位幅について，先端から $\delta(x)$ までの平板の摩擦抵抗 $D(x)$

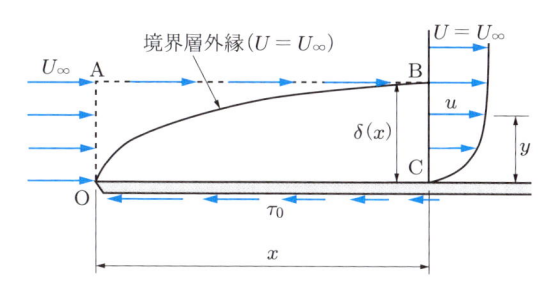

図 7.5 平板の境界層運動量方程式

を考える．図に示すように，平板から $\delta(x)$ の高さで先端より x 離れた二つの面に囲まれた検査面 OABC 内の流体に対して，x 方向に運動量の法則を適用する．

まず，検査面内の流体に作用する力を求める．面 OA，面 AB および面 BC に作用する圧力は一定で，圧力による力はゼロとなる．よって，この場合，検査面内にある流体に作用する外力は，平板 OC における摩擦抵抗 $D(x)$ だけとなり，これは検査面内の流体に対して流れと反対方向に向いている．

いま，面 OA より流入する単位時間あたりの運動量を M_OA，面 BC と AB より流出する単位時間あたりの運動量をそれぞれ M_BC と M_AB とすると，運動量の法則により，

$$D(x) = M_\mathrm{OA} - M_\mathrm{BC} - M_\mathrm{AB} \tag{7.6}$$

となる．ここで，検査面の各面 OA，AB，BC の流入流出する質量流量を考えてみると，面 OA に流入する流量は $\rho U_\infty \delta$ で，面 BC から流出する流量は $\rho \int_0^\delta u\,dy$ となる．境界層の排除厚さのため，AB 間で流体は上部へ押し上げられるので，連続の式より面 AB から流出する流量は $\rho U_\infty \delta - \rho \int_0^\delta u\,dy$ となる．したがって，M_OA は $(\rho U_\infty \delta)U_\infty$ であり，M_AB は面 AB 上での x 方向の速度は U_∞ であるから，

$$\rho \left(U_\infty \delta - \rho \int_0^\delta u\,dy \right) U_\infty$$

となる．また，面 BC では微小高さ dy における流量 $\rho u\,dy$ に速度 u を掛けたものが微小高さ dy から流出する単位時間あたりの運動量であるので，M_BC は $\rho \int_0^\delta u^2\,dy$ となる．つまり，

$$
\left.\begin{aligned}
M_{\text{OA}} &= \rho U_\infty{}^2 \delta \\
M_{\text{BC}} &= \rho \int_0^\delta u^2 \, \mathrm{d}y \\
M_{\text{AB}} &= \rho U_\infty \left(U_\infty \delta - \int_0^\delta u \, \mathrm{d}y \right)
\end{aligned}\right\} \tag{7.7}
$$

である．よって，式 (7.6) に式 (7.7) を代入すると，

$$
D(x) = \int_0^\delta \rho u U_\infty \, \mathrm{d}y - \int_0^\delta \rho u^2 \, \mathrm{d}y = \int_0^\delta \rho u (U_\infty - u) \, \mathrm{d}y \tag{7.8}
$$

となる．ここで，平板の先端から x までの摩擦抵抗 $D(x)$ は，流体の粘性による平板面上のせん断応力を τ_o とすると $D(x) = \int_0^x \tau_\text{o} \, \mathrm{d}x$ となるので，式 (7.8) から

$$
\int_0^x \tau_\text{o} \, \mathrm{d}x = \int_0^\delta \rho u (U_\infty - u) \, \mathrm{d}y
$$

となる．上式を x で微分すると，

$$
\tau_\text{o} = \frac{\mathrm{d}}{\mathrm{d}x} \left\{ \int_0^\delta \rho u (U_\infty - u) \, \mathrm{d}y \right\} \tag{7.9}
$$

を得る．平板のとき $(U = U_\infty)$ の運動量厚さ θ は，式 (7.5) より

$$
\rho U_\infty{}^2 \theta = \int_0^\delta \rho u (U_\infty - u) \, \mathrm{d}y
$$

の関係があるから，これを式 (7.9) に代入すれば，流れに平行におかれた平板の境界層に対する運動量方程式が得られる．

$$
\tau_\text{o} = \rho U_\infty{}^2 \frac{\mathrm{d}\theta}{\mathrm{d}x} \qquad \text{または} \qquad \frac{\mathrm{d}\theta}{\mathrm{d}x} = \frac{\tau_\text{o}}{\rho U_\infty{}^2} \tag{7.10}
$$

7.3.1 層流境界層の場合

層流境界層内の速度分布が

$$
\frac{u}{U_\infty} = \frac{3}{2}\eta - \frac{1}{2}\eta^3, \qquad \eta = \frac{y}{\delta} \tag{7.11}
$$

によって表されると仮定する[*1]．このときは $U = U_\infty$ であるので，式 (7.11) を式 (7.4) および式 (7.5) に代入して δ^* および θ を求めると，

$$
\delta^* = \frac{3}{8}\delta, \qquad \theta = \frac{39}{280}\delta \tag{7.12}
$$

[*1] $u/U_\infty = f(\eta)$ とし式 (7.11) のように仮定すると，$f(0) = 0$ （すなわち，$y = 0$ で $u = 0$），$f(1) = 1$，$f'(1) = 0$ （すなわち，$y = \delta$ で $u = U_\infty$，$\partial u/\partial y = 0$）となって，境界層内の速度は滑らかに外側の速度に接続する．このほかに，$f(\eta)$ を二次式で表す場合には $f(\eta) = 2\eta - \eta^2$ と仮定することもできるが，三次式のほうが厳密解に近い値が得られる．

を得る．また，層流の場合，壁面のせん断応力 τ_o は $\tau_o = \mu(\partial u/\partial y)_{y=0}$ であるから，式 (7.11) を用いてこれを求めると，

$$\tau_o = \frac{3}{2}\frac{\mu U_\infty}{\delta} \tag{7.13}$$

となる．式 (7.12) および式 (7.13) を式 (7.10) に代入すると，つぎのようになる．

$$\frac{39}{280}\frac{d\delta}{dx} = \frac{3}{2}\frac{1}{\delta}\frac{\mu}{\rho U_\infty} \quad \therefore \quad \delta\frac{d\delta}{dx} = 10.77\frac{\nu}{U_\infty}$$

これを x で積分し，$x=0$ で $\delta=0$ を用いると，つぎの式が得られる．

$$\frac{\delta^2}{2} = 10.77\frac{\nu}{U_\infty}x \quad \therefore \quad \delta = 4.64\sqrt{\frac{\nu x}{U_\infty}} \tag{7.14}$$

式 (7.14) より，層流境界層の厚さは平板の先端からの距離 x の平方根に比例して増加することがわかる．

つぎに，式 (7.14) を式 (7.13) に代入すると

$$\tau_o = 0.323\sqrt{\frac{\rho\mu U_\infty^3}{x}} \tag{7.15}$$

となり，これより τ_o は x の平方根に逆比例して減少することがわかる．

以上は，境界層内の速度分布を，式 (7.11) のように仮定したものであるが，ブラジウス (Blasius) はいわゆる境界層方程式を厳密に解き，これより

$$\tau_o = 0.332\sqrt{\frac{\rho\mu U_\infty^3}{x}} \tag{7.16}$$

を導いた．これは式 (7.15) とわずかに異なるだけである．これを用いると，長さ l の単位幅の平板の摩擦抵抗は，板の両面を考えて

$$D_f = 2\int_0^l \tau_o\, dx = 1.328\sqrt{\rho\mu l}\, U_\infty^{3/2} \tag{7.17}$$

となる．いま，平板の摩擦係数 (skin-friction coefficient) C_f を

$$D_f = C_f\frac{\rho}{2}SU_\infty^2 \quad (S: 摩擦表面積) \tag{7.18}$$

と定義すると，平板の表面積はその両面を考慮して $S = 2l \times 1$ となり，式 (7.17) と式 (7.18) より

$$C_f = \frac{D_f}{\frac{1}{2}\rho U_\infty^2 \cdot 2l} = \frac{1.328}{\sqrt{Re}}, \quad Re = \frac{U_\infty l}{\nu} \quad (Re < 5\times 10^5) \tag{7.19}$$

となる．

7.3.2 乱流境界層の場合

境界層内の速度分布を，近似的に 1/7 乗べき法則を用いて

$$\frac{u}{U_\infty} = \left(\frac{y}{\delta}\right)^{1/7} = \eta^{1/7} \tag{7.20}$$

と仮定し，これを 7.3.1 項と同様に，式 (7.4) および式 (7.5) に代入すると

$$\delta^* = \frac{1}{8}\delta, \quad \theta = \frac{7}{72}\delta \tag{7.21}$$

を得る．乱流の場合の τ_o は，層流のときのように $\tau_\mathrm{o} = \mu(\partial u/\partial y)_{y=0}$ を用いて求めることはできないので，境界層内の乱流を円管内の乱流と等価と考えて，滑らかな平板上の各点での摩擦応力を求めると[*1]

$$\frac{\tau_\mathrm{o}}{\rho U_\infty^{\,2}} = 0.0225\left(\frac{U_\infty \delta(x)}{\nu}\right)^{-1/4} \tag{7.22}$$

が得られる．

したがって，層流境界層のときと同様に，式 (7.21) と式 (7.22) とを式 (7.10) に代入すると

$$\delta^{1/4}\frac{\mathrm{d}\delta}{\mathrm{d}x} = 0.231\left(\frac{\nu}{U_\infty}\right)^{1/4}$$

となるから，これを x で積分して，$x=0$ で $\delta=0$ と仮定すれば，結局

$$\delta = 0.370\left(\frac{\nu}{U_\infty}\right)^{1/5} x^{4/5} \tag{7.23}$$

が得られる．さらに，この値を式 (7.22) に代入すると，

$$\frac{\tau_\mathrm{o}}{\rho U_\infty^{\,2}} = 0.0288\left(\frac{\nu}{U_\infty x}\right)^{1/5} \tag{7.24}$$

となる．したがって，長さ l の平板の表面全体が乱流境界層におおわれているとすれば，平板の摩擦抵抗は，両面を考えると，単位幅につき

$$D_f = 2\int_0^l \tau_\mathrm{o}\,\mathrm{d}x = \frac{0.072}{Re^{1/5}}\rho U_\infty^{\,2} l \quad \left(Re = \frac{U_\infty l}{\nu}\right) \tag{7.25}$$

となり，平板の摩擦係数 C_f は，つぎのようになる．

$$C_f = \frac{D_f}{\frac{1}{2}\rho U_\infty^{\,2}\cdot 2l} = 0.072 Re^{-1/5} \tag{7.26}$$

実験結果によると，$5\times 10^6 < Re < 10^7$ の範囲では

$$C_f = 0.074 Re^{-1/5} \tag{7.27}$$

であって，式 (7.26) と比較的よく一致している．

最後に，図 7.6 のように，平板の表面で境界層が層流から乱流に遷移している場合

[*1] 式 (4.18) より $\tau_\mathrm{o} = (\lambda/8)\rho V^2$ (V：管内の平均速度)．円管内の乱流の中心速度を U_∞ とすると，平均速度は $V = 0.8 U_\infty$ である．ゆえに，$\tau_\mathrm{o} = (\lambda/8)\rho(0.8 U_\infty)^2$．この式に，ブラジウスの実験式 (4.33) [$\lambda = 0.3164(Vd/\nu)^{-1/4}$，ただし，いまの場合 $d = 2\delta$] を代入すると，式 (7.22) が得られる．

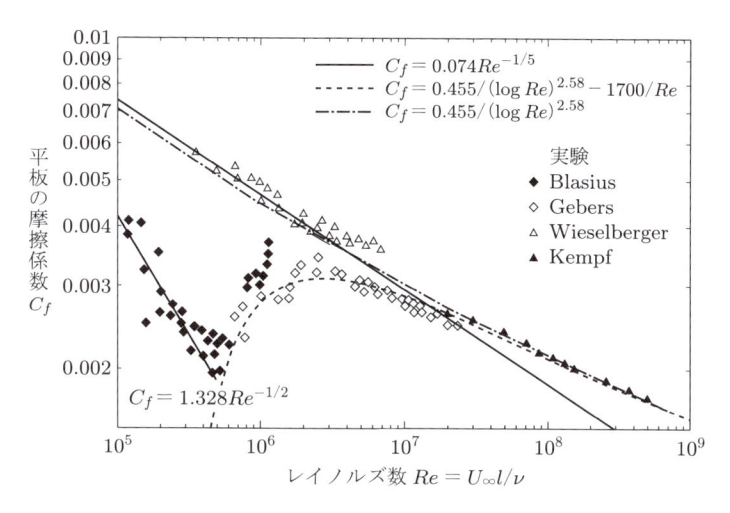

図 7.6 平板の摩擦係数[44]

には，
$$C_f = \frac{0.455}{(\log Re)^{2.58}} - \frac{1700}{Re} \tag{7.28}$$

とすれば実験値とよく一致する．ただし，上式の 1700 は $Re = 5 \times 10^5$ 付近での値で，Re によって変わる．

例題 7.2 長さ 1.5 m，幅 0.15 m の滑らかな薄板が，温度 15℃ の静止した水中を 0.3 m/s の速度で動かされている．このとき，この板に作用する摩擦抵抗および板の後端での境界層の厚さを求めよ．ただし，板の全面にわたって，(a) 層流，(b) 乱流の場合についてそれぞれ計算せよ．

解 表 1.1 より，水の動粘度 ν および密度 ρ は，それぞれ 1.139×10^{-6} m^2/s および 999.1 kg/m^3．したがって，レイノルズ数 Re はつぎのようになる．

$$Re = \frac{0.3 \,\text{m/s} \times 1.5 \,\text{m}}{1.139 \times 10^{-6} \,\text{m}^2/\text{s}} = 3.95 \times 10^5$$

よって，図 7.6 より，このレイノルズ数に対する板の摩擦係数 C_f は，
 (a) 層流の場合 $C_f = 0.0021$，(b) 乱流の場合 $C_f = 0.0054$
となる．ゆえに，層流に対する摩擦抵抗は，板の面積を A とすると

$$\begin{aligned}
D_f &= C_f \cdot \frac{1}{2}\rho U_\infty{}^2 \cdot 2A \\
&= 0.0021 \times \frac{1}{2} \times 999.1 \,\text{kg/m}^3 \times 0.3^2 \,\text{m}^2/\text{s}^2 \times 2 \times 1.5 \,\text{m} \times 0.15 \,\text{m} \\
&= 0.0425 \,\text{N}
\end{aligned}$$

(答)

となり，乱流に対する摩擦抵抗は，層流と同様にして

$$D_f = 0.0054 \times \frac{1}{2} \times 999.1\,\mathrm{kg/m^3} \times 0.3^2\,\mathrm{m^2/s^2} \times 2 \times 1.5\,\mathrm{m} \times 0.15\,\mathrm{m}$$
$$= 0.109\,\mathrm{N}$$

となる。　　　　　　　　　　　　　　　　　　　　　　　　　　　　　　（答）

つぎに，層流における板の後端での境界層の厚さ δ は，式 (7.14) で $x = l$ とおくと

$$\delta = 4.64\sqrt{\frac{\nu l}{U_\infty}} = 4.64 \frac{l}{\sqrt{Re}} = 4.64 \frac{1.5\,\mathrm{m}}{\sqrt{3.95 \times 10^5}} = 0.0111\,\mathrm{m} \quad (答)$$

となり，同様にして，乱流における板の後端での境界層の厚さ δ は，式 (7.23) より

$$\delta = 0.37 \left(\frac{\nu}{U_\infty}\right)^{1/5} l^{4/5} = 0.37 \frac{l}{Re^{1/5}} = 0.37 \frac{1.5\,\mathrm{m}}{(3.95 \times 10^5)^{1/5}}$$
$$= 0.0422\,\mathrm{m} \quad (答)$$

となる。

7.4　圧力抵抗

一様流れの中にある円柱まわりの二次元流れには，加速領域や減速領域があり，また流れは円柱表面よりはく離して大きな圧力抵抗を生じるので，物体まわりの流れの中でもっとも代表的なものである．

流体が非圧縮性で完全流体の場合には，円柱表面の任意点 P における速度の大きさ v_θ は，円柱前方の一様流れの速度を U_∞ とすれば，理論的に

$$v_\theta = 2U_\infty \sin\theta \tag{7.29}$$

で与えられる．ここに，θ は図 7.7 のように円柱の前方からはかった点 P の角度である．したがって，円柱の側方点 B では，$v_\theta = 2U_\infty$ となることがわかる．

いま，一様流れの圧力を p_∞ とし，点 P の圧力を p とすれば，ベルヌーイの式および式 (7.29) より，つぎの関係が得られる．

$$\frac{U_\infty^2}{2} + \frac{p_\infty}{\rho} = \frac{v_\theta^2}{2} + \frac{p}{\rho}$$

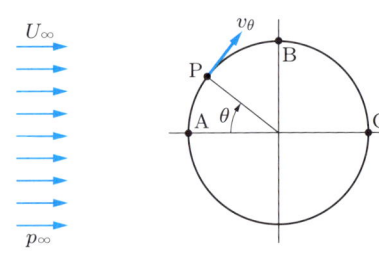

図 7.7　円柱まわりの流れ

$$\therefore \quad \frac{p - p_\infty}{(1/2)\rho U_\infty^2} = 1 - \frac{v_\theta^2}{U_\infty^2} = 1 - 4\sin^2\theta \tag{7.30}$$

いま，**圧力係数** (pressure coefficient)

$$C_p = \frac{p - p_\infty}{(1/2)\rho U_\infty^2} \tag{7.31}$$

を用いると，点 P の圧力係数は

$$C_p = 1 - 4\sin^2\theta$$

で表される．これを図示すると，図 7.8 の一点鎖線のようになり，円柱の中心を通る流れに直角な線に対して，圧力分布は前後対称となる．したがって，この圧力分布を積分して得られる圧力抵抗は，当然ゼロとなる．このように，完全流体の一様流れ中にある円柱は，抵抗をうけないことになる．この現象は実際と矛盾するので，**ダランベールの背理** (d'Alembert paradox) といわれる．

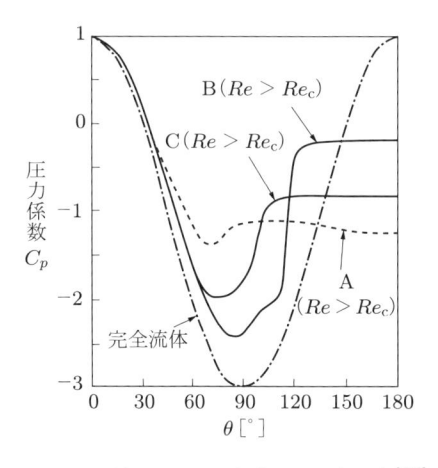

図 7.8 一様流れ中の円柱表面の圧力分布[16]

粘性のある実在の流体について円柱まわりの流れの有様を調べると，レイノルズ数 $Re = U_\infty d/\nu$（d は円柱の直径）の値により流れの状態が異なり，$Re < 1$ のときは図 7.9 (a) のように，流れは円柱よりはく離しない．このとき，円柱に作用する圧力抵抗は，粘性による摩擦抵抗とほぼ等しくなる．Re が 1～40 では，図 7.9 (b) のように，円柱の後方に一対の対称なうずが現れる．さらに Re の値が大きくなると，この対称なうずは円柱に付着していることができず図 7.9 (c) のように下流に放出される．このうずの放出は上下交互に周期的に行われるので，図 7.9 (c) や (d) に示すような回転方向が上下逆で千鳥形に配列された 2 列のうず列がつくられ，これが後方へ流れ去

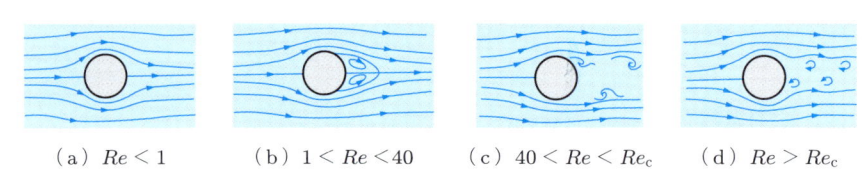

(a) $Re < 1$　　(b) $1 < Re < 40$　　(c) $40 < Re < Re_c$　　(d) $Re > Re_c$

図 7.9　一様流れ中の円柱まわりの流れとレイノルズ数

る[*1]．このうず列は，とくに $Re = 60 \sim 5000$ の範囲ではっきりと表れる．これを**カルマンのうず列** (Kármán's vortex sheet) という．

図 7.10 は数値計算結果の一例である．この図は静止流体中を円柱が急発進し，時間が十分に経過したときの流れを示している．$Re < 1$ ではストークス流れ (Stokes flow) となり，流れは前後左右対称で圧力分布も対称である．$Re = 30$ では円柱の背面の点 SS′ から流れが円柱から離れ，一対の上下対称なうずが形成される．そのうずの内部の圧力はほぼ一定である[*2]．$Re = 550$ になると，流れは非定常で円柱背面の上下から交互にはく離し，後流にカルマンのうず列が形成される．

つぎに，流線が円柱からはく離する理由について考える．

図 7.11 (b) は，図 (a) の枠内の流れを拡大して示してある．はく離点に近づくと境界層内の流れがしだいに減速し，ある点において境界層内の速度分布曲線が円柱表面で突き立ったような形 [cusp 状，$(\partial u/\partial y)_{y=0} = 0$] となり，ここで流れははく離し，それより下流では円柱表面で逆流が生じてうずができる．このうずは，カルマンのうず列となってつぎつぎと放出される．

このように，円柱からうずが周期的に放出されるときは，円柱にはたらく単位長さあたりの抵抗 D も周期的に変化するが，時間的に平均をとると，抵抗係数 C_D $\left[= D \bigg/ \left(\frac{1}{2} \rho U_\infty^2 d \right) \right]$ は図 7.12 に示すようになる．

円柱のレイノルズ数 Re が小さいときは，Re の増加にともない C_D は減少するが，$Re \fallingdotseq 2 \times 10^3$ 付近で小さな値となった後，$Re = 2 \times 10^4 \sim 10^5$ の範囲ではぼ一定の $C_D \fallingdotseq 1.2$ となる．Re が $(2 \sim 4) \times 10^5$ になる[*3] と，抵抗係数は再び急激に低下して約 0.3 となる．この C_D が急激に低下するときのレイノルズ数を，**臨界レイノルズ数** (critical Reynolds number) Re_c といい，さらに $Re > Re_c$ となると，C_D はゆるやかに増大する．

このように，抵抗係数が急激に小さくなる理由はつぎのように考えられる．すなわ

[*1] 物体の背面に現れるうずの巻いたよどんでいる流れを後流 (wake) という．
[*2] 流れが円柱から離れていく点 SS′ をはく離点といい，このような現象を**はく離** (separation) という．
[*3] この値は一様流れの初期乱れや，円柱表面に粗さがあると，小さいほうに移る．

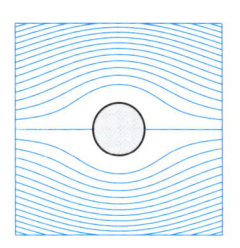

(a) ストークス流れの流線

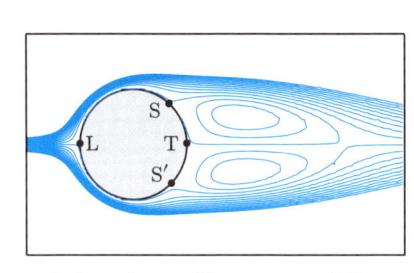

(b) レイノルズ数 $Re = 30$ の流線

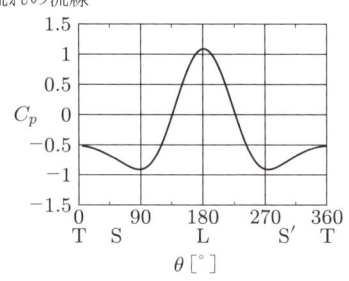

(c) レイノルズ数 $Re = 30$ の圧力分布

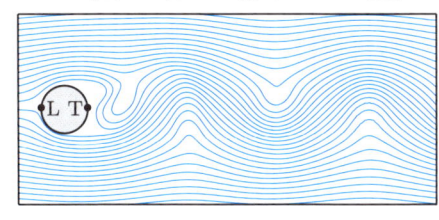

(d) レイノルズ数 $Re = 550$ の流線

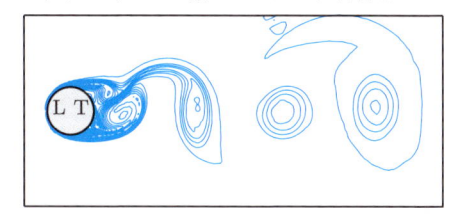

(e) レイノルズ数 $Re = 550$ のうず度分布

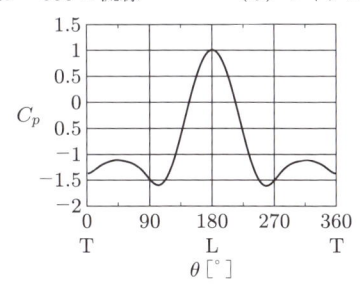

(f) レイノルズ数 $Re = 550$ の圧力分布

図 7.10　円柱まわりの流れの数値計算結果：流線，圧力分布，うず度分布[*1]

ち，レイノルズ数が臨界レイノルズ数より大きくなると，はく離点付近では乱流境界層になっていて，流れの混合作用により境界層内外の流体粒子が混合し，境界層の外側よりエネルギーの補給が行われて流れのはく離が遅れ，はく離点が円柱の後方に移動す

[*1] うず度は，図 3.35 (b) に示した ω で，微小流体要素の回転運動の強さである．

(a)

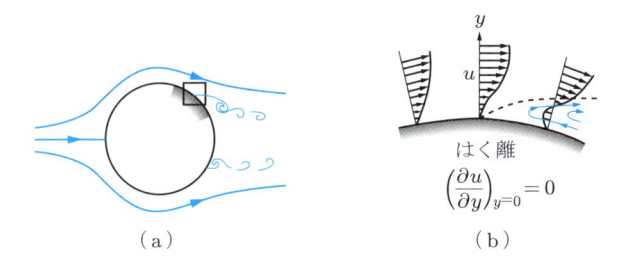

(b) はく離 $\left(\dfrac{\partial u}{\partial y}\right)_{y=0} = 0$

図 7.11 はく離点付近の流れ

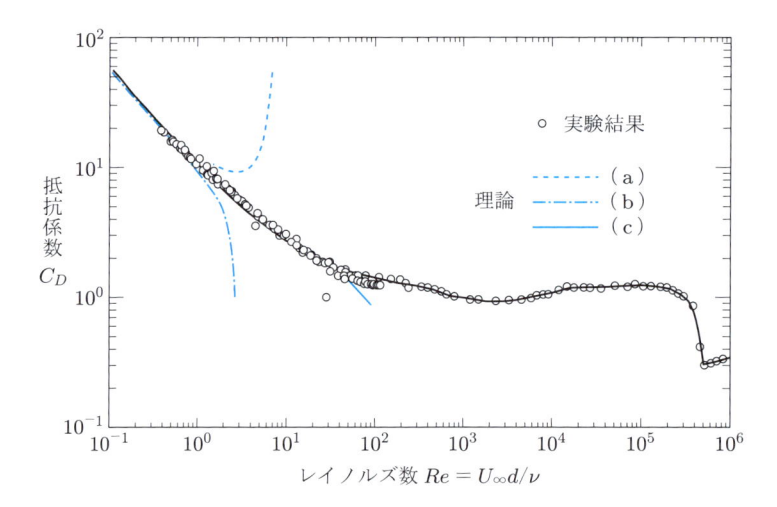

図 7.12 円柱の抵抗係数：実験結果：Wieselsberg[44], Tritton[46]，理論：(a) $C_D = 4\pi/(Re\delta)$, (b) $C_D = (4\pi/Re)(1/\delta - 0.87/\delta^3)$[47][39], (c) $C_D = 8\pi/(\delta + \sqrt{\delta^2 + 3.5})$[39]；$\delta = \log(7.406/Re)$

る．その結果，はく離した流れ，すなわち，後流の幅が図 7.9 (d) に示すように小さくなって，円柱の圧力抵抗が減少する．このような現象を境界層の**乱流はく離** (turbulent separation) という．これに対し，レイノルズ数が臨界レイノルズ数より小さいときは，層流のままはく離するので**層流はく離** (laminar separation) といい，後流の幅が乱流はく離のときより大きくなり圧力抵抗も大きい．

つぎに，三次元物体の例として，球の抵抗についてのべる．速度 U_∞ の一様流れ中にある直径 d の球の抵抗 D を

$$D = C_D \frac{1}{2}\rho U_\infty^2 \frac{\pi}{4}d^2 \tag{7.32}$$

と表すと，C_D は球の抵抗係数である．球のまわりの流れは円柱の場合とよく似ているが，三次元流れのため，球の上下左右をまわって流れるので，C_D の値は図 7.13 の

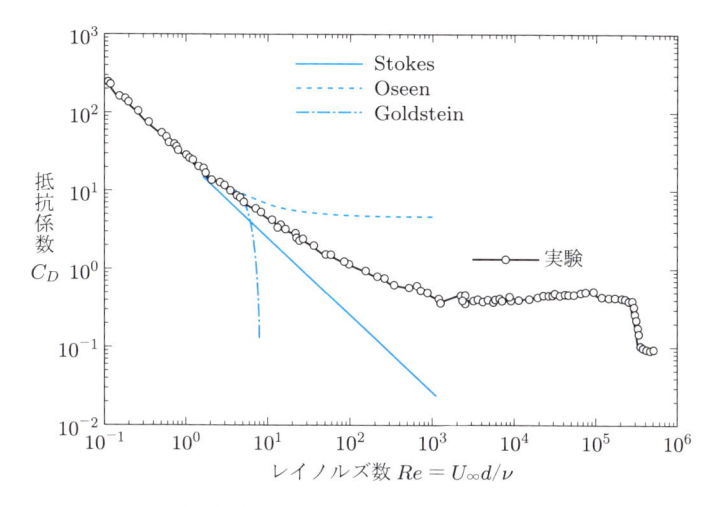

図 7.13 球の抵抗係数[44][20]：Stokes：$C_D = 24/Re$, Oseen：$C_D = (24/Re)(1+(3/16)Re)$, Goldstein：$C_D = (24/Re)\{1+(3/16)Re-(19/1280)Re^2+(71/20480)Re^3-(30179/34406400)Re^4\}$

ようになり，小さなレイノルズ数を除いて同じレイノルズ数に対して円柱（図 7.12）より小さい値となる．

すなわち，$Re = 10^3 \sim 10^5$ においては $C_D \fallingdotseq 0.4$ でほぼ一定であるが，$Re = (1\sim4)\times 10^5$ 付近において急激に約 0.1 まで低下する．これは円柱のときと同様に，境界層が層流はく離から乱流はく離に変化し，はく離点が球の後方に移動して後流の幅が小さくなることによる．

最後に，球のレイノルズ数が非常に小さいときは，流れは球からはく離せず，粘性による摩擦抵抗が圧力抵抗よりも大となる[*1]．ストークスは，小さいレイノルズ数に対して流体の慣性力を無視して理論計算を行い，つぎの式を得た．

$$D = 3\pi\mu U_\infty d \tag{7.33}$$

これを**ストークス (Stokes) の式**という．また，オセーン (Oseen) は流体の慣性力も一部考慮して，

$$D = 3\pi\mu U_\infty d\left(1 + \frac{3}{16}\frac{U_\infty d}{\nu}\right) \tag{7.34}$$

を導いた．これらのストークスとオセーンの結果は，図 7.13 よりわかるように，いずれも Re が 1～2 以上になると実験値との誤差が大きくなる．

[*1] ストークス近似では，摩擦抵抗は圧力抵抗の 2 倍．

例題 7.3 近年，PM2.5 や放射性核種の微粒子の飛散が問題となっている．このような微粒子が地上に落下するのにどの程度の時間が必要だろうか．ここでは，大気の流動を無視し，このような微粒子の沈降のみを考えることにする．微粒子は球形とし，その径 d は非常に小さく，沈降速度も小さい．したがって，ストークスの抵抗の式が成り立つ．球の密度を ρ_b，流体の密度を ρ とするとき，粒子が沈降する速度 V を求めよ．

解 流体中に浮遊する粒子は流体によって浮力をうけ，自重によって沈降する．その速度を V とすると，粒子のうける抵抗 D は，ストークスの式 (7.33) から $D = 3\pi\mu V d$ となる．一定の速度で沈降する場合を考えているので，浮力と自重および抵抗が釣合っている．よって，

$$\frac{1}{6}\pi d^3 (\rho_b - \rho) g = D = 3\pi\mu V d \quad \text{したがって} \quad V = \frac{1}{18\mu} d^2 (\rho_b - \rho) g$$

となる． (答)

一例として，PM2.5 の粒子の径を $d = 2.5\,\mu\text{m}$ として，この粒子が空気中に浮遊しているとする．粒子の密度をエアロゾル程度とすると $\rho_b - \rho = 1.9\,\text{mg/cm}^3$ となるので，沈降速度は

$$V = \frac{1}{18 \times 1.82 \times 10^{-5}\,\text{Pa}\cdot\text{s}} \times 9.80665\,\text{m/s}^2 \times (2.5 \times 10^{-6})^2\,\text{m}^2$$
$$\times 1.9 \times 10^{-6}\,\text{kg/m}^3$$
$$\approx 3.55 \times 10^{-13}\,\text{m/s} = 3.55 \times 10^{-10}\,\text{mm/s}$$

となる．このように，PM2.5 の粒子の沈降速度は極めて小さいので，ほとんど空中に漂っており，雨や雪に沈着して地上に落下する．

7.5 翼および翼列

流れ方向の力すなわち抵抗にくらべて，流れに直角方向の力すなわち揚力が大きいような物体の形をつくり，その揚力を利用するのが**翼** (wing) である．飛行機の翼，プロペラや風車の羽根，軸流送風機やフランシス水車の羽根車などには，翼が用いられている．

流れの方向を含み，翼の表面に直角な断面の形状を**翼型** (aerofoil) という．図 7.14 のように，翼型上のもっとも離れた 2 点を結ぶ線を**翼弦線** (chord line) といい，その前端を**前縁** (leading edge)，後端を**後縁** (trailing edge)，また，この前縁と後縁との距離を**翼弦長** (chord length) という．翼弦線と一様流れの速度 U_∞ との間の角 α を**迎え角** (angle of incidence) という．

翼型は，一般にそっているものが多く，翼の上面と下面との中点を結ぶ線を翼型の**中心線** (mean line) または**そり線** (camber line) という．上下対称の翼型では，中心

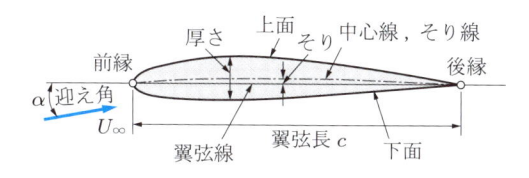

図 7.14 翼型[22]

線あるいはそり線は直線で，翼弦線と一致する．

つぎに，飛行機翼のように左右の翼端があるものでは，その左右の翼端の間の距離を**翼幅** (span) という．また，翼の最大投影面積を**翼面積**[*1](wing area) という．

いま，翼面積を S, 翼幅を b としたとき，

$$\lambda = \frac{b^2}{S} \tag{7.35}$$

を翼の**縦横比** (aspect ratio) という．翼の平面形が長方形のときは，翼弦長を c とすると $S = bc$ であるから，縦横比は $\lambda = b/c$ となる．

速度 U_∞ の一様流れ中にある翼に発生する揚力および抵抗を，それぞれ L および D とし

$$L = C_L \frac{\rho}{2} U_\infty^2 S \tag{7.36}$$

$$D = C_D \frac{\rho}{2} U_\infty^2 S \tag{7.37}$$

と表し，C_L および C_D をそれぞれ，**揚力係数** (lift coefficient) および**抵抗係数** (drag coefficient) という．また，翼にはたらく前縁まわりのモーメント M を

$$M = C_M \frac{\rho}{2} U_\infty^2 Sc \tag{7.38}$$

と表し，C_M を**モーメント係数** (moment coefficient) という．モーメントは反時計回り（すなわち，頭下げ）の方向を正にとる．翼にはたらく揚力と抵抗との合力の作用線が翼弦線と交わる点を，**圧力中心** (center of pressure) という．前縁からはかった圧力中心までの距離は，翼型の形状や迎え角によって変化するが，だいたい $0.25 \sim 0.4c$ である．

[*1] 飛行機翼のように左右対称のものでは，図 7.15 のようにこの対称面上の翼弦線を含み，この対称面に直角な平面へ投影した面積が翼面積である．

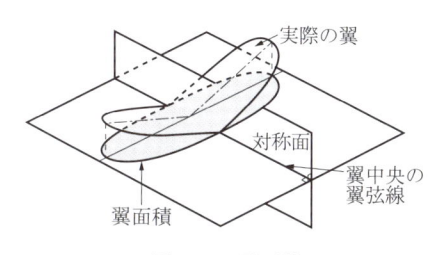

図 7.15 翼面積

C_L, C_D および C_M はいずれも無次元[*1]で，翼の特性はこれらの値によって定まる．

図 7.16 は翼の風洞試験結果の一例を示したもので，横軸に迎え角 α をとり，揚力係数，抵抗係数，モーメント係数を表したものである．C_L について見ると，$C_L = 0$ となる迎え角 α_0 (zero lift angle of incidence) は，翼の中心線が直線のいわゆる対称翼では，$\alpha_0 = 0$ であるが，一般のそりのある翼では α_0 は負の値となっている．α が増加すると C_L はほぼ直線的に増大する．この増大の割合 $dC_L/d\alpha$ を**揚力傾斜** (lift slope) という．

さらに迎え角を増していくと，α のある値で C_L はその最大値 $C_{L\,\max}$ に達した後，急激に減少する．これは図 7.17 のように，翼の上面において流れが翼面からはく離するためで，この現象を**失速** (stall) という．翼が失速を起こすと，抵抗係数 C_D の増加は大きくなる．

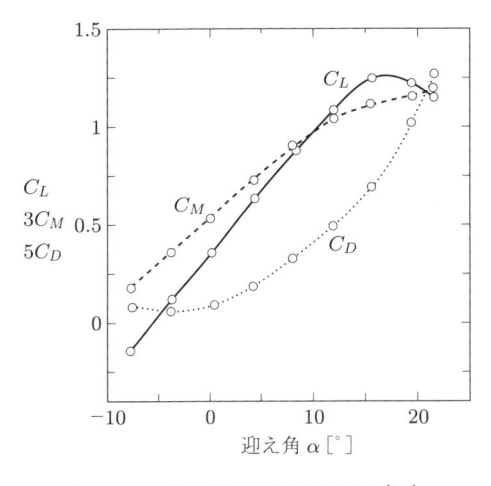

図 7.16 翼にはたらく力と迎え角[22]　　　**図 7.17** 失速[22]

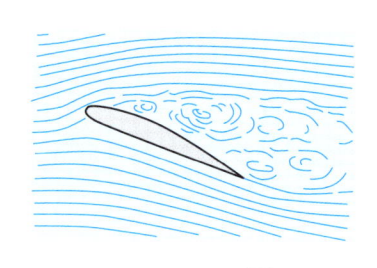

翼の揚力と抵抗の比 $L/D = C_L/C_D$ を**揚抗比** (lift drag ratio) といい，これが大きいほど翼の性能がよいことはいうまでもない．図 7.18 のように C_D を横軸に C_L を縦軸にとり，α をパラメータとして翼の特性を表す図を揚抗**極曲線** (polar curve) という．図 7.18 において原点よりこの曲線に接線を引くと，その接線（破線）の傾斜が $(C_L/C_D)_{\max}$ を与えるので，翼の性能を知るのに便利である．

つぎに，翼列についてのべる．軸流の送風機やタービンなどの羽根車は，断面の形状が翼型となっている多数の羽根によってつくられている．その羽根車を回転軸と同

[*1] 二次元翼では，翼の単位幅 $(b = 1)$ あたりの揚力 L，抵抗 D，モーメント M を $L = C_l(\rho/2)U_\infty^2 c$, $D = C_d(\rho/2)U_\infty^2 c$, $M = C_m(\rho/2)U_\infty^2 c^2$ と表し，C_l, C_d, C_m をそれぞれ翼型の揚力，抵抗，モーメント係数という．

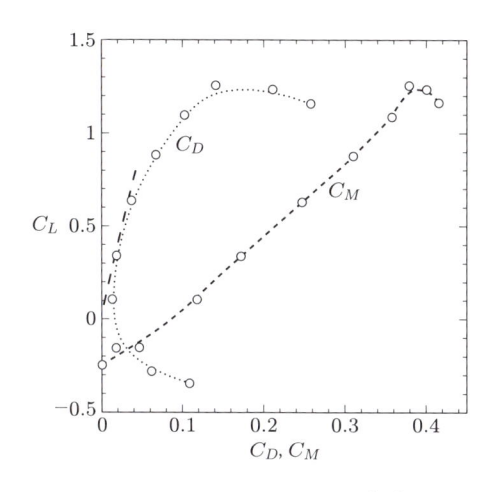

図 7.18 揚抗極曲線と揚抗比[22]

図 7.19 直線翼列と円形翼列[5]

軸の円筒面で切り，それを平面の上に展開すると，図 7.19 (a) のように，同じ形状の翼型が一列に等間隔（これをピッチ (pitch) という）に無限に並んだ状態が得られる．これを**直線翼列** (straight cascade) という．

また，図 7.19 (b) に示す半径流型のタービンやポンプの案内羽根のように，翼が円周に沿って等間隔で配列されているものを**円形翼列** (annular cascade) という．

これらの翼列では，翼が単独に存在するときと異なり，それぞれの翼のまわりの流れが隣の翼によって影響をうけるので，単独翼の場合にくらべて揚力が変化する．すなわち，単独翼の揚力を L_o とし，それと同じ翼型が翼列となったときの翼の揚力を L とすると，

$$L = kL_\mathrm{o} \tag{7.39}$$

となる．この k を翼列の**干渉係数** (interference factor) という．直線翼列においては，ピッチ t と翼弦長 c との比，すなわち**節弦比** (pitch chord ratio) が 2 以上のときは，干渉係数は 1 に近くなる．

例題 7.4 図 7.19 (a) に示すような直線翼列において，翼列前方および後方の速度を V_1, V_2, 圧力を p_1, p_2 とするとき，翼列中の一つの翼にはたらく翼列方向の分力と，これに直角な方向の分力，およびその合力を求めよ．また，合力は，翼列前後の速度ベクトルの平均値に垂直であることを示せ．

解 翼列前後の速度 V_1, V_2 の翼列方向およびこれに直角方向の分速度を，それぞれ v_1 および u_1, v_2 および u_2 とする．また，図 7.20 に示すように，一つの翼型を囲む検査面 ABCD をとり，AD, BC は翼列方向に平行で，長さはそれぞれピッチ t に等しく，AB, CD は流

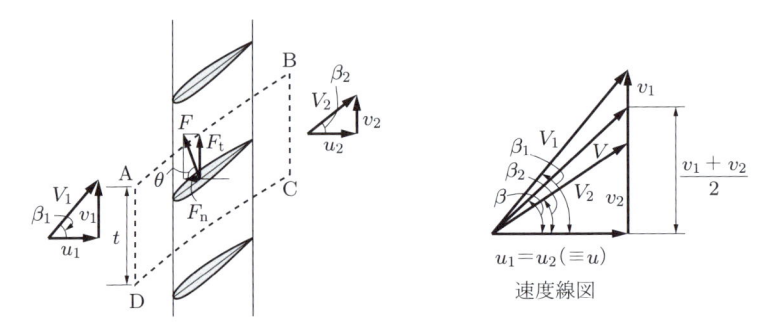

図 7.20 例題 7.4 の解の図

線に沿った曲線とする．
　連続の式より，ピッチ t あたりの流量 Q は
$$Q = u_1 t = u_2 t$$
であるから，
$$u_1 = u_2 \equiv u$$
となる．つぎに，流れが翼列を通過する間に損失は生じないとすれば，ベルヌーイの式より次式を得る．
$$\frac{1}{2}\rho V_1^2 + p_1 = \frac{1}{2}\rho V_2^2 + p_2$$
上式に，$V_1^2 = u_1^2 + v_1^2$, $V_2^2 = u_2^2 + v_2^2$ および $u_1 = u_2 = u$ を代入すると
$$p_2 - p_1 = \frac{1}{2}\rho(v_1^2 - v_2^2) \tag{i}$$
となる．いま，一つの翼にはたらく力 F の翼列方向の分力を F_t，これに直角方向の分力を F_n とする．翼列に直角方向の力の釣合いを考えると次式を得る．
$$F_\mathrm{n} = (p_2 - p_1)t$$
上式に，式 (i) を代入すると
$$F_\mathrm{n} = \frac{1}{2}\rho(v_1^2 - v_2^2)t \tag{答}$$
となる．一方，翼列方向の力の釣合いより
$$F_\mathrm{t} = \rho Q(v_1 - v_2) = \rho u t(v_1 - v_2) \tag{答}$$
となる．したがって，翼にはたらく合力 F はつぎのようになる．
$$F = \sqrt{F_\mathrm{n}^2 + F_\mathrm{t}^2} = \rho(v_1 - v_2)t\sqrt{u^2 + \left(\frac{v_1 + v_2}{2}\right)^2} \tag{答}$$

　速度線図において，β を翼列に直角方向の速度 u と V とのなす角とすると，合力 F の方向は，図 7.20 より
$$\tan\theta = \frac{F_t}{F_\mathrm{n}} = \frac{u}{(v_1+v_2)/2} = \cot\beta = \tan\left(\frac{\pi}{2} - \beta\right)$$
となる．よって，合力 F は，翼列前後の速度 V_1, V_2 のベクトル平均値 V に垂直である．
(答)

例題 7.5 毎秒 20 m の空気の流れ中にある直径 1 cm の円柱のうける抵抗を求めよ．また，この円柱と同じ大きさの抵抗をうける翼型の翼弦長さはいくらになるか．ただし，翼型の抵抗係数は迎え角 5° で $C_d = 0.06$，空気の動粘度は $\nu = 0.15 \text{ cm}^2/\text{s}$ とする．

解 空気の動粘度は $\nu = 0.15 \text{ cm}^2/\text{s}$ であるので，円柱のレイノルズ数 Re は

$$Re = \frac{20 \text{ m/s} \times (1/100) \text{ m}}{0.15 \times (1/10000) \text{ m}^2/\text{s}} = 1.67 \times 10^4$$

となる．図 7.12 から，円柱の抵抗係数は $C_D = 1.0$ と見なせる．このとき，円柱のうける抵抗 D は

$$D = \frac{1}{2}\rho U_\infty^2 d C_D = \frac{1}{2} \times 1.226 \text{ kg/m}^3 \times \frac{1}{100} \text{ m} \times 20^2 \text{ m}^2/\text{s}^2 \times 1.0$$
$$= 2.45 \text{ kg} \cdot \text{m/s}^2/\text{m} = 2.45 \text{ N/m} \quad \text{(答)}$$

となる．一方，翼型では抵抗係数 C_d は p.164 の脚注で定義される．したがって，抵抗 D はつぎのようになる．

$$D = \frac{1}{2}\rho U_\infty^2 c C_d$$

円柱の抵抗が $(1/2)\rho U_\infty^2 d C_D$ であるので，同じ抵抗をうけるとき，

$$\text{円柱の抵抗} = \frac{1}{2}\rho U_\infty^2 d \times 1.0 = \text{翼型の抵抗} = \frac{1}{2}\rho U_\infty^2 c \times 0.06$$

より

$$c = \frac{1}{0.06}d = 16.7d = 16.7 \text{ cm} \quad \text{(答)}$$

となる．このように，圧力抵抗は粘性抵抗にくらべ，大きいことがわかる．

7.6 翼まわりの循環と揚力の発生

　水や空気の流れを利用して調べた翼のまわりの流線を図 7.21 に示す．水の場合には流水の表面にアルミの微粉を散布し，この水面に翼型を入れたり，また空気の場合には煙風洞[*1] の中に翼を入れたりして観測すると，翼のまわりの流線を知ることができる．

　翼は一般に，前縁が丸く後縁が鋭くとがっているが，翼の迎え角が小さくて失速していないときは，図 7.21 のように，流れが翼面に沿い後縁より滑らかに流れ出ていることがわかる．翼のまわりの多数の流線のうち，とくに翼面を形成している流線を**分岐流線** (stagnation stream line) という．これは図 7.22 の流線 ABCEF または ABDEF で，よどみ点 B において流線が二つに分かれ，翼型の上下面に沿って進み，後縁 E において合流している．

[*1] 煙風洞とは，風洞の測定部上流に多数の細い管から煙を出して，煙の流れによって空気の流れを可視化する装置である．

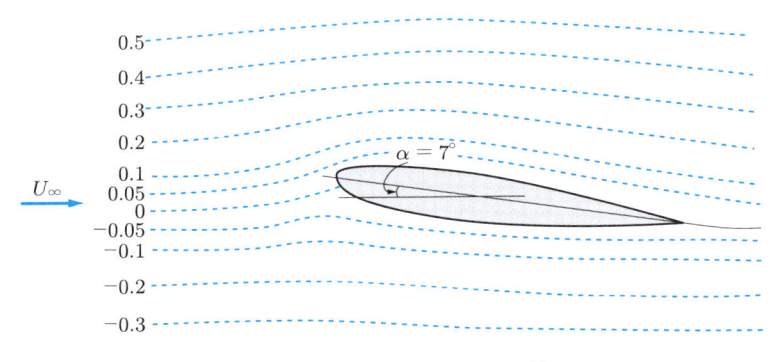

図 7.21 翼型まわりの流れと流線

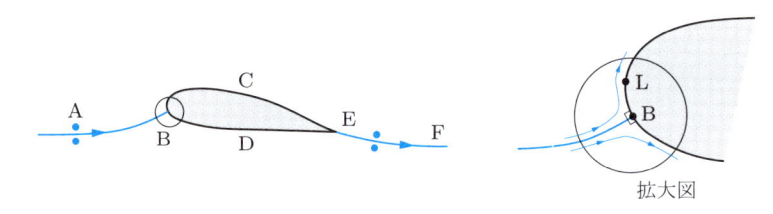

図 7.22 分岐流線

　よどみ点 B は図 7.22 の拡大図に示すように，翼型の前縁 L よりごくわずかに下面側に寄っているが，翼型の揚力が増加すると点 B は少し後方に移動する．翼型に揚力が発生しているときは，最初点 A において分岐流線に接近して上下にあった流体粒子（図 7.22 の黒丸）は翼型の上下面に分かれて進み，点 E で合流するとき $\overparen{BCE}$ の長さが $\overparen{BDE}$ より長いので，翼上面では速度が速く下面では遅く進まなければならない．したがって，ベルヌーイの式より，翼上面の圧力は低く下面では圧力が高くなって，揚力を生じるのである．

　揚力の発生は，自由うず流れを用いてつぎのように説明することもできる．いま，円柱を回転させると，円柱まわりの流体は図 7.23 (b) のように回転する．このときの流体の円周速度は，式 (3.38) のように，円柱の中心からの距離に反比例して減少する．これは自由うず流れである．一方，一様流れの中に回転しない円柱をおくと，流れは図 7.23 (a) のようになるが，(a) と (b) とを重ね合せると，一様流れの中に回転する円柱をおいたときの流れ図 7.23 (c) が得られる．このときは，円柱上面の速度は速く下面の速度は遅くなるため，円柱には一様流れに直角に上向きの揚力が発生する．いま，円柱を中心とする自由うずまわりの循環を Γ とし，一様流れの速度を U_∞ とすると，単位長さあたりの円柱の揚力は $\rho U_\infty \Gamma$ となる．これを**クッタ－ジューコウスキーの定理** (Kutta–Joukowski theorem) という．

7.6 翼まわりの循環と揚力の発生

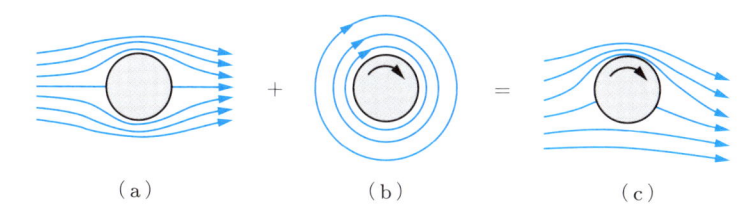

図 7.23 円柱まわりの流れと循環[28]

翼型の場合にも，円柱を回転させたのと同じように循環が存在している．もしも循環がなければ図 7.24 (a) のような流れとなり，揚力は発生しないが，これに図 (b) のような翼型まわりの循環が加わることによって，図 (c) のように後縁から滑らかに流れ出るようになり揚力を生じる．

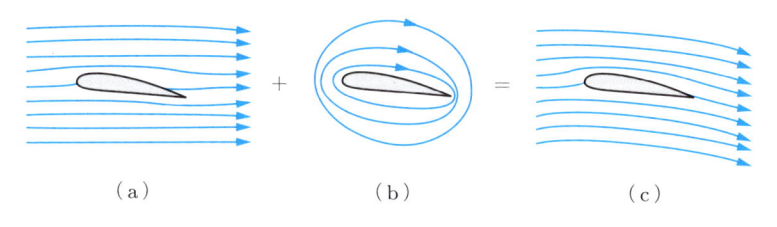

図 7.24 翼型まわりの流れと循環[28]

いま，静止流体中にある翼型を静止状態から動かすと，その瞬間図 7.25 (a) のような流れになるが，後縁がとがっているため，翼下面の流れは後縁をまわって翼表面に沿って流れることができず，後縁においてはく離して図 (b) のようなうずができる．このうずによって，翼上面の流れは，後縁のほうに引きよせられ図 (c) のような流れになる．さらに時間がたつと，後縁から流れ出たうずをその位置においたまま，翼が前方へ進んでいく．この翼が動きはじめたときに生じるうずを**出発うず** (starting vortex) という．

流体力学におけるうずの法則によると，一つのうずが発生したときそれと同じ強さの反対向きのうずも発生しなければならないが，翼が動きはじめたときにできた出発うずに対して，翼の中に同じ強さの反対向きのうずがあるかのような循環を生じる．

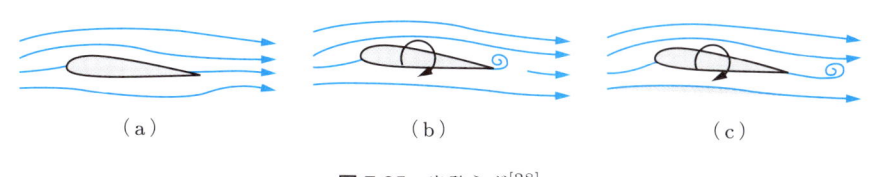

図 7.25 出発うず[28]

この翼の中に仮想されるうずを**束縛うず**[*1](bound vortex) という．迎え角が大きいほど循環が大きくなり，揚力も大きくなる．

流体力学の翼理論においては，流れが後縁から滑らかに流れ出るという条件で，翼の循環の値を定めている．この条件を**クッタの条件** (Kutta condition) という．これは一つの仮説であって，以前にはジューコウスキーの仮説 (Joukowsky's hypothesis) ともいわれていたが，多くの実験結果から，この条件が実際とよく一致することが認められている．今日では，このクッタの条件は，翼理論においてもっとも重要な条件となっている．

例題 7.6 一様流 U 中に半径 a の強制うずが存在し，その循環を Γ とする．このとき，この強制うずにはたらく力を運動量の法則を利用して求めよ．

解 第 3 章でのべたように，強制うずの内部は半径に比例する周速度を，その外部では半径 r に反比例する周速度 $(\Gamma/(2\pi))(1/r)$ を誘起する．そこで，強制うずの中心を原点とし，半径 a にくらべ十分大きな半径 R の円を検査面として，運動量の法則を用いることにする．検査面上の点を極座標表示し，それを (R, θ) とした場合，この点の速度の x, y 成分を u, v で表すと，$u = U - (\Gamma/(2\pi))(1/R)\sin\theta$, $v = (\Gamma/(2\pi))(1/R)\cos\theta$ である．この検査面上の微小要素 $R\,\mathrm{d}\theta$ を横切る流量は $\mathrm{d}Q = U\cos\theta R\,\mathrm{d}\theta$ である．よって，この検査面にはたらく運動量による力の x, y 方向成分 $X_\mathrm{m}, Y_\mathrm{m}$ は，

$$X_\mathrm{m} = -\rho \int_0^{2\pi} u\,\mathrm{d}Q = -\rho \int_0^{2\pi} \left(U - \frac{\Gamma}{2\pi}\frac{1}{R}\sin\theta\right) U\cos\theta R\,\mathrm{d}\theta = 0$$

$$Y_\mathrm{m} = -\rho \int_0^{2\pi} v\,\mathrm{d}Q = -\rho \int_0^{2\pi} \frac{\Gamma}{2\pi}\frac{1}{R}\cos\theta \cdot U\cos\theta R\,\mathrm{d}\theta = -\rho\frac{U\Gamma}{2}$$

となる．つぎに，検査面にはたらく圧力による力を計算してみる．検査面上の圧力はベルヌーイの式から計算すればよいので，

$$\frac{p_\infty}{\rho} + \frac{1}{2}U^2 = \frac{p}{\rho} + \frac{1}{2}\left\{\left(U - \frac{\Gamma}{2\pi}\frac{1}{R}\sin\theta\right)^2 + \left(\frac{\Gamma}{2\pi}\frac{1}{R}\cos\theta\right)^2\right\}$$

$$= \frac{p}{\rho} + \frac{1}{2}U^2 + \frac{1}{2}\left(\frac{\Gamma}{2\pi}\frac{1}{R}\right)^2 - \frac{U\Gamma}{2\pi}\frac{\sin\theta}{R}$$

となる．p_∞ は無限遠方の圧力である．検査面上の微小要素にはたらく圧力による力の x, y 成分を $X_\mathrm{p}, Y_\mathrm{p}$ とすると，

$$X_\mathrm{p} = -\int_0^{2\pi} p\cos\theta R\,\mathrm{d}\theta$$

$$= -\int_0^{2\pi} \rho\left(p_\infty - \frac{1}{2}\left(\frac{\Gamma}{2\pi R}\right)^2 + \frac{U\Gamma}{2\pi R}\sin\theta\right)\cos\theta R\,\mathrm{d}\theta = 0$$

[*1] つねに翼の中にとじこめられているうずという意味から，このようにいう．

$$Y_{\mathrm{p}} = -\int_0^{2\pi} p\sin\theta R\,\mathrm{d}\theta$$
$$= -\int_0^{2\pi} \rho\left(p_\infty - \frac{1}{2}\left(\frac{\Gamma}{2\pi R}\right)^2 + \frac{U\Gamma}{2\pi R}\sin\theta\right)\sin\theta R\,\mathrm{d}\theta = -\rho\frac{U\Gamma}{2}$$

となる．よって，強制うずのうける力は $X = X_{\mathrm{m}} + X_{\mathrm{p}} = 0$, $Y = Y_{\mathrm{m}} + Y_{\mathrm{p}} = -\rho U\Gamma$ となり，クッタ – ジューコウスキーの定理が証明される． (答)

これまでは，翼の幅（翼幅，スパン）が無限大の場合（二次元翼または翼型）についてのべた．翼幅が有限長さの三次元翼では，図 7.26 に示すように，翼面に生じる束縛うず以外に翼の後縁から流体とともに運ばれるうず面（自由うず面）が生じる．一定速度で発進する二次元翼では出発うずが生じるとのべた．これは静止状態から発進するので，初期の翼を含む閉曲線に沿う循環はゼロである．時間経過に対応して流体粒子とともに移動するこの閉曲線は束縛うずと出発うずを含み，それに沿う循環はゼロである．このように，**(1) 流体とともに動く任意の閉曲線に沿う循環は時間的に不変である**．つぎに，うず輪のようにうずで構成されている仮想の管をうず管とよび，うずの回転軸はこのうず管の側面に沿った方向をもっている．このうず管は，完全流体の連続流れでは **(2) 一つのうず管はつねに一つのうず管として保たれる**．さらに，**(3) うずは不生不滅である**．これは，うずが無から有を生じないしまたその逆もないという定性的意味である．したがって，うずなしの流れであればうずあり流れになりえないことを意味している．これらを**うず定理**といい，詳細は流体力学に譲るが，三次元翼では翼型に生じた束縛うずは，翼端や翼後縁から流体とともに運ばれるうず（随伴うず）と出発うずによってうず輪を形成する．図 7.26 に示すように，時間経過とともに翼に固定した座標から見ると，出発うずは無限後方に流され半無限長さのうず輪からなる自由うず面を形成する．随伴うずは流れ方向の回転軸をもっているので，下方（$-z$ 方向）の速度 w を誘起する．翼面におけるこの誘起速度を**吹きおろし** (downwash) という．一様流と吹きおろしによって翼面 S に流入する速度は，図 7.27 のようになる．クッタ – ジューコウスキーの定理から，揚力 L と抵抗 D_i（**誘導抵抗** (induced drag)

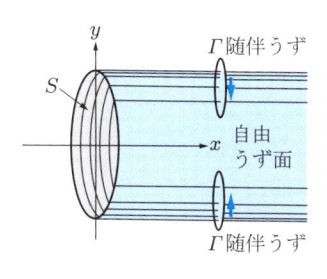

図 7.26 三次元翼

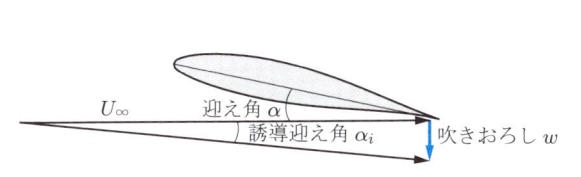

図 7.27 翼素と吹きおろし

とよぶ) が生じる.

$$L = \rho U_\infty \int_S \gamma(x,y)\,\mathrm{d}x\,\mathrm{d}y = \rho U_\infty \int_{-b}^{b} \Gamma(y)\,\mathrm{d}y$$

$$D_i = \rho \int_S \gamma(x,y) w(x,y)\,\mathrm{d}x\,\mathrm{d}y$$

ただし, Γ は

$$\Gamma(y) = \int_{-c_\mathrm{l}(y)}^{c_\mathrm{t}(y)} \gamma(x,y)\,\mathrm{d}x$$

である. また, $\gamma(x,y)$ は翼面上の束縛うずによる単位面積あたりの循環である. ただし, c_t, c_l は y 軸からの翼型の前縁と後縁までの長さで, 翼弦長さは $c(y) = c_\mathrm{t}(y) + c_\mathrm{l}(y)$ である. このように, 完全流体においても誘導抵抗が生じる. この誘導抵抗を最小にする条件は, 吹きおろし w を一定にすることである[*1]. 楕円翼がその代表例で, 束縛うずの循環が $\Gamma(y) = \Gamma_\mathrm{o}\sqrt{b^2 - y^2}$ で与えられ, 翼面の吹きおろし速度は $w = \Gamma_\mathrm{o}/(4b)$ となる. 揚力と誘導抵抗は

$$L = \frac{1}{2}\rho U_\infty \cdot \Gamma_\mathrm{o} \cdot \pi b, \qquad D_i = \frac{w}{U_\infty}L = \frac{1}{2}\rho U_\infty \Gamma_\mathrm{o} \pi b \cdot \frac{\Gamma_\mathrm{o}}{4bU_\infty}$$

となる. 上の関係から

$$C_{D_i} = \frac{{C_L}^2}{\pi \lambda}$$

が得られる. したがって, 三次元翼の抵抗係数 C_D は, 翼面の粘性による抵抗係数 C_{D_f} とこの誘導抵抗 C_{D_i} の和として求められる.[*2]

演習問題

問題 7.1 正面面積 $1.68\,\mathrm{m}^2$ の乗用車が, 速度 $60\,\mathrm{km/h}$ で走っているとき, この車の空気抵抗が $103\,\mathrm{N}$ であった. このとき, 車の抵抗係数を求めよ. ただし, 空気の密度を $1.226\,\mathrm{kg/m}^3$ とする.

問題 7.2 流れに対して直角におかれた円板の抵抗係数は 1.17 である. いま, 直径 $0.3\,\mathrm{m}$ の円板を, 空気中で $48\,\mathrm{km/h}$ の速度で動かすために必要な力と動力を求めよ. ただし, 空気の密度を $1.226\,\mathrm{kg/m}^3$ とする.

[*1] 参考文献 [4] 参照.
[*2] 圧力抵抗も存在するが, 粘性抵抗に比べて非常に小さい.

問題 7.3 長さ 0.75 m の滑らかな薄い二次元平板が,水温 20℃ で速度 0.60 m/s の一様な流れ中におかれている.このとき,板全面にわたって層流境界層であるとすれば,摩擦抵抗および摩擦係数はいくらになるか.

問題 7.4 動粘度 1.0×10^{-5} m^2/s,比重 0.80 の液体中を,滑らかな板が動いている.いま,板の先端からの距離を基準長さとしたレイノルズ数が 4×10^6 の点での板の摩擦応力が 5.0 Pa である.板の全面にわたって乱流境界層であるとし,この板を 6 m に切って使ったとき,板の片面にはたらく単位幅あたりの摩擦抵抗を求めよ.

問題 7.5 レイノルズ数 1,10,100 および 1000 での流れ中にある直径 0.3 m の滑らかな円柱にはたらく抵抗を求めよ.ただし,空気の密度は 1.226 kg/m^3,粘度は 1.789×10^{-5} Pa·s とし,C_D の値は図 7.12 を用いよ.

問題 7.6 野球で投手が,速度 144 km/h で直径 75 mm の球を投げるとき,この球にかかる抵抗を,(i) 図 7.13 より求めた抵抗係数と (ii) 臨界レイノルズ数での抵抗係数とを用いてそれぞれ求めよ.ただし,空気の密度および粘度を,それぞれ 1.226 kg/m^8 と 1.789×10^{-3} Pa·s とする.

問題 7.7 同じ流体中でのレイノルズ数が,6×10^5 と 1×10^5 の場合,同じ球にはたらく抵抗の比を求めよ.ただし,C_D の値は図 7.13 を用いよ.

問題 7.8 風速 150 km/h の風洞の中に直径 250 mm の球がおかれている.いま,直径 50 mm の球が,温度 15℃ の水中で上と同じ抵抗係数となるには,水の速度をいくらにすればよいか.また,これら二つの球の抵抗を求めよ.ただし,空気の密度 ρ は 1.226 kg/m^3,粘度 μ は 1.789×10^{-5} Pa·s とする.

問題 7.9 動粘度 0.011 m^2/s,比重 0.95 の油を満たした深いタンク中を,直径 12.5 mm,比重 11.4 の鉛の球が落下するときの速度を求めよ.

問題 7.10 翼幅 10 m,翼弦長 2 m の長方形翼の揚力係数および抵抗係数は,それぞれ 0.6 と 0.05 であるとき,4000 m 上空で,この翼を速度 300 km/h で動かすために必要な動力および発生する揚力を求めよ.また,このときのレイノルズ数を求めよ.ただし,4000 m 上空での空気の密度は 0.909 kg/m^3,粘度は 1.661×10^{-5} Pa·s である.

第8章
流体のもつエネルギー

流体が流動すると，流体のもつエネルギーが輸送される．そのエネルギーについては，発電や地域冷暖房を行う等の，いわゆる地球環境に優しい，持続可能な利用法がある．また，その巨大エネルギーは，洪水や津波などによる自然災害を引き起こすこともある．この章では，このような流体のもつエネルギーについてのべる．

8.1 エネルギーと効率

8.1.1 流体エネルギーとは

3.4節で述べたベルヌーイの式 (3.10) は，

$$\frac{V^2}{2} + \frac{p}{\rho} + gz = 一定 \tag{8.1}$$

である．式 (8.1) の左辺の各項は 3.4 節でのべたように，単位質量あたりの流体のもつ運動エネルギー，圧力エネルギーおよび位置エネルギーを表していて，これらのいずれも機械的エネルギーといわれる．

非粘性・非圧縮性流体（完全流体）では，この三つの機械的エネルギーの和は流線に沿って一定である．粘性のある通常の流体では，これら機械的エネルギーと熱エネルギーを加えたものが，流線に沿って一定であり，このことをエネルギー保存則という．

8.1.2 エネルギーと効率

(1) 水力エネルギー

式 (8.1) は単位質量あたりの完全流体のエネルギーの保存則であるが，単位重力あたりに変形すると式 (3.11) となり，流体のもつエネルギーは全ヘッド H で表される．図 5.34 に，水の流れのもつエネルギーを利用した代表的施設である水力発電所の概念図を示した．貯水池と放水路間の高低差を H_t [m] としている．貯水池から水圧鉄管までは放水路の水路損失と水圧鉄管の管路損失が，さらに，放水路では損失が生じる．これらの損失ヘッドをそれぞれ h_1, h_2 とすると，総損失ヘッドは $\Delta h = h_1 + h_2$ で

ある[*1]. 発電所の有効落差 H は，
$$H = H_\mathrm{t} - \Delta h \tag{8.2}$$
となる．

発電所使用水量 $Q\,[\mathrm{m^3/s}]$，有効落差 $H\,[\mathrm{m}]$，水の密度 $\rho\,[\mathrm{kg/m^3}]$ の流体のもつエネルギー $\rho g Q H$ を理論出力 W_th といい，通常 kW 単位で表す．
$$W_\mathrm{th} = \rho g Q H = 1000\,\mathrm{kg/m^3} \times 9.80665\,\mathrm{m/s^2} \times Q\,[\mathrm{m^3/s}] \times H\,[\mathrm{m}]$$
$$= 1000 \times 9.80665 Q H\,[\mathrm{N \cdot m/s}] = 9.80665 Q H\,[\mathrm{kW}] \tag{8.3}$$
一方，発電所はこの流体のエネルギーを使って水車を回転し発電機から電力を得る．したがって，発電所の出力 W は，水車効率 η_1 と発電機効率 η_2 から
$$W = \eta_1 \eta_2 W_\mathrm{th} = 9.80665 \eta_1 \eta_2 Q H\,[\mathrm{kW}] \tag{8.4}$$
となる．

水車効率 η_1 は $\eta_1 = \eta_\mathrm{h} \times \eta_\mathrm{v} \times \eta_\mathrm{m}$ と表され，η_h は水力効率，η_v は水漏れなどの体積効率，η_m は水車の機械的な摩擦損失にともなう効率である．水車および発電機の効率概数を表 8.1 に示す．

表 8.1 水車および発電機の効率概数

発電機の容量	η_1	η_2	$\eta_1 \times \eta_2$
100 kW 以下	0.79	0.91	0.72
300 kW 以下	0.81	0.93	0.75
1000 kW 以下	0.83	0.94	0.78
2500 kW 以下	0.84	0.95	0.80
10000 kW 以下	0.85	0.96	0.82
10000 kW 以上	0.87〜0.90	0.97〜0.98	0.84〜0.88

(2) 風力エネルギー

空気の流れのもつエネルギー利用の代表的な施設は，風車である．風の発生は太陽からの輻射熱に起因し，大気圏に入ってくる太陽エネルギーの約 2% が風力エネルギーに変換されるといわれ，地球全体として極めて大きなエネルギーである．風力発電の原理は，風の運動エネルギーを風車の回転運動に変換し電力を取り出すことである．風の当たる受風面積を A，空気密度を ρ，風速を V，単位時間あたりの風車を通過する空気の質量を $m\,(=\rho A V)$ とすると，単位時間あたりの運動エネルギーは
$$E = \frac{1}{2} m V^2 = \frac{1}{2} \rho A V \cdot V^2 = \frac{1}{2} \rho A V^3 \tag{8.5}$$

[*1] 図 5.34 のような水力発電所では，水圧鉄管内の流速は 2〜5 m/s に設定され，総損失ヘッド Δh は全ヘッド（有効落差）H の 5〜10% である．

となる．したがって，風力エネルギーは受風面積に比例し風速の3乗に比例する．このエネルギーのうち風車の回転エネルギーに変換できるのは，理論的に約60%が限界である[*1]．実際の風車エネルギーは，空気の粘性やその他の影響などから約45%以下で，受風面の半径1m，風速10m/sで約0.6kWが得られるといわれている．

風力発電の普及は目覚ましく，それにともなって技術革新が急速に進んでいる．2000年1月時点で世界では1246万kW，日本で8万3000kW，アメリカで約206万kWである．地域的には，偏西風が年間を通じて吹くヨーロッパで多く導入されている（ドイツ258万kW，オランダ43万kW，イギリス47万kWなど）．日本では，2010年6月に閣議決定された「エネルギー基本計画」において，2020年までに1131万kWの導入を目標としている．なお，2010年現在の単機容量の最大は，室蘭白鳥大橋の1万kWである．

(3) 波エネルギー

さらに，海洋の水面上に発生する波エネルギーの利用も注目される．波の進行方向と水深からなる面に垂直な方向の単位長さあたりの平均の位置エネルギー E_p と運動エネルギー E_k は，$E_p = E_k = (1/16)\rho g H_o^2$ となる．したがって，全エネルギーは $E = E_p + E_k = (1/8)\rho g H_o^2$ である．ただし，H_o は波高（波の峯と谷との鉛直距離）である[*2]．波エネルギーを利用した施設は，波浪発電に代表される．波エネルギーは波高 H_o の2乗に比例するので，波高1mの単位幅あたりの波のエネルギーの平均値は10kW程度と推定されている．

8.2 水車と風車の理論

8.2.1 水車

水車 (water turbine) は，水のエネルギー（主として位置エネルギー）を機械的な動力に変換する装置である．水車の種類は，(i) ペルトン水車 (Pelton wheel)，(ii) フランシス水車 (Francis turbine)，(iii) プロペラ水車 (propeller turbine) に分けられる．

水車の形式を設定するために使われるものに，比較回転度（または比速度）(specific speed) がある．これは，水車の形と運転状態を相似に保ち水車の大きさを変え，有効落差1mのもとで運転し，出力1kWを発生するときの水車の毎分回転数のことである．比較回転度 n_s は，回転数を n [rpm]，水車1台あたりの出力を L [kW]，有効落差を H [m] とし，通常次のように定義される．

[*1] Betz (1926) により，風車の最高効率は 0.593 と導かれ，これは Betz の限界といわれる．
[*2] これらの式は深水波の結果で，詳細は 8.3 節でのべる．

$$n_\mathrm{s} = \frac{nL^{1/2}}{H^{5/4}} \tag{8.6}$$

注意する点は，比較回転度は無次元数ではないことである．水車の形による比較回転度は，これまでの実績に基づいて，ペルトン水車では $8 \leqq n_\mathrm{s} \leqq 30$，フランシス水車では $n_\mathrm{s} = 13000/(H+20) + 50$，プロペラ水車では $n_\mathrm{s} = 20000/(H+20)$ と決定される．

(1) ペルトン水車

ペルトン水車は，主に高落差（200 m 以上）に使用される．ペルトン水車の一例と水の水車への作用の基本を図 8.1 に示す．ノズルからの噴射流量 Q は，ノズル直径 d と噴射水の速度 v_o から $Q = (1/4)\pi d^2 v_\mathrm{o}^2$ となる．ここで，羽根車（バケット）の周速度を u とすると，羽根車に固定した相対流出速度は $w = v_\mathrm{o} - u$ となる．流出角を β とすると，羽根車を押す力 F は，運動量の法則から $F = \rho Q\{v_\mathrm{o} - (u - w\cos\beta)\} = \rho Q(v_\mathrm{o} - u)(1 + \cos\beta)$ となる．したがって，噴射水が羽根車に及ぼす単位時間あたりの仕事 L_h（仕事率）は，

$$L_\mathrm{h} = \rho Q u(v_\mathrm{o} - u)(1 + \cos\beta) \tag{8.7}$$

となる．流出角 β に関して，$\beta = 0$ のとき L_h は最大となる．また，羽根車周速度 u に関しては二次式であることから，$u = (1/2)v_\mathrm{o}$ において L_h が最大となることが容

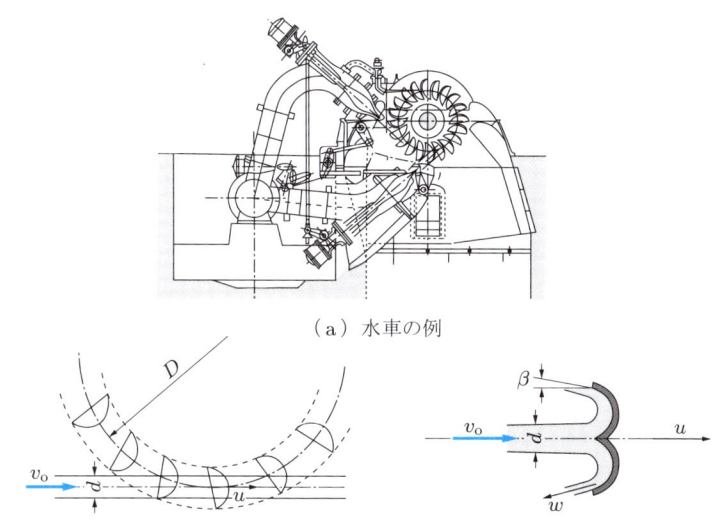

（a）水車の例

（b）水の水車への作用

図 8.1 ペルトン水車[13]

易にわかる*1. この最大となる時間あたりの仕事率を L_max とすると,

$$L_\mathrm{max} = \frac{1}{4}\rho Q v_\mathrm{o}{}^2 \tag{8.8}$$

となる.

一方,噴射水のもつ時間あたりの運動のエネルギーは $(1/2)\rho Q v_\mathrm{o}{}^2$ である.したがって,羽根車の流体効率を η_h とすると,

$$L_\mathrm{h} = \eta_\mathrm{h} \frac{1}{2}\rho Q v_\mathrm{o}{}^2 \tag{8.9}$$

となる.よって,式 (8.7) と式 (8.9) から

$$\eta_\mathrm{h} = \frac{2u(v_\mathrm{o}-u)(1+\cos\beta)}{v_\mathrm{o}{}^2} \tag{8.10}$$

である.

一定の落差のもとでの仕事率 L_h および効率 η_h を,羽根車の周速度 u に対して示した特性曲線の概要を図 8.2 に示す.式 (8.10) から,効率 η_h は周速度 u の二次式,また,式 (8.9) から仕事率 L_h も周速度の二次式となり,図 8.2 が得られる.これより,羽根車の周速度 $u = (1/2)v_\mathrm{o}$ のとき,仕事率および効率は最大値を示し,最大効率は $\eta_\mathrm{max} = 1/2$ である.噴射流量 $Q\,[\mathrm{m^3/s}]$,有効落差 $H\,[\mathrm{m}]$ と回転数 $n\,[\mathrm{rpm}]$ が与えられると,羽根車の直径 $D\,[\mathrm{m}]$ は,回転数 n と羽根車の周速度 $u\,[\mathrm{m/s}]$ から,$D = 60u/(\pi n)$ となる.噴射水の直径 $d\,[\mathrm{m}]$ は,噴射水の流速 $v_\mathrm{o}\,[\mathrm{m/s}]$ から,$d = 2\sqrt{Q/(\pi v_\mathrm{o})}$ となる.ここで,$v_\mathrm{o} = C_\mathrm{v}\sqrt{2gH}$ と表され,C_v を速度係数という.通常,$C_\mathrm{v} = 0.96 \sim 0.98$ にとる.羽根車径 D と噴射水の直径 d の比 $m = D/d$ と,羽根数(バケット数)z の関係を表 8.2 に示す.

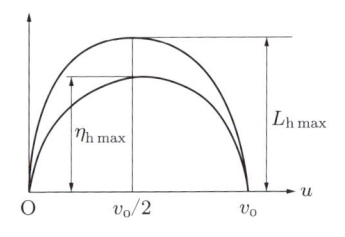

表 8.2 ペルトン水車のバケット数

m	8	12	16	20	24
z	18〜22	20〜24	22〜26	24〜28	26〜30

図 8.2 ペルトン水車の特性曲線

(2) フランシス水車

フランシス水車は,中落差(40〜600 m)で,適用される落差の範囲が広い.その形式を図 8.3 に示す.フランシス水車の形式は (i) 露出型として,(1a) 横軸単車片吐

---

*1 実際には,L_h が最大となるのは,$\beta = 4 \sim 15°$,$u = (0.43 \sim 0.48)v_\mathrm{o}$ のときであるが,図 8.2 に示すように理論的には $u = 0.5 v_\mathrm{o}$ である.

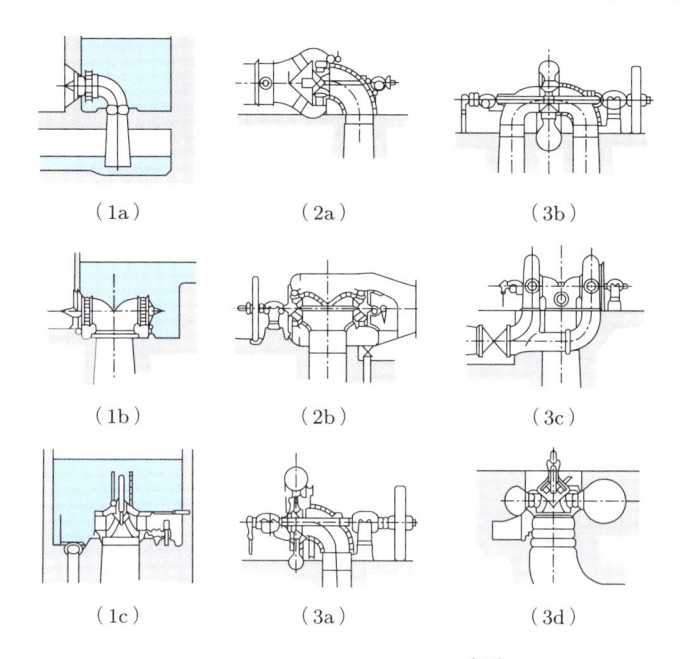

図 8.3 フランシス水車の形式[13]

出し型, (1b) 横軸2車片吐出し型, (1c) 縦軸単車片吐出し型, (ii) 前口型として（横口型も同じ）, (2a) 横軸単車片吐出し型, (2b) 横軸2車片吐出し型, (iii) うず巻き型として, (3a) 横軸単車片吐出し型, (3b) 横軸単車両吐出し型, (3c) 横軸2車片吐出し型, (3d) 縦軸単車片吐出し型, に分けられる. このうち前口型および横口型は旧式に属し, 露出型は低落差の小容量にわずかに採用されている. うず巻き型は流水がうずケーシングを一周する間に案内羽根の間を通り, 羽根車の全周に一様に流入するもので, 効率がよく, 現在でも数多く用いられている. 中容量以下では主として(3a)型もしくは(3b)型が採用され, 中容量以上では(3d)型が採用されている.

この水車の仕事率 L_h は, 図 8.4 の速度線図から求められる. 羽根車の入口と出口の半径は r_1 と r_2, 羽根車の入口と出口の周速度は u_1, u_2, 絶対流入速度と流出速度は v_1, v_2, 相対流入速度と流出速度は w_1, w_2, 流入および流出角を α_1, α_2 とする. 水が羽根の中を流れる間に羽根軸に与えるトルクは, 3.9 節の式 (3.29) で求められ, 流体の密度を ρ, 流量を Q とすると, 動力（仕事率）L_h は式 (3.30) となる. 回転速度 $\omega = u/r$ であるので,

$$L_h = \rho Q(u_1 v_1 \cos\alpha_1 - u_2 v_2 \cos\alpha_2) \tag{8.11}$$

である. 一方, 有効落差 H, 流量 Q の流体のもつエネルギーは $\rho g Q H$ である. したがって, 水力効率 η_h は

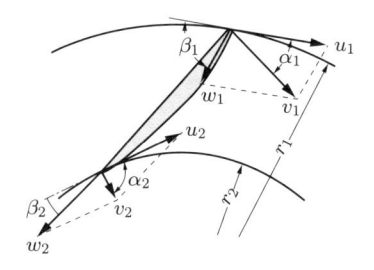

図 8.4 フランシス水車における速度線図[13]

$$\eta_\mathrm{h} = \frac{L_\mathrm{h}}{\rho g Q H} = \frac{u_1 v_1 \cos\alpha_1 - u_2 v_2 \cos\alpha_2}{gH} \tag{8.12}$$

となり，フランシス水車の基本式が得られる．

式 (8.11) から，羽根車の流出角を半径方向 ($\alpha_2 = 90°$) に向かうように設計すると，仕事率は最大となる．このとき，式 (8.12) は，速度線図から得られる $2u_1 v_1 \cos\alpha_1 = u_1{}^2 + v_1{}^2 - w_1{}^2$ を用いると，

$$\eta_\mathrm{h} = \frac{u_1 v_1 \cos\alpha_1}{gH} = \frac{u_1{}^2 + v_1{}^2 - w_1{}^2}{2gH} \tag{8.13}$$

となる．図 8.4 の速度線図から入口については $2u_1 v_1 \cos\alpha_1 = u_1{}^2 + v_1{}^2 - w_1{}^2$，出口については $2u_2 v_2 \cos\alpha_2 = u_2{}^2 + v_2{}^2 - w_2{}^2$ の関係がある．

一定の落差のもとでの仕事率 L_h および効率 η_h を羽根車の回転数 n で表したフランシス水車の特性曲線の概略を，図 8.5 に示す．水車に流入する流量 Q を一定とすると，半径方向の速度成分はこの流量に比例するので，$w_1 \sin\beta_1 \propto Q$ である．また，速度線図から $v_1 \cos\alpha_1 = u_1 - w_1 \cos\beta_1$ であるので，式 (8.13) から $L_\mathrm{h} = g\eta_\mathrm{h} H = u_1(u_1 - w_1 \cos\beta_1)$ となる．また，回転数 n は $n = 30u_1/(\pi r_1)$ より，$u_1 \propto n$ となる．したがって，図 8.5 に示すように，L_h と η_h は回転数の二次式となる．仕事率 $L_\mathrm{h} = 0$ となるときの最大回転数を無拘束速度 (run away speed) という．

羽根車の形態を図 8.6 に示す．低比較回転度 $n_\mathrm{s} = 50$ の高落差用は，半径流（副流）に近い混流型，高比較回転度 $n_\mathrm{s} = 300$ の低落差用では，軸流に近い混流型とな

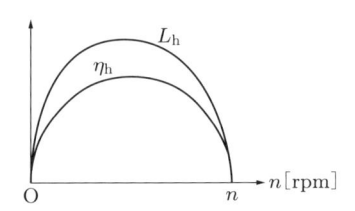

図 8.5 フランシス水車の特性曲線

る．羽根車の各寸法は，図 8.7 を利用して決定される．入口と出口の直径がそれぞれ D_1 [m]，D_2 [m]，羽根車入口幅が B [m] で，図中の各係数は，$u_1 = k_1\sqrt{2gH}$ [m/s]，$v_{m1} = c_{m1}\sqrt{2gH}$ [m/s]，$v_2 = c_2\sqrt{2gH}$ [m/s] である．ここで，v_{m1} は入口半径方向速度成分である．

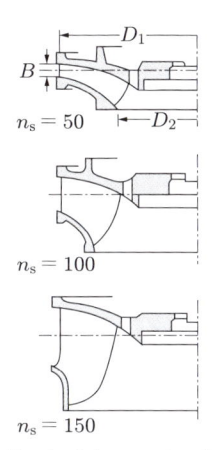

(a) 低比較回転度 ($n_s = 50$) の高落差用　　(b) 高比較回転度 ($n_s = 300$) の低落差用

図 8.6　フランシス水車の羽根の型[13]

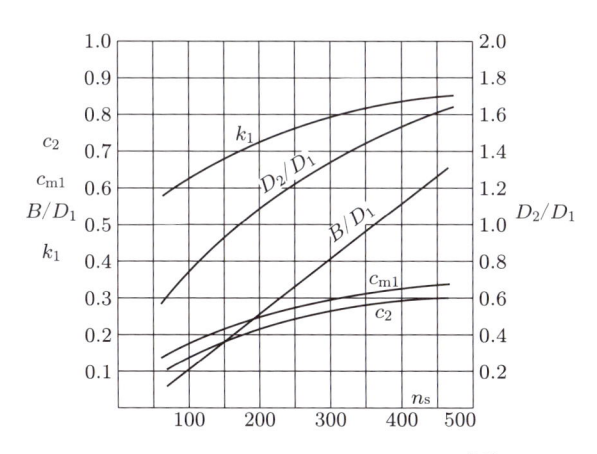

図 8.7　フランシス水車の羽根車の係数[13]

例題 8.1　フランシス水車の比較回転度 n_s は，羽根車入口幅 B [m] と入口径 D_1 [m] によって $n_s = 31243 k_1 \sqrt{\eta_h c_{m1}(B/D_1)}$ となることを示せ．

解 入口周速度 u_1 は,回転数 n [rpm] と D_1 を用いると,$u_1 = \pi D_1(n/60) = k_1\sqrt{2gH}$ である.したがって,$n = 60k_1\sqrt{2g}H^{1/2}/(\pi D_1)$ となる.つぎに,流量 Q は,羽根車入口幅 B と入口半径方向速度成分 v_{m1} から,$Q = \pi D_1 B v_{m1} = \pi D_1 B c_{m1}\sqrt{2gH}$ となる.したがって,仕事率 L_h は,式 (8.12) からつぎのようになる.

$$L_h = \rho g \eta_h Q H = \rho g \eta_h \pi D_1 B c_{m1}\sqrt{2gH}H = \pi\sqrt{2}\rho g^{3/2}\eta_h c_{m1}BD_1 H^{3/2}$$

よって,$n_s = n(L_h^{1/2}/H^{5/4})$ に,上で求めた n と L_h を代入すると,

$$n_s = 60k_1\sqrt{2g}\frac{H^{1/2}}{\pi D_1}\cdot\left(\pi\sqrt{2}\rho g^{3/2}\eta_h c_{m1}BD_1 H^{3/2}\right)^{1/2}H^{-5/4}$$

$$= \frac{60}{\sqrt{\pi}}2^{3/4}\sqrt{\rho}g^{5/4}k_1\sqrt{\eta_h c_{m1}\frac{B}{D_1}}$$

となる.あとは,$\rho = 1000\,\text{kg/m}^3$,$g = 9.80665\,\text{m/s}^2$ を用いて計算すればよい. **(答)**

(3) プロペラ水車

プロペラ水車は,比較的低落差 (5〜80 m) に使用される.プロペラ水車の主要部分は図 8.8 に示すような断面構造図となる.図 8.9 (a) に示すように,外周にある案内羽根によって旋回運動を与え,それによって羽根車を回転させる.羽根枚数は 2 から 8 枚が採用され,羽根は可動構造で,案内羽根の開度に応じて手動または自動的に羽根の傾斜角を変動させることが可能である.図 8.9 (a) は案内羽根の出口,羽根車の外周とボス半径を r_0, r_a, r_b とし,軸から半径 r の位置における羽根車の翼型形状と絶対速度 v_{u0}, v_u を示す.図 8.9 (b) は羽根車の速度線図で,回転周速度 u は,回転速度を ω とすると $u = \omega r$ であり,v は絶対速度で,v_m, v_u はその軸方向成分と周方向成分である.また,相対速度を w とし,回転周速度 u の逆方向となす角を β とする.

半径 r と $r + dr$ 間の羽根要素を取り上げる.羽根の長さを $l(r)$ とし,この部分にはたらく揚力を dA,抗力を dW,抗揚比を $\varepsilon = dW/dA$,羽根枚数を Z_r とする.こ

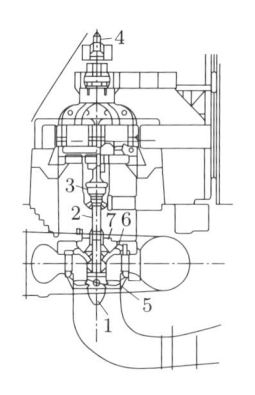

1. 羽根車
2. 主軸
3. サーボモータ
4. 羽根車用圧油送入装置
5. 羽外周プロテクトライナ
6. 水車カバー内側
7. 主軸受

図 8.8 プロペラ水車の断面構造図[13]

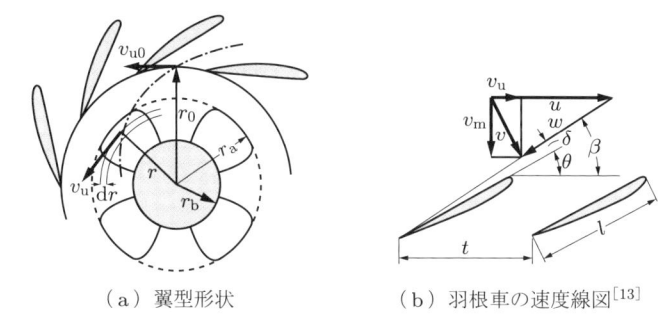

(a) 翼型形状   (b) 羽根車の速度線図[13]

図 8.9 プロペラ水車の羽根の作用

のとき，羽根要素にはたらく回転方向の力は $dA\sin\beta - dW\cos\beta$ である．したがって，羽根要素がなす仕事率 dL は，羽根枚数が Z_r であるので，

$$dL = Z_r u(dA\sin\beta - dW\cos\beta) = Z_r u\, dA(\sin\beta - \varepsilon\cos\beta) \tag{8.14}$$

となる．羽根要素を構成する翼型の循環を Γ とし，揚力係数を C_L とすると，$dA = \rho w \Gamma\, dr = (1/2)\rho C_L w^2 l(r)\, dr$ であるので，式 (8.14) から

$$dL = \frac{1}{2}\rho C_L Z_r w^2 l(r) u(\sin\beta - \varepsilon\cos\beta) dr \tag{8.15}$$

が得られる．速度線図から $w\sin\beta = v_m$，$w\cos\beta = u - v_u$ であるので，上式は

$$dL = \frac{1}{2}\rho C_L Z_r w\, l(r) u\{v_m - \varepsilon(u - v_u)\}\, dr$$

$$= \rho Z_r u \Gamma \{v_m - \varepsilon(u - v_u)\}\, dr \tag{8.16}$$

と表すこともできる．

一方，有効落差 H のもとで，羽根要素を通過する流量 dQ は $dQ = 2\pi v_m r\, dr$ である．したがって，水力効率を η_h とすると，羽根要素のなす仕事率 dL は

$$dL = \rho g \eta_h\, dQH = 2\pi \rho g \eta_h v_m H r\, dr \tag{8.17}$$

となる．式 (8.16) と式 (8.17) から，プロペラ水車の基本式

$$g\eta_h H = \frac{Z_r \Gamma u}{2\pi r}\left(1 - \varepsilon\frac{u - v_u}{v_m}\right) \tag{8.18}$$

が得られる．翼列のピッチ $t = (2\pi r)/Z_r$ を用いると，上式は

$$g\eta_h H = \frac{\Gamma u}{t}\left(1 - \varepsilon\frac{u - v_u}{v_m}\right) \tag{8.19}$$

となる．

有効落差 H [m] と仕事率 L [kW] と比較回転度 n_s が与えられると，回転数 n が定まる．羽根車外径の周速度 $u_a = k_a\sqrt{2gh}$ [m/s] が図 8.10 から定まり，羽根車の外径 D_a [m] が定まる．羽根車のボス径 D_b は，$D_b = (0.4\sim0.6)D_a$ にとる．軸流速度 v_m

は，流量 Q から $Q = k_m(\pi/4)(D_a{}^2 - D_b{}^2)v_m$ を利用して求める．k_m は羽根枚数および翼型形状によって定まる係数で，$k_m = 0.7 \sim 0.9$ である．

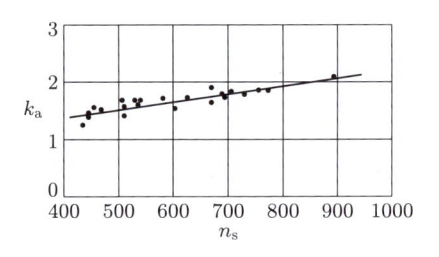

図 8.10 プロペラ水車の係数[13]

例題 8.2 (1) ペルトン水車で，有効落差 $H = 200\,\mathrm{m}$，流量 $Q = 1\,\mathrm{m^3/s}$，ノズルの速度係数 $C_v = 0.96$ とする場合，ペルトン水車の最大出力 L [kW] を求めよ．
(2) フランシス水車で，有効落差 $H = 80\,\mathrm{m}$，流量 $Q = 5\,\mathrm{m^3/s}$，水車効率 $\eta_h = 0.9$ とする場合，フランシス水車の最大出力 L_h [kW] を求めよ．

解 (1) 最大出力は式 (8.8) から求められる．水の密度 $\rho = 1000\,\mathrm{kg/m^3}$，噴射水の流速 $v_o = C_v\sqrt{2gH}$ から $C_v = 0.96$ ととると，つぎのようになる．

$$L = \frac{1}{4}\rho Q v_o{}^2 = \frac{1}{4} \times 1000\,\mathrm{kg/m^3} \times 1\,\mathrm{m^3/s}$$
$$\times (0.96 \times \sqrt{2 \times 9.80665 \times 200}\,\mathrm{m/s})^2 \times 10^{-3}$$
$$= 904\,\mathrm{kW} \quad \text{(答)}$$

(2) 式 (8.12) から計算すればよい．
$$L_h = \rho g \eta_h Q H = 1000\,\mathrm{kg/m^3} \times 9.80665\,\mathrm{m/s^2}$$
$$\times 0.9 \times 5\,\mathrm{m^3/s} \times 80\,\mathrm{m} \times 10^{-3} = 3530\,\mathrm{kW} \quad \text{(答)}$$

8.2.2 風車

図 8.11 に示すように，風速 v の風が風車 (wind turbine) の回転面を通過すると v_m に減速され，減速率を a とすれば $v_m = (1-a)v$ となる．風車の流れを含む断面一定（断面積を S とする）の大きな検査面をとる．風車の断面積を A とし，風車を通過する流れの十分前方と後方の断面積を A_0，A_1 とし，後方の流速を v_1 とする．連続の式から $vA_0 = v_1 A_1$ である．したがって，検査面の側面から

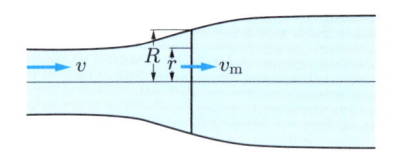

図 8.11 風車を通過する流れ

$$\Delta Q = vS - \{v_1 A_1 + v(S - A_1)\} = (v - v_1)A_1$$

の流量が流出している．このことを考慮して，検査面 S に運動量の法則を適用すると，

$$\begin{aligned}
T &= \rho v^2 S - \{\rho v^2 (S - A_1) + \rho v_1^2 A_1 + \rho \Delta Q v_1\} \\
&= \rho(v^2 - v_1^2)A_1 - \rho v_1(v - v_1)A_1 \\
&= \rho v_1(v - v_1)A_1
\end{aligned}$$

となる．つぎに，風車を通過する際には全圧が前後で異なることに注意すると，風車に流入するまでの流れと風車を通過した以降の流れに，それぞれベルヌーイの式が利用できる．

$$\frac{1}{2}\rho v^2 + p_{-\infty} = \frac{1}{2}\rho u_-^2 + p_-$$

$$\frac{1}{2}\rho v_1^2 + p_{+\infty} = \frac{1}{2}\rho u_+^2 + p_+$$

ただし，添え字 $\pm$ は，風車通過直後と直前を表す．検査面入口と出口の静圧 $p_{\pm\infty}$ は等しく大気圧であるので，これらの式から，風車前後の圧力差 $p_- - p_+$ は

$$p_- - p_+ = \frac{1}{2}\rho(v^2 - v_1^2)$$

となる．したがって，風車の推力 T は $T = \pi R^2 (p_- - p_+)$ であるので，つぎのようになる．

$$T = \frac{1}{2}\rho \pi R^2 (v^2 - v_1^2) = \rho \pi R^2 (v - v_1)\frac{v + v_1}{2}$$

ここで，風車を通過する際の平均速度を $v_{\mathrm{m}} = (v + v_1)/2$ とすれば，

$$T = \rho \pi R^2 v_{\mathrm{m}}(v - v_1) \tag{8.20}$$

である．風車の出力 P は，$P = v_{\mathrm{m}} T$ より

$$P = 2\rho \pi R^2 v^3 a(1 - a)^2 \tag{8.21}$$

である．

風車の効率は，風車面に等しい断面の流れがもつ運動のエネルギー $(1/2)\rho v^2 \pi R^2 \cdot v$ に対して，風車がなした仕事率（出力 P）の比である．よって，

$$\eta = \frac{P}{(1/2)\rho v^3 \pi R^2} = 4a(1 - a)^2 \tag{8.22}$$

となる．したがって，最大効率は $a = 1/3$ のときで，$\eta = 16/27 = 0.593$ である．このときの最大出力はつぎのようになる．

$$P_{\max} = \frac{8}{27}\pi \rho R^2 v^3 \tag{8.23}$$

例題 8.3 標準状態の空気の密度を $\rho = 1.226\,\mathrm{kg/m^3}$ とし,平均風速 $v = 10\,\mathrm{m/s}$ が吹いているとき,風車半径 $R = 10, 20, 30, 40\,\mathrm{m}$ に与える理想出力 $P\,[\mathrm{kW}]$ をそれぞれ求めよ.

解 理想風車の最大出力は式 (8.21) で与えられる.この式に,空気の密度 ρ,風車半径 R,平均風速 v を代入し,動力を kW で表せばよい.

$$P = \frac{8}{27}\pi \times 1.226\,\mathrm{kg/m^3}((10, 20, 30, 40)\,\mathrm{m})^2 \times (10\,\mathrm{m/s})^3$$
$$= 114, 456, 1026, 1826\,\mathrm{kW} \qquad (答)$$

8.3 波と波エネルギー

8.3.1 波とは

海面上の風による波立ちや,月や太陽の引力で潮汐が起こる.このような海面の波をその周期によって分類すると,表 8.3 となる.波の大きさは,図 8.12 に示すように,波長 L と波高 H によって表される.波長は波の峯からこれに続くつぎの波の峯までの水平距離,波高は波の峯と波の谷との鉛直距離である.普通,波長 L は [m],波高 H は [m] で表示される.海面にある 1 点を固定し,波の峯が来てから,またつぎの峯が来るまでの時間間隔を波周期 $T\,[\mathrm{s}]$ という.波エネルギーを問題とする波は表 8.3 の風波に属する.風波の分類を表 8.4 に示す.

表 8.3 波の分類

名　称	主な特徴
表面張力波	周期 0.07 秒以下,波長 1.7 cm 以下.
波浪（風波）	周期 10〜15 秒以下,波高は 10 m を超すことも珍しくなく,波高 34 m の波が観測されたこともある（船上での目視）.
うねり	風の場（発生域）から離れて風と無関係に進むときは,うねりといわれる.最長周期は普通 20 秒程度である.
長周期波	周期 20〜30 秒以上の波.波高はあまり大きくない.
津　波	海底地震・火山や陸地の火山の爆発などの急激な海底変動によって引き起こされる波.周期は数分ないし 1 時間程度.
潮　汐	周期 12.42 時間の太陰半日潮および 12.0 時間の太陽半日潮を基本とする.

8.3.2 波長と波速

波長 L および波速 C は,図 8.12 に示すような規則波を仮定し,波周期を T,水深を h,重力加速度を g とすると,以下の 8.3.3 項で詳しく説明するが,

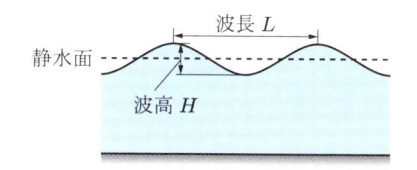

図 8.12 波の定義

表 8.4 風波の分類

名 称	特 徴
規則波と不規則波	波高と周期が一定の波であり，理論で取り扱う波が規則波，実際の海域に発生している波が不規則波である．
深海波（進行波・重複波）	水深が波長の 1/2 以上の波．進行波が鉛直壁などで反射されると，進行波と反射波が重なり合って重複波ができる．
浅海波（進行波・重複波）	水深が波長の 1/20～1/2 の波．進行波が鉛直壁などで反射されると，進行波と反射波が重なり合って重複波ができる．
長 波	水深が波長の 1/20 以下の波．

$$L = \frac{g}{2\pi}T^2 \tanh\left(\frac{2\pi h}{L}\right) \tag{8.24}$$

$$C = \frac{L}{T} = \sqrt{\frac{gL}{2\pi}} \tanh\left(\frac{2\pi h}{L}\right) \tag{8.25}$$

となる．式 (8.24) には波長 L が右辺の双曲線関数の変数に入っているため，L は式を解いて直接求めることができず，数値計算により求める．もっとも，深海波 $h/L \geqq 0.5$ および長波 $h/L \leqq 0.05$ については，双曲線関数 $\tanh(2\pi h/L)$ がそれぞれ 1.0 および $2\pi h/L$ で近似できる．

$$\text{深海波：波長 } L_\text{o} = \frac{g}{2\pi}T^2, \quad \text{波速 } C_\text{o} = \frac{g}{2\pi}T \tag{8.26}$$

$$\text{長波：波長 } L = T\sqrt{gh}, \quad \text{波速 } C = \sqrt{gh} \tag{8.27}$$

ここで，L_o，C_o などは深海波の特性を表す慣用記号である．

8.3.3 波エネルギー

波の水面の高さ η は

$$\eta = \frac{H}{2}\cos(kx - \sigma t) \tag{8.28}$$

と表現され，k は波数で $k = 2\pi/L$，σ は角振動数で $\sigma = 2\pi/T$ である．波の水面は上下振動しているが，後述するように流体粒子は楕円運動している．したがって，運動エネルギーと位置エネルギーが存在する．波の位置エネルギーは，波のない静止し

た状態との差として求められる．図 8.13 (a) に示すように，水底から水面までの長さ $h+\eta$ の重心位置 $(h+\eta)/2$ に長さ $h+\eta$ と幅 dx からなる微小水柱（紙面に垂直方向幅を 1 としている）を考える．微小水柱の位置エネルギー dE_p は

$$dE_\mathrm{p} = \frac{1}{2}\rho g(h+\eta)^2\,dx \tag{8.29}$$

である[*1]．したがって，1 波長間の平均の位置のエネルギー E_p1 は

$$E_\mathrm{p1} = \frac{1}{L}\int_x^{x+L} dE_\mathrm{p} = \frac{1}{2}\rho gh^2 + \frac{1}{16}\rho gH^2 \tag{8.30}$$

と容易に得られる[*2]．最右辺第 1 項は波のない静止している水面の重心位置 $h/2$ にある長さ h と幅 dx からなる微小水柱の位置のエネルギーであるので，波の位置のエネルギー E_p は

$$E_\mathrm{p} = \frac{1}{16}\rho gH^2 \tag{8.31}$$

となる．

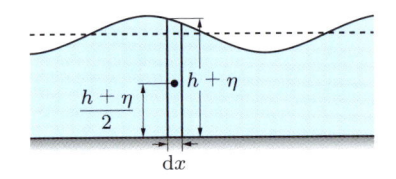

（a）dx の水柱の位置エネルギー　　（b）$dxdz$ の部分の運動エネルギー

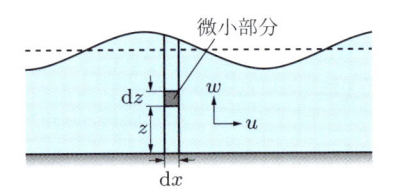

図 8.13　波のエネルギーの計算法

つぎに，運動エネルギーを求めるためには，流れ場の速度ベクトルを求める必要がある．図 8.13 (b) の dx，dz からなる微小要素の x，z 方向速度成分をそれぞれ u，w とすると，運動エネルギーは

$$dE_\mathrm{k} = \frac{1}{2}\rho(u^2+w^2)\,dx\,dz \tag{8.32}$$

である．各速度成分を求める過程は，一次元流れを取り扱っている本書の範囲を超えるので割愛するが，つぎのように得られる．$y = z-h$ と静水面からの高さを y とすると，

$$u = \frac{gkH\cosh k(h+y)}{2\sigma \cosh hk}\cos(kx-\sigma t) \tag{8.33}$$

[*1] 基準面から z の位置における単位質量あたりの位置のエネルギーは，ベルヌーイの式から gz である．したがって，基準面から z までの液柱の位置のエネルギーは，単位断面積あたり $\rho g\int_0^z z\,dz = \frac{1}{2}\rho gz^2$ となる．

[*2] $\int_x^{x+L}\cos(kx-\sigma t)\,dx = 0$，$\int_x^{x+L}\cos^2(kx-\sigma t)\,dx = \frac{L}{2}$ を用いている．

$$w = -\frac{gkH \sinh k(h+y)}{2\sigma \cosh kh} \cos(kx - \sigma t) \tag{8.34}$$

であり，σ は

$$\sigma = \sqrt{gk \tanh kh} \tag{8.35}$$

である*1．とくに，式 (8.35) は角振動数と波数の関係を示す重要な式で，分散方程式という．この式から，式 (8.24) と式 (8.25) が容易に導かれる．

式 (8.33) と式 (8.34) を式 (8.32) に代入して，x と z について積分すれば，運動のエネルギーが計算できる．x 方向に関しては 1 波長の平均をとり，微小振幅波であるので y については水底から静水面までとればよい*2．

$$E_k = \frac{1}{2}\rho \frac{1}{L} \int_0^L \int_{-h}^0 (u^2 + w^2) \, dx \, dz = \frac{1}{16}\rho g H^2 \tag{8.36}$$

したがって，波の進行方向に垂直方向の幅を 1 とすると，1 波長平均の運動のエネルギーと位置のエネルギーは等しく，波の全エネルギー E は

$$E = E_p + E_k = \frac{1}{8}\rho g H^2 \tag{8.37}$$

となる．

例題 8.4 波エネルギーについて重要なことは，その輸送である．海面の単位面積あたりの波エネルギー E が速度 C_g で波によって運ばれるとするとき，波エネルギーの伝達率 P [W/m] は $C_g E$ となる．ここで，波エネルギーの運ばれる速度 C_g は群速度とよばれる*3．太平洋側の深海域の波は，有義波高 ($H_{1/3} = 1$ m)，有義周期 ($T_{1/3} = 7$ s) の波が多く，$C_g = (1/2)C_o$ と有義波高 ($H_{1/3}$) を H，有義周期 ($T_{1/3}$) を T と見なし，海面の単位面積あたりの平均エネルギーの伝達率 P を求めよ．ただし，海水の密度 $\rho = 1030 \text{ kg/m}^3$ とする．

解 深海波であることから，$C_o = \{g/(2\pi)\}T_{1/3}$，$C_g = (1/2)C_o$ となる．よって，つぎ

---

*1 ここで取り扱った微小振幅波の (x, y) 面の二次元流れでは，うずなし流れから速度ポテンシャル ϕ が存在し，基礎方程式は $\Delta\phi = 0$ となる．境界条件は水底で $w = \partial\phi/\partial y = 0$ ($y = -h$)，水面では圧力が大気圧で一定であることと微小振幅であることから，非定常のベルヌーイの式から $\eta = -(1/g)(\partial\phi/\partial t)$ ($y = 0$)．また，水面は同じ流体粒子からなることから，$\partial\eta/\partial t = \partial\phi/\partial y$ ($y = 0$) から導出される．また，$u = dx/dt$，$w = dy/dt$ から，流体粒子の運動が導かれ，楕円運動することが示される．

*2 $\cosh^2\alpha \cos^2\beta + \sinh^2\alpha \sin^2\beta = (1/2)\{\cosh(2\alpha) + \cos(2\beta)\}$ の関係を用いればよい．

*3 波のエネルギー E は，海面の単位面積あたりの平均の波がもつエネルギーであって，波がなす仕事率ではない．奥行き単位幅あたりの海底から海面までの断面において，波によって流動する流体のなす平均の仕事率 P を計算すると，

$$P = C_g E, \quad C_g = \frac{1}{2}\frac{\sigma}{k}\left\{1 + \frac{2kh}{\sinh(2kh)}\right\}$$

となる．この C_g を**群速度**といい，波のエネルギー E は群速度 C_g で運ばれる．深海波では $C_g = (1/2)C_o$，浅海波では $C_g = C$ である．

が得られる.
$$C_\mathrm{o} = \frac{9.80665\,\mathrm{m/s^2}}{2 \times 3.14156} \times 7\,\mathrm{s} = 10.93\,\mathrm{m/s}$$
一方,波のエネルギー E は
$$E = \frac{1}{8} \times 1030\,\mathrm{kg/m^3} \times 9.80665\,\mathrm{m/s^2} \times 1^2\,\mathrm{m^2} = 1.26\,\mathrm{kJ/m^2}$$
となる.したがって,P はつぎのようになる.
$$P = \frac{1}{2} \times 10.93\,\mathrm{m/s} \times 1.26\,\mathrm{kJ/m^2} = 6.89\,\mathrm{kW/m} \qquad \text{(答)}$$

8.3.4 津 波
(1) 定義

波の分類の所でも記述したように,津波は海底地震・火山や陸地の火山の爆発など急激な海底変動によって引き起こされる波長の長い波で,海岸に近づくと急に波高を増し,土手のようになって押し寄せる.津波の津とは,津々浦々にあるように,船つき場や渡船場,つまり港という意味がある.津波はその「津」に押し寄せる異常な波ということから,その名がつけられたともいわれる.

津波は遠地津波と近地津波に分類され,遠地津波は地震が発生してから1時間以上たって襲来するもの,近地地震は1時間以内に襲来するものである.

津波は,第1波よりも第2波以降のほうが大きくなることもあること,繰り返し波が押し寄せてくる可能性があることを考えれば,地震が発生してから少なくとも12時間以上は警戒が必要である.

(2) 津波の伝播速度

津波の伝播する速度は,水深により決まる.外洋での津波の速度 $C\,\mathrm{[m/s]}$ は,重力加速度 $g\,\mathrm{[m/s^2]}$ に水深 $h\,\mathrm{[m]}$ を掛けた値の平方根にほぼ等しい.
$$C = \sqrt{gh} \qquad (8.38)$$
水深 1000 m では速度約 360 km/h,水深 4000 m では,速度約 720 km/h となる.沿岸では水深が浅くなり,そのため津波の波高が増し,速度は $\sqrt{g(d+H)}$ となる.ここで,$d\,\mathrm{[m]}$ は沿岸部での水深,$H\,\mathrm{[m]}$ は水面の波高(津波高)である.

(3) 津波高

2011 年 3 月 11 日に発生した東日本大震災(マグニチュード M = 9.0),および南海トラフ地震(マグニチュード M = 9.1 の最大級の地震を想定)のときの津波高を表 8.5 に示す.

表 8.5 津波高【東日本大震災 (実測値) および南海トラフ地震 (想定値)】
［南海トラフの巨大地震モデル検討会「南海トラフの巨大地震による津波高・浸水域等（第二次報告）」より引用］

東日本大震災 (2011.3.11 発生)		南海トラフ地震 (2012.8.30 想定)	
地域	最大津波高[*1]	地域	最大津波高
宮古	8.5 m	高知（土佐清水市）	34 m
大船渡	8.0 m	静岡（下田市）	33 m
石巻市鮎川	7.6 m	三重（鳥羽市）	27 m
相馬	7.2 m	徳島（美波町）	24 m

[*1] 観測途中で欠測となったため，この数値以上である．

（4）津波の破壊・影響力

津波は 30 cm の高さでも足をとられて流されかねない．1 m で車が流され，3 m で木造家屋が全壊する．

さらに，ヘドロ混じりの海水は密度が高く重く，比重は水の約 1 割増しとなり，水槽実験では，衝撃力は海水の 2 倍に達することが判明している．

ヘドロ混じりの海水による津波の影響力は，建造物よりも人間に対してであると考えられる．

例題 8.5 チリと日本との間の距離を 20000 km，海洋の平均水深を 4000 m とし，仮にチリで大きな地震により津波が発生したと想定した場合，津波はどれだけの時間で日本に到達するか求めよ．

解 津波の波速は，式 (8.38) から $C = \sqrt{gh}$ である．海洋の平均水深を h に代入すると，つぎのようになる．

$$到達時間 = \frac{20000 \times 10^3 \text{ m}}{\sqrt{9.80665 \text{ m/s}^2 \times 4000 \text{ m}}} \frac{1}{3600 \text{ s}} = 28 \text{ 時間} \qquad (答)$$

付録 I
流量測定

A.1 容器による測定

正確にその容積が検定された容器中に，定常的に流れる流体をある時間だけ流入し，時間と容積を知って流量を求める方法では，流入時間は 100 秒以上をとることが正確な結果をもたらすとされている．しかし，容積測定の精度および時間の測定方法等の改良により，比較的短時間でも高い精度が得られる．ただし，この方法は容器の大きさに制限されるため，あまり大流量には使用できない．

A.2 各種の流量計

管路内にとりつけて，常時流量を読みうる構造の回転式の流量計 (flow meter) には，オーバル歯車形容積流量計，ルーツ形容積流量計，羽根車式水道メータ，軸流形羽根車流量計（図 A.1　JIS Z 8765）などがある．これらは管路を通る流体によって回転部分が回転し，流量を読みとるようにしたものである．

また，面積流量計としては，軸方向に断面が変化している特殊な管の中に浮子をおき，流体の速度によって浮子の浮上する位置が変わり，その位置によってその流量が直読できるようにしたものがある（図 A.2　JIS Z 8761）．

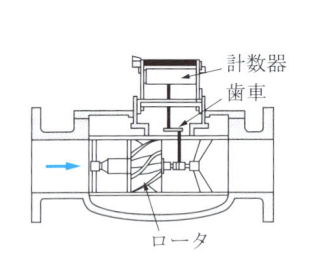

図 A.1　軸流形羽根車流量計[13]

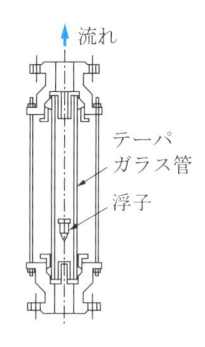

図 A.2　浮子式面積流量計（ロータメータ）[13]

A.3　速度分布による方法

内径 $2R$ の円管内を流れる流体の速度分布 $u(r)$ をピトー管などを用いて測定し，これを全断面積にわたって積分すれば，流量 Q を求めることができる．

$$Q = 2\pi \int_0^R ur\,dr \tag{1}$$

実際の測定では，測定精度をよくするため，円管断面内で十字形にピトー管を移動して行う．このとき，図 A.3 (b) に示すように，円管を等面積の n 個の同心環状に分割し，各環をさらに等面積に分けた半径の位置で，速度 u_i $(i = 1, 2, \ldots, n)$ を測定すれば，平均速度 V は $V = (u_1 + u_2 + \cdots + u_n)/n$ となり，流量 Q は $Q = \pi R^2 V$ より求められる (JIS B 8330)．直径の大きい円管では，ピトー管を移動するかわりに流線形支持柱を直径方向に固定し，各測定位置に全圧管を取り付けて速度分布を同時測定する方法も行われる．

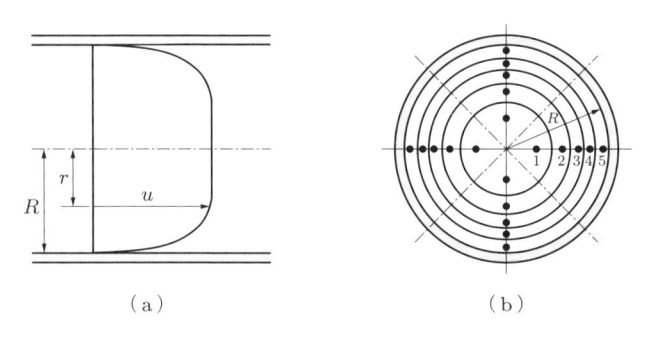

図 A.3　円管のピトー管による流量測定のための速度の測定位置 $(n = 5)$ [16]

A.4　絞り流量計

管路の一部分の断面積を絞って小さくすると，この部分で通過する流体の速度増加を生じ圧力が減少する．したがって，この圧力変化を測定して流体の流量を知ることができる．この方式の流量計には管オリフィス，管ノズル，ベンチュリ管などがある．

日本工業規格 (JIS) や，国際規格 (ISO) に規定されているような絞り機構を用いれば，校正試験を行わないで流量が正確に測定できる．ただし，上流側と下流側の配管状態が絞り機構による流量測定に影響を及ぼすので，この影響をなくすために，十分な長さの直管が接続されていなければならない (JIS Z 8762)．

(1) 管オリフィス

JIS Z 8762 に規定されているオリフィス板を管継手の間にはさむもので，図 A.4 に示す．この図はコーナタップ (corner tapping) を設けた場合で，オリフィスの直前，

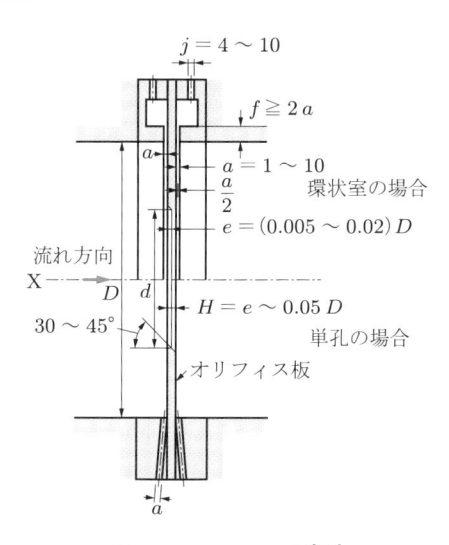

図 A.4 オリフィス板[27]

直後の位置から圧力を取り出している．ただし，図 A.4 の上半分は環状室を設ける場合，下半分は単孔の場合を示してある．管オリフィスの流量 Q は次式から計算する．

$$Q = \alpha\varepsilon\frac{\pi}{4}d^2\sqrt{\frac{2}{\rho}(p_1-p_2)} \tag{2}$$

d は絞り部の孔径，$p_1 - p_2$ は圧力差，ρ は流体の密度．α および ε は流量係数と気体の膨張補正係数である (JIS Z 8762)．

(2) 管ノズル

JIS Z 8762 に規定されている管ノズルには，ISA 1932 ノズル（図 A.5）と長円ノズル（図 A.6）の 2 種類がある．流量の計算式は，前項と同じ式 (2) による．

A.5　ベンチュリ管

JIS Z 8763 に規定されているベンチュリ管には，円すい形ベンチュリ管（図 A.7）と，ノズル形ベンチュリ管（図 A.8）の 2 種類がある．

円すい形ベンチュリ管の流量は次式から計算する．

$$Q = \frac{c}{\sqrt{1-\beta^4}}\frac{\pi}{4}d^2\sqrt{\frac{2}{\rho}(p_1-p_2)} \tag{3}$$

ここに，$1/\sqrt{1-\beta^4}$（β は絞り比）を近寄り速度係数といい，c を流出係数という．c の値はほぼ 1 である．

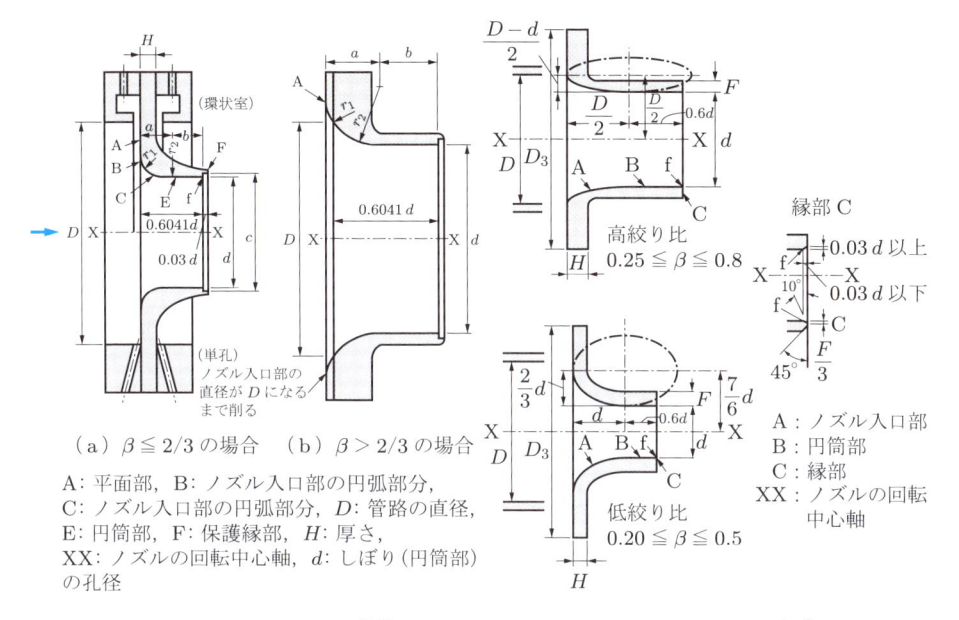

(a) $\beta \leqq 2/3$ の場合　(b) $\beta > 2/3$ の場合

A：平面部，B：ノズル入口部の円弧部分，
C：ノズル入口部の円弧部分，D：管路の直径，
E：円筒部，F：保護縁部，H：厚さ，
XX：ノズルの回転中心軸，d：しぼり（円筒部）の孔径

高絞り比 $0.25 \leqq \beta \leqq 0.8$

低絞り比 $0.20 \leqq \beta \leqq 0.5$

縁部 C

A：ノズル入口部
B：円筒部
C：縁部
XX：ノズルの回転中心軸

図 A.5　ISA 1932 ノズル[13]

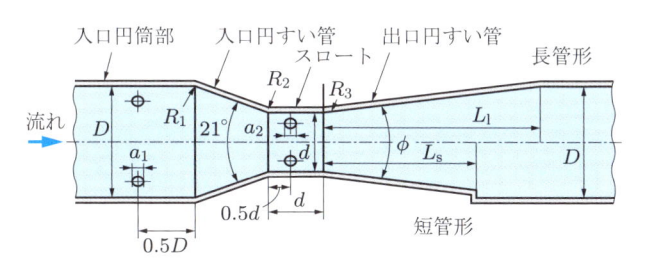

図 A.6　長円ノズル[13]

$R_1 = 1.375\,D$, $R_2 = 3.625\,D$, $R_3 = (5 \sim 15)\,d$, $\phi = 7 \sim 15°$, $L_s \geqq 0.65\,L_l$
$a_1, a_2 = 4 \sim 10$ mm ($a_1 \leqq 0.1\,D$, $a_2 \leqq 0.13\,d$)

図 A.7　円すい形ベンチュリ管（鋳放し入口円すい管付きの場合）[16]

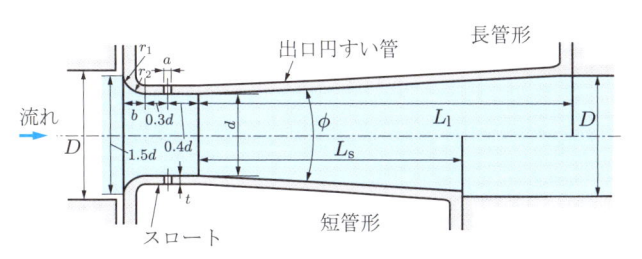

$b = 0.3041\,d$, $\phi \leqq 30°$, $t \geqq 2\,a$, $L_s \geqq 0.65\,L_l$, $r_1 = 0.2\,d$,
$r_2 = d/3$, $a = 2 \sim 10$ mm ($a \leqq 0.04\,d$)

図 A.8　ノズル形ベンチュリ管 ($\beta \leqq 2/3$)[16]

A.6 せき

自由表面をもつ水路の途中で図 A.9 のようにせき板をおいて流れをせき止め，これを越えて流れる水の流量を求める流量計をせき (weir) という．せきにはせき板の形状により，三角せき (triangular weir)，四角せき (rectangular weir)，全幅せき (suppressed weir) などがある．さらに，せき板の厚みによって，薄刃せきと広幅せきとがあり，またせき板の下部から流出させる形式のもぐりせきなどがある．三角せきは小流量の測定に，全幅せきは大流量の測定に適している．

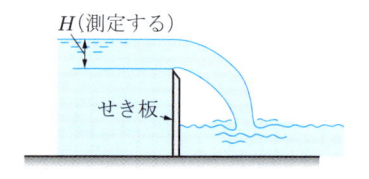

図 A.9 せきを越す流れ（薄刃せき）

つぎに，切欠き形状の薄刃のせき板を越える流量を求める．

水面より h の深さにある部分の水の速度は，損失がなければ $\sqrt{2gh}$ であるから，その部分の幅を b とすると流量 Q は

$$Q = c \int_0^H \sqrt{2gh}\, b\, \mathrm{d}h \tag{4}$$

となる．ここに，c はせきの流量係数，H はせきの切欠き最低部までの水深である．

流量係数 c は，せき板による縮流や近寄りの流れの状態によって変化するので，表 A.1 に三角せき，四角せき，全幅せきに対する流量計算式，および適用範囲を示してある (JIS B 8302)．

A.7 その他の流量測定法

(1) トレーサ法

塩水速度法や塩水濃度法，アイソトープを用いる方法などがこれに属し，管路のある断面からトレーサ (tracer) を流入し，下流の断面でこれを検出し，トレーサの移動速度を測定して流量を求める方法である．

(2) 電磁流量計

電磁流量計 (electromagnetic flowmeter) は，図 A.10 のように電気伝導性のある流体が磁束密度 B を横切って平均速度 V で流れるとき，電磁誘導により V に比例した起電力 E が誘起することを利用して，流量を測定する流量計である (JIS Z 8764)．

表 A.1　JIS のせき[16]

せきの種類	直角三角せき	四角せき	全幅せき
流量計算式	$Q = KH^{5/2}\,[\mathrm{m^3/min}]$, $K = 81.2 + \dfrac{0.24}{H}$ $+ \left(8.4 + \dfrac{12}{\sqrt{D}}\right)$ $\times \left(\dfrac{H}{B} - 0.09\right)^2$	$Q = KbH^{3/2}\,[\mathrm{m^3/min}]$, $K = 107.1 + \dfrac{0.177}{H}$ $+ 14.2\dfrac{H}{D}$ $- 25.7\sqrt{\dfrac{(B-b)H}{BD}}$ $+ 2.04\sqrt{\dfrac{B}{D}}$	$Q = KBH^{3/2}\,[\mathrm{m^3/min}]$, $K = 107.1 + \left(\dfrac{0.177}{H}\right.$ $\left. + 14.2\dfrac{H}{D}\right)(1+\varepsilon)$, $D < 1\mathrm{m} : \varepsilon = 0$, $D > 1\mathrm{m} : \varepsilon = 0.55(D-1)$
適用範囲	$B = 0.5 \sim 1.2\,\mathrm{m}$, $D = 0.1 \sim 0.75\,\mathrm{m}$, $H = 0.07 \sim 0.26\,\mathrm{m}$, $H \leq B/3$	$B = 0.5 \sim 6.3\,\mathrm{m}$, $b = 0.15 \sim 5\,\mathrm{m}$, $D = 0.15 \sim 3.5\,\mathrm{m}$, $bD/B^2 \geq 0.06$, $H = 0.03 \sim 0.45\sqrt{b}\,[\mathrm{m}]$	$B \geq 0.5\,\mathrm{m}$, $D = 0.3 \sim 2.5\,\mathrm{m}$, $H = 0.03 \sim D\,[\mathrm{m}]$, $H \leq 0.8\,\mathrm{m}$, $H \leq B/4$
K の誤差 (95% 信頼度)	±1.0%	±1.1%	±1.4%

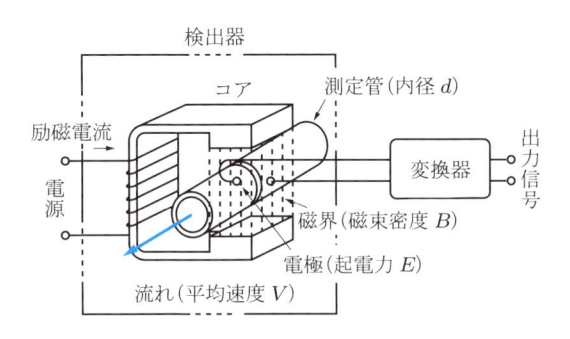

図 A.10　電磁流量計の測定原理[13]

(3) 超音波流量計

　超音波流量計 (ultrasonic flowmeter) は，上流と下流の送信部より超音波を送信し，下流と上流の受信部までの時間差や位相差を測定することにより速度を算出する装置である．この方法は，水力発電所の導水管や上水道などの大流量の測定に使用される．

付録II
次元解析と相似則

A 次元解析

A.1 バッキンガムの π 定理

次元解析を行うときによく用いられる π 定理について説明する．

いま，一つの物理現象を考え，これを式に表すとき，この現象に関係する物理量が $A_1, A_2, \ldots, A_n$ の n 個あって，それに使用する基本量が m 個とする（一般の力学の基本量は質量 M，長さ L，時間 T の3個でよいが，温度 K，物質量 mol，電流，光度など，考える領域が増えるに従い多くなる．しかし，通常は $m < n$ である）．

このような現象は，つぎのような $n-m$ 個の互いに独立な無次元量 $\pi_1, \pi_2, \ldots, \pi_{n-m}$

$$\left.\begin{array}{l} \pi_1 = A_1{}^{\alpha_1} A_2{}^{\beta_1} \cdots A_m{}^{\kappa_1} A_{m+1}, \\ \pi_2 = A_1{}^{\alpha_2} A_2{}^{\beta_2} \cdots A_m{}^{\kappa_2} A_{m+2}, \\ \cdots \\ \pi_{n-m} = A_1{}^{\alpha_{n-m}} A_2{}^{\beta_{n-m}} \cdots A_m{}^{\kappa_{n-m}} A_n \end{array}\right\} \quad (1)$$

を用いてつぎのような方程式

$$\phi(\pi_1, \pi_2, \ldots, \pi_{n-m}) = 0, \quad \text{または} \quad \pi_1 = f(\pi_2, \pi_3, \ldots, \pi_{n-m}) \quad (2)$$

で表すことができる．これを**バッキンガムの π 定理** (Backingham π theorem) という．

無次元量 $\pi_1, \pi_2, \ldots$ をつくるには，n 個の物理量のうちの m 個 $(A_1 \sim A_m)$ はすべての π の中に含まれるように，また残りの $n-m$ 個 $(A_{m+1} \sim A_n)$ はそれぞれ1回だけどれかの π の中に含まれるようにする．しかも，これらの項 $(A_{m+1} \sim A_n)$ のべき指数を1にとることが多いが，これはゼロでない適当な数（たとえば -1）ならば何でもよい．このようにすると，式 (1) の左右の次元を等しくおくことによってべき指数 $\alpha_1, \alpha_2, \ldots, \beta_1, \beta_2, \ldots$ などが決定でき，$\pi_1, \pi_2, \ldots, \pi_{n-m}$ が決定できる．

式 (2) によって，無次元量の間には関数関係があることがわかる．これらの無次元量で実験結果を整理すれば，それらの関係が明確になる．

A.2 内壁が粗い管内の流れ

この流れに関係する物理量は，圧力勾配 $\Delta p/l$，管の内径 d，流体の速度 V，密度 ρ，粘度 μ，管の内壁の粗さ k_e の 6 個 ($n=6$) である．また，基本量は M, L, T の 3 個 ($m=3$) でよい．したがって，$n-m=3$ となるから，π_1, π_2, π_3 をつぎのように選ぶことにする．

$$\pi_1 = V^{\alpha_1} d^{\beta_1} \rho^{\gamma_1} \frac{\Delta p}{l}, \qquad \pi_2 = V^{\alpha_2} d^{\beta_2} \rho^{\gamma_2} \mu, \qquad \pi_3 = V^{\alpha_3} d^{\beta_3} \rho^{\gamma_3} k_e$$

これらの式において，左辺の π は無次元であり，右辺の物理量の次元はそれぞれ $V = [LT^{-1}]$，$d = [L]$，$\rho = [ML^{-3}]$，$\Delta p/l = [ML^{-2}T^{-2}]$，$\mu = [ML^{-1}T^{-1}]$，$k_e = [L]$ である．したがって，π_1 の式より

$$[M^0 L^0 T^0] = [LT^{-1}]^{\alpha_1} [L]^{\beta_1} [ML^{-3}]^{\gamma_1} [ML^{-2}T^{-2}]$$

となり，左右の次元を等しいとおくと，つぎのようになる．

$M: 0 = \gamma_1 + 1$
$L: 0 = \alpha_1 + \beta_1 - 3\gamma_1 - 2$
$T: 0 = -\alpha_1 - 2$

これらを連立して解けば，$\alpha_1 = -2$，$\beta_1 = 1$，$\gamma_1 = -1$ を得る．よって，$\pi_1 = (\Delta p/l)\{d/(\rho V^2)\}$ となる．また，π_2, π_3 の式も同様にして各指数を求めると

$$\alpha_2 = \beta_2 = \gamma_2 = -1 \quad \therefore \quad \pi_2 = \frac{\mu}{Vd\rho} = \frac{1}{Re} \quad (Re : レイノルズ数)$$

$$\alpha_3 = \gamma_3 = 0, \beta_3 = 1 \quad \therefore \quad \pi_3 = \frac{k_e}{d}$$

となり，式 (2) の π 定理より

$$\frac{\Delta p}{l} \frac{d}{\rho V^2} = f(\pi_2, \pi_3) = f\left(\frac{1}{Re}, \frac{k_e}{d}\right) \tag{3}$$

となる．いま，$f = \lambda/2$ とおくと，管摩擦係数 λ はレイノルズ数 Re と管内の相対粗さ k_e/d の二つだけの関数となることがわかり，これをもとに実験結果を整理すると，図 4.14 のように Re と k_e/d で λ の値を知ることができる．

A.3 一様流れ中の球の抵抗

速度 U_∞ の一様流れの中にある直径 d の球の抵抗 D を与える式をつくってみよう．流体の密度を ρ，粘度を μ とすると，物理量は 5 個 ($n=5$)，基本量 (M, L, T) は 3 個であるから $n-m=2$ となり，π_1, π_2 だけとなる．

(I) 式 (1) の右辺の A_1, A_2, A_3 として ρ, U_∞, d をとる．

$$\pi_1 = \rho^{\alpha_1} U_\infty^{\beta_1} d^{\gamma_1} D, \qquad \pi_2 = \rho^{\alpha_2} U_\infty^{\beta_2} d^{\gamma_2} \mu$$

前節の方法で π_1, π_2 を求めると

$$\pi_1 = \frac{D}{\rho U_\infty^2 d^2}, \quad \pi_2 = \frac{\mu}{U_\infty d \rho} \left(= \frac{1}{Re}\right)$$

となり，π 定理より

$$\frac{D}{\rho U_\infty^2 d^2} = f_1\left(\frac{1}{Re}\right) = f_2(Re)$$

$$\therefore \ D = f_2(Re) \rho U_\infty^2 d^2 \tag{4}$$

が得られる．いま，$f_2(Re) = C_D/(8\pi)$ とおけば，式 (4) は

$$D = C_D \frac{\rho}{2} U_\infty^2 \frac{\pi}{4} d^2$$

となって，式 (7.32) と一致し，抵抗係数 C_D は Re のみの関数であることがわかる．実験によると，C_D は図 7.13 に示すようになる．

(II) 式 (1) の右辺の A_1, A_2, A_3 として μ, U_∞, d をとる．

$$\pi_1 = \mu^{\alpha_1} U_\infty^{\beta_1} d^{\gamma_1} D, \quad \pi_2 = \mu^{\alpha_2} U_\infty^{\beta_2} d^{\gamma_2} \rho$$

このときは

$$\pi_1 = \frac{D}{\mu U_\infty d}, \quad \pi_2 = \frac{U_\infty d \rho}{\mu} \quad (= Re)$$

となる．よって，π 定理より

$$\frac{D}{\mu U_\infty d} = f_3(\pi_2) = f_3(Re)$$

$$\therefore \ D = f_3(Re) \mu U_\infty d \tag{5}$$

となる．いま，$f_3(Re) = 3\pi(1 + 3Re/16)$ とすると，式 (5) は $Re < 2$ で有効なオセーンの解 (式 (7.34)) と一致する．

以上のように，式 (4) と式 (5) とは一見異なる結果のようであるが，(II) の場合は流体の粘性を重視して，Re が小さいときの球の抵抗を求めたものであり，これに反し (I) の場合は流体の慣性力 (質量 × 加速度) を考慮して，流体の密度 ρ を重視した結果である．しかし，(II) の場合の π_1 のかわりに $\pi_1' = \pi_1/\pi_2 = D/(\rho U_\infty^2 d^2)$，$\pi_2$ のかわりに $\pi_2' = 1/\pi_2 = 1/Re$ とすれば，(I) の場合とまったく同一の結果が得られることがわかる．このように，次元解析を行うときには，工学的に有用な結果が得られるように工夫することが肝要である．

B 相似則

水力学のさまざまな現象やポンプ・水車・船・飛行機などの性能を知るために，しばしば模型実験が行われるが，このとき実物と模型の物体の形や流線が幾何学的に相

似であるほかに，対応する点の速度やその点にはたらく力も相似とならなければならない．このように，実物と模型実験の流れにおける物理現象が相似になる条件を相似則 (law of similarity) という．いま，代表長さを l，代表速度を V とすると，実物と模型とにはたらく力は，普通つぎのように表される．

慣性力　　　$F_i = m\alpha = \rho l^3 \dfrac{V^2}{l} = \rho V^2 l^2$

圧力による力　　　$F_p = pA = pl^2$

粘性による力　　　$F_\mu = \mu \dfrac{\mathrm{d}u}{\mathrm{d}y} A = \mu \dfrac{V}{l} l^2 = \mu V l$

重力の加速度による力　　　$F_g = mg = \rho l^3 g$

表面張力による力　　　$F_\sigma = \sigma l$　（σ：表面張力）

弾性による力　　　$F_K = KA = Kl^2$　（K：体積弾性係数）

これらの力の比，すなわち $F_i/F_\mu, F_i/F_g, F_i/F_K, \ldots$ などすべてが，実物と模型実験において等しければ，力学的相似が成り立つことになる．しかし，実際の模型実験では，これらの力の比を全部等しくすることはできないので，これらのうち流れに関係の深いものに注目して，その力の比を等しくするようにする．つぎにその主なものを示す．

B.1　レイノルズ数 (Re)

$$\frac{慣性力}{粘性による力} = \frac{F_i}{F_\mu} = \frac{\rho V^2 l^2}{\mu V l} = \frac{V l \rho}{\mu} = \frac{V l}{\nu}, \qquad Re = \frac{V l}{\nu} \tag{6}$$

流体の圧縮性や自由表面を考える必要のないときに重要な無次元数で，実物と模型の流れが力学的に相似になるためには，それぞれのレイノルズ数 (Reynolds number) を等しくしなければならない．

B.2　フルード数 (Fr)

$$\left(\frac{慣性力}{重力の加速度による力}\right)^{1/2} = \left(\frac{F_i}{F_g}\right)^{1/2} = \left(\frac{\rho V^2 l^2}{\rho l^3 g}\right)^{1/2} = \frac{V}{\sqrt{gl}}$$

$$Fr = \frac{V}{\sqrt{gl}} \tag{7}$$

分子の V を 1 乗にするため，力の比の平方根をとって，これをフルード数 (Froud number) Fr と定義する．船の進行によって生じる波（重力波）のように，重力の作用下で自由表面をもつ液体の運動を取り扱うときに重要な無次元数で，船の造波抵抗

の実験を行うときには，実船と模型船のフルード数を等しくしなければならない．

B.3　オイラー数 (E)

$$\left(\frac{慣性力}{圧力による力}\right)^{1/2} = \left(\frac{F_i}{F_p}\right)^{1/2} = \left(\frac{\rho V^2 l^2}{pl^2}\right)^{1/2} = V\sqrt{\frac{\rho}{p}}, \qquad E = V\sqrt{\frac{\rho}{p}} \tag{8}$$

オイラー数 (Euler number) E は ρV^2（動圧の 2 倍）と p の比の平方根で，基準圧力を p_∞ としたとき $(p - p_\infty)\Big/\left(\frac{1}{2}\rho V^2\right) = C_p$ （圧力係数）の形でよく用いられる．

B.4　ウェーバ数 (We)

$$\left(\frac{慣性力}{表面張力による力}\right)^{1/2} = \left(\frac{F_i}{F_\sigma}\right)^{1/2} = \left(\frac{\rho V^2 l^2}{\sigma l}\right)^{1/2} = V\sqrt{\frac{\rho l}{\sigma}}$$

$$We = V\sqrt{\frac{\rho l}{\sigma}} \tag{9}$$

ウェーバ数 (Weber number) We は表面張力波や液滴，気泡の生成などの問題に用いられる．

B.5　マッハ数 (M)

$$\left(\frac{慣性力}{弾性による力}\right)^{1/2} = \left(\frac{F_i}{F_K}\right)^{1/2} = \left(\frac{\rho V^2 l^2}{K l^2}\right)^{1/2} = \frac{V}{\sqrt{K/\rho}} = \frac{V}{a}$$

$$M = \frac{V}{a} \tag{10}$$

ここに，$a = \sqrt{K/\rho}$ は，流体中を圧力の微小な変動波が伝播する速度で，音速である．マッハ数は，圧縮性の影響が強く現れる気体の高速流れ（マッハ数が 0.7 くらい以上）において，重要な無次元数である．

付録 III
単 位

国際単位系 (SI 単位)

　この単位系は，基本単位，補助単位，およびそれらから組み立てられる組立単位，ならびにそれらの 10 の整数乗倍からなる．水力学の分野で使用される力学的基本量は，長さ，質量，時間の三つで，長さの単位にメートル [m]，質量の単位にキログラム [kg]，時間の単位に秒 [s] を採用して構成される．次表に SI 接頭語を示す．

SI 接頭語

接頭語			単位の倍数	接頭語			単位の倍数
名　称		記　号		名　称		記　号	
テラ	tera	T	10^{12}	デシ	deci	d	10^{-1}
ギガ	giga	G	10^{9}	センチ	centi	c	10^{-2}
メガ	mega	M	10^{6}	ミリ	milli	m	10^{-3}
キロ	kilo	k	10^{3}	マイクロ	micro	μ	10^{-6}
ヘクト	hecto	h	10^{2}	ナノ	nano	n	10^{-9}
デカ	deca	da	10	ピコ	pico	p	10^{-12}

重力単位系（工学単位）

　この単位系は，主として工学の分野で従来ひろく用いられてきたもので，長さ，力，時間の三つを力学的基本量として構成される単位系の一種である．この単位系は，力の単位を単位質量の物体の重量という形で定めるところに特徴がある．これは，重力の加速度が変化すると重量が変化するので，絶対単位系ではない．このような力の単位は，従来は単にキログラムで表す例が多かったが，SI 単位の質量と区別するため，重量キログラム kgf（キログラムフォース）で表すのがよい．したがって，この単位系では，質量の単位は重量を重力の加速度で割って $\mathrm{kgf \cdot s^2/m}$ となり，密度は $\mathrm{kgf \cdot s^2/m^4}$ となる．

　取り決められている換算関係は，つぎの表のとおりである．

流体工学で用いられる諸量の単位と換算率

量	記号	国際単位系 (SI単位)	重力単位系 (工学単位)	CGS単位系 (物理学単位)	換算率
長さ	l	m(メートル)	m	cm	
面積	A, S	m^2	m^2	cm^2	
体積	V	m^3	m^3	cm^3	$1\,cc = 1\,cm^3$ $1\,L$(リットル) $\quad = 10^{-3}\,m^3$
時間	t	s(秒)	s	s	
角速度	ω	rad/s	rad/s	rad/s	
速度	u, v, V	m/s	m/s	cm/s	$1\,m/h = 1/3600\,m/s$
加速度	α, g	m/s^2	m/s^2	cm/s^2	$1\,Gal = 10^{-2}\,m/s^2$ 標準自由落下の加速度 $g = 9.80665\,m/s^2$
質量	M	kg (キログラム)	$kgf \cdot s^2/m$	g	$1\,t$(トン)$= 10^3\,kg$
密度	ρ	kg/m^3	$kgf \cdot s^2/m^4$	g/cm^3	
比体積	v	m^3/kg	$m^4/(kgf \cdot s^2)$	cm^3/g	
力, 重量	F, P	N(ニュートン)	kgf	$g \cdot cm/s^2$ dyn(ダイン)	$1\,N = 1\,kg \cdot m/s^2$ $1\,kgf = 9.80665\,N$ $1\,dyn = 10^{-5}\,N$
力のモーメント, トルク	m, T	$N \cdot m$	$kgf \cdot m$	$g \cdot cm^2/s^2$	$1\,kgf \cdot m$ $\quad = 9.80665\,N \cdot m$
圧力	p	Pa(パスカル)	kgf/m^2 mAq (水柱メートル) atm(標準気圧) at(工学気圧) mmHg(水銀注 ミリメートル) Torr(トル)	$g/(cm \cdot s^2)$ bar(バール)	$1\,Pa = 1\,N/m^2$ $1\,bar = 10^6\,dyn/cm^2$ $\quad = 10^5\,Pa$ $1\,mmbar$(ミリバール) $\quad = 1\,hPa$ $1\,kgf/m^2$ $\quad = 9.80665\,Pa$ $1\,mAq = 9806.65\,Pa$ $1\,atm = 760\,mmHg$ $\quad = 101325\,Pa$ $1\,at = 10^4\,kgf/m^2$ $1\,mmHg = 1/760\,atm$ $1\,Torr = 1\,mmHg$
せん断応力	τ	$Pa, N/m^2$	kgf/m^2	$g/(cm \cdot s^2)$	
体積弾性係数	K	$Pa, N/m^2$	kgf/m^2	$g/(cm \cdot s^2)$	
圧縮率	β	$Pa^{-1}, m^2/N$	m^2/kgf	$cm \cdot s^2/g$	

量	記号	国際単位系 (SI単位)	重力単位系 (工学単位)	CGS単位系 (物理学単位)	換算率
粘度	μ	$\mathrm{Pa \cdot s}$ $\mathrm{N \cdot s/m^2}$	$\mathrm{kgf \cdot s/m^2}$	$\mathrm{g/(cm \cdot s)}$ P(ポアズ)	$1\,\mathrm{N \cdot s/m^2} = 1\,\mathrm{Pa \cdot s}$ $\qquad = 1\,\mathrm{kg/(m \cdot s)}$ $1\,\mathrm{kgf \cdot s/m^2}$ $\qquad = 9.80665\,\mathrm{N \cdot s/m^2}$ $1\,\mathrm{P} = 1\,\mathrm{g/(cm \cdot s)}$ $\qquad = 1\,\mathrm{dyn \cdot s/cm^2}$ $\qquad = 0.1\,\mathrm{N \cdot s/m^2}$
動粘度	ν	$\mathrm{m^2/s}$	$\mathrm{m^2/s}$	$\mathrm{cm^2/s}$ St (ストークス)	$1\,\mathrm{St} = 1\,\mathrm{cm^2/s}$ $\qquad = 10^{-4}\,\mathrm{m^2/s}$
表面張力	σ	$\mathrm{N/m}$	$\mathrm{kgf/m}$	$\mathrm{dyn/cm}$	
エネルギー,仕事	E	J(ジュール) $\mathrm{W \cdot s}$	$\mathrm{kgf \cdot m}$	$\mathrm{g \cdot cm^2/s^2}$ erg(エルグ)	$1\,\mathrm{J} = 1\,\mathrm{N \cdot m}$ $1\,\mathrm{W \cdot s} = 1\,\mathrm{J}$ $1\,\mathrm{erg} = 1\,\mathrm{dyn \cdot cm}$ $\qquad = 10^{-7}\,\mathrm{J}$
仕事率,動力	L	W(ワット)	$\mathrm{kgf \cdot m/s}$	$\mathrm{g \cdot cm^2/s^3}$ erg/s	$1\,\mathrm{W} = 1\,\mathrm{J/s}$ $1\,\mathrm{kgf \cdot m/s} = 9.80665\,\mathrm{W}$ $1\,\mathrm{erg/s} = 10^{-7}\,\mathrm{W}$ $1\,\mathrm{PS}$(仏馬力) $\qquad = 75\,\mathrm{kgf \cdot m/s}$
流量	Q	$\mathrm{m^3/s}$	$\mathrm{m^3/s}$	$\mathrm{cm^3/s}$	

従来の単位と SI 単位の換算係数

量	変換 従来の単位 → SI 単位	乗じる倍数
圧力	$kgf/cm^2 \to Pa$	9.80665×10^4
	$kgf/m^2 \to Pa$	9.80665
	$mmHg \to Pa$	1.33322×10^2
	$mmH_2O \to Pa$	9.80665
	$mH_2O \to Pa$	9.80665×10^3
	at（工学気圧）$\to Pa$	9.80665×10^4
	atm*1（標準気圧）$\to Pa$	1.01325×10^5
	bar*1（バール）$\to Pa$	10^5
	Torr（トル）$\to Pa$	1.33322×10^2
エネルギー, 仕事	$kgf \cdot m \to J$	9.80665
熱量	$cal_{IT} \to J$	4.1868
回転数 *2	$rpm \to s^{-1}$	$1/60$
	$rps \to s^{-1}$	1
ガス定数	$kgf \cdot m/(kgf \cdot °C) \to J/(kg \cdot K)$	9.80665
動力, 仕事率	$PS \to W$	735.5
	$kgf \cdot m/s \to W$	9.80665
	$kcal_{IT}/h \to W$	1.163
質量	$kgf \cdot s^2/m \to kg$	9.80665
周波数, 振動数	$s^{-1} \to Hz$	1
体積弾性係数	$kgf/m^2 \to Pa$	9.80665
力	$kgf \to N$	9.80665
	$dyn \to N$	10^{-5}
トルク	$kgf \cdot m \to N \cdot m$	9.80665
粘度	$kgf \cdot s/m^2 \to Pa \cdot s$	9.80665
	P（ポアズ）$\to Pa \cdot s$	10^{-1}
	cP（センチポアズ）$\to Pa \cdot s$	10^{-3}
動粘度	St（ストークス）$\to m^2/s$	10^{-4}
	cSt（センチストークス）$\to m^2/s$	10^{-6}
熱伝導率	$kcal_{IT}/(m \cdot h \cdot °C) \to W/(m \cdot K)$	1.163
比熱	$kcal_{IT}/(kgf \cdot °C) \to J/(kg \cdot K)$	4.1868×10^3
	$kgf \cdot m/(kgf \cdot °C) \to J/(kg \cdot K)$	9.80665
密度	$kgf \cdot s^2/m^4 \to kg/m^3$	9.80665
表面張力	$kgf/cm \to N/m$	9.80665×10^2
	$kgf/m \to N/m$	9.80665
角度(平面角) *2	$° \to rad$	$\pi/180$
温度 *3	$°C \to K$	$t\,[°C] = (t + 273.15)\,[K]$

*1 暫定的に使用が認められている.
*2 min, °（度）は SI との併用が許されている.
*3 セルシウス温度 °C は SI 単位として認められている.

（日本機械学会機械工学 SI マニュアルによる）

演習問題の解答

第 1 章

1.1 密度 $\rho = 859\,\text{kg/m}^3$,比重 $s = 0.859$,比体積 $v = 1/\rho = 1.16 \times 10^{-3}\,\text{m}^3/\text{kg}$.

1.2 断熱指数 $\gamma = 1.39$.

1.3 乾き空気は表 1.3 から気体定数 $R = 287\,\text{J/(kg·K)}$ より,密度 $\rho = p/RT = 1.20\,\text{Kg/m}^3$. 比重 $s = \rho/\rho_\text{w} = 1.20 \times 10^{-3}$.比体積 $v = 1/\rho = 0.83\,\text{m}^3/\text{kg}$.

1.4 圧力 $p = 267\,\text{kPa}$,温度 $T = 387\,\text{K}$ ($t = 115°\text{C}$).

1.5 体積弾性係数 $K = 2160\,\text{MPa} = 2.16\,\text{GPa}$,圧縮率 $\beta = 1/K = 0.463\,[1/\text{GPa}]$.

1.6 等温変化から $pv = $ 一定を用いる.酸素の質量を M [kg] とすると,$v = 5\,\text{m}^3/M$ [Kg] から $v = 1\,\text{m}^3/M$ [kg] に変化するので,$p = 1.02\,\text{MPa}$. 体積弾性係数 $K = -v(\mathrm{d}p/\mathrm{d}v) = p$ となるので,圧縮の始めと終わりの K は,それぞれ 204 kPa と 1.02 MPa.

1.7 $y = 0\,\text{m}$ のとき,速度勾配 $\mathrm{d}u/\mathrm{d}y = 2\,\text{s}^{-1}$,せん断応力 $\tau = 3.0\,\text{Pa}$. $y = 0.5\,\text{m}$ のとき,速度勾配 $\mathrm{d}u/\mathrm{d}y = 1\,\text{s}^{-1}$,せん断応力 $\tau = 1.5\,\text{Pa}$. $y = 1.0\,\text{m}$ のとき,速度勾配 $\mathrm{d}u/\mathrm{d}y = 0\,\text{s}^{-1}$,せん断応力 $\tau = 0\,\text{Pa}$.

1.8 軸の直径を d [m],隙間を h [m],回転数を n [rpm] とすると,軸の表面速度 $V = \pi n d/60$ [m/s] から,摩擦力 $F = -A\mu(-V/h) = \mu\pi^2 d^2 ln/(60h)$ [N]. 損失馬力 $L = F \cdot V = \mu\pi^3 d^3 ln^2/(3600h)$ [W]. $n = 24\,\text{rpm}$:$L = 613\,\text{W}$,$n = 240\,\text{rpm}$:$L = 61.3\,\text{kW}$,$n = 2400\,\text{rpm}$:$L = 6.13\,\text{MW}$.

1.9 板重量の斜面方向分力は $F_1 = 300\,[\text{N}] \cdot \sin 25° = 127\,[\text{N}]$. 液体による摩擦力は $F_2 = A\mu(\mathrm{d}u/\mathrm{d}y) = \mu \cdot 267\,\text{N/(Pa·s)}$. $F_1 = F_2$ より,$\mu = 0.476\,\text{Pa·s}$.

1.10 液体の粘度は,それぞれ $\mu_1 = 0.1\,\text{Pa·s}$,$\mu_2 = 0.2\,\text{Pa·s}$.

1.11 $n_1 - n_2 = 960hT/(\pi^2\mu d^4)$

1.12 針金断面の両面に表面張力がはたらくので,引き上げるために必要な力 $F = 0.0137\,\text{N}$.

1.13 半径 $r = 0.15\,\text{mm}$.

1.14 水の平均高さ $h = 0.0296\,\text{m} \fallingdotseq 3.0\,\text{cm}$.

第 2 章

2.1 発生する力 $F = 8000\,\text{N} = 8\,\text{kN}$.

2.2 密度 $\rho = (1 - 0.0065z/T_0)^{4.256} \cdot \rho_0$.
対流圏界面での大気の圧力 $p = 22.6\,\text{kPa}$,密度 $\rho = 0.364\,\text{kg/m}^3$,温度 $t = -56.5°\text{C}$.

2.3 絶対圧力 $p = 380\,\text{mmHg} = 50.7\,\text{kPa}$.

2.4 海面の圧力は $p_\text{o} = \rho_\text{Hg}gh = 101\,\text{kPa}$,艦内の圧力は $p_1 = \rho_\text{Hg}gh_3 = 120\,\text{kPa}$. 点 A の圧力は $p_\text{A} = \rho_\text{w}(y + h_1) + p_\text{o} = 10.1\,[\text{kPa/m}] \cdot y + 103\,[\text{kPa}]$. 点 B の圧力は $p_\text{B} = \rho_\text{Hg}g(h_1 + h_2) + p_1 = 186\,\text{kPa}$. $p_\text{A} = p_\text{B}$ より $y = 8.22\,\text{m}$.

2.5 ブルドン管圧力計の読み $p_x = 24.2\,\text{kPa}$ (ゲージ圧力).

2.6 圧力差 $p_x - p_y = 5.10\,\text{kPa}$.

2.7 圧力差 $p_A - p_B = 44.4\,\mathrm{kPa}$.

2.8 水深 $d = 2.67\,\mathrm{m}$.

2.9 圧力中心は $y_C = \bar{y} + (k_G{}^2/\bar{y})$ で求められる．慣性モーメントは $I_G = bh^3/12$，重心 G は $\bar{y} = d - 2.7\,\mathrm{m}$．よって，$y_C = d - 2.7\,\mathrm{m} + 3\,\mathrm{m}^2/\{4(d - 2.7\,\mathrm{m})\}$ となる．水門が自動的に開くには，$y_C \leqq d - 2.5\,\mathrm{m}$ となることが必要である．水面が水門より下であることから，$d = 6.45\,\mathrm{m}$.

2.10 水平方向の分力 $F_x = 1.10 \times 10^2\,\mathrm{kN}$，その作用点までの水深 $= 1.0\,\mathrm{m}$，垂直方向の分力 $F_z = 4.00 \times 10\,\mathrm{kN}$，支点から作用点までの距離 $= 2.75\,\mathrm{m}$.

2.11 合力 $F = 1.84 \times 10^2\,\mathrm{kN}$，合力の水平面とのなす角 $= 41°$，作用点までの水深 $= 3.21\,\mathrm{m}$，図 2.25 の点 O より水平方向右の距離 $= 0.811\,\mathrm{m}$.

2.12 体積 $V = 6.44 \times 10^{-3}\,\mathrm{m}^3 = 6.44\,\mathrm{L}$，比重 $s = 7.76$.

2.13 球の直径 $D = 69\,\mathrm{cm}$.

2.14 喫水 $h_d = 1.01\,\mathrm{m}$.

2.15 水中にある直方体の体積は，浮力と重量が釣合うことから，$V = 120\,\mathrm{m}^3$．したがって，喫水は $d = 2.4\,\mathrm{m}$ となり，浮力の中心 C と直方体の重心との距離は $a = 0.3\,\mathrm{m}$ となる．慣性モーメント $I = b^3 l/12$ を用いると，メタセンタの高さは $\overline{\mathrm{GM}} = (I/V) - a = 0.568\,\mathrm{m} > 0$．よって，浮揚体は安定である．復元偶力は，式 (2.20) から $T = Mg\overline{\mathrm{GM}}\sin\theta = 5.826 \times 10^4\,\mathrm{N\cdot m}$.

2.16 不安定．

第 3 章

3.1 1 秒間あたりの流量 $Q = 0.3\,\mathrm{m}^3/\mathrm{s}$，内径 300 mm における平均速度 $V_1 = 4.24\,\mathrm{m/s}$，内径 200 mm における平均速度 $V_2 = 9.55\,\mathrm{m/s}$.

3.2 平均流出速度 $V = 10\,\mathrm{m/s}$.

3.3 流量 $Q = 3.77 \times 10^{-3}\,\mathrm{m}^3/\mathrm{s} = 3.77\,\mathrm{L/s}$，圧力 $p_B = -1.84\,\mathrm{kPa}$（ゲージ圧力），$p_C = -13.6\,\mathrm{kPa}$（ゲージ圧力），$p_D = -1.84\,\mathrm{kPa}$（ゲージ圧力），$p_E = 27.6\,\mathrm{kPa}$（ゲージ圧力）．

3.4 最低水位 $d = 1.5\,\mathrm{m}$.

3.5 流出流量 $Q = 0.240\,\mathrm{m}^3/\mathrm{s} = 240\,\mathrm{L/s}$.

3.6 連続の式から，断面 ① と ② の速度には $V_2 = (d_1/d_2)^2 V_1 = 4V_1$ の関係がある．原油の密度を ρ_o として断面 ① と ② にベルヌーイの式を用いると，$(p_1 - p_2)/(\rho_o g) = (V_2{}^2 - V_1{}^2)/(2g) + z_1 - z_2$．一方，圧力計の読みから $(p_1 - p_2)/(\rho_o g) = \{(\rho_{\mathrm{Hg}}/\rho_o) - 1\}h + z_2 - z_1$ となる．よって，$V_1 = \sqrt{(2g/15)\{(\rho_{\mathrm{Hg}}/\rho_o) - 1\}h} = 3.16\,\mathrm{m/s}$．流量 $Q = (\pi/4)d_1{}^2 V_1 = 223\,\mathrm{L/s}$.

3.7 流量 $Q = 0.0596\,\mathrm{m}^3/\mathrm{s} = 59.6\,\mathrm{L/s}$.

3.8 力 $F = 2.26\,\mathrm{kN}$.

3.9 力 $F = 884\,\mathrm{N}$.

3.10 静水圧による孔出口の板にかかる全圧力は $F_1 = \rho g h A = 361\,\mathrm{N}$．水槽 ① からの噴流速度は $V = \sqrt{2gH} = 4.43\sqrt{H}$ [m/s]，質量流量は $G = \rho A V = 78.3\sqrt{H}$ [kg/s]．よって，噴流による水平方向の力は $F_2 = \rho A V^2(1 + \cos\beta) = 520H$ [N]．水が孔から噴出しないためには，$F_1 < F_2$．したがって，$H > 0.694\,\mathrm{m}$.

3.11 連続の式から, 断面 ① と ② における速度は $V_1 = 2.83\,\mathrm{m/s}$, $V_2 = 6.37\,\mathrm{m/s}$. また, 断面 ① と ② にベルヌーイの式を用いると, $p_2 = (\rho/2)(V_1^2 - V_2^2) + p_1 = 134\,\mathrm{kPa}$. 式 (3.24) から $F_x = 13.9\,\mathrm{kN}$, $F_z = -4.75\,\mathrm{kN}$ となり, 合力は $F = 14.7\,\mathrm{kN}$, 図 3.45 に示す角 $\theta = \tan^{-1}(F_z/F_x) = -18.9°$.

3.12 トルク $T = 182\,\mathrm{kN \cdot m}$, 動力 $L = 1.37\,\mathrm{MW}$.

3.13 動力 $L = 1.41\,\mathrm{kW}$.

3.14 液面の高さは, 容器中心での高さ $47\,\mathrm{mm}$ から壁面の高さ $103\,\mathrm{mm}$ まで変化し, その形状は回転放物体となる.

3.15 式 (3.33) の $\mathrm{d}p_t/\mathrm{d}r = 0$ より, 速度分布 $u = k/r$, u は半径 r に反比例する. 自由うずの循環 $\varGamma = 2\pi k$ (積分路の円の半径に無関係に一定). 強制うずの循環 $\varGamma = 2\pi r^2 \omega$ (ω:角速度) (積分路である円の面積に比例).

3.16 半径 $0.5\,\mathrm{m}$ における速度は $1.59\,\mathrm{m/s}$, 半径 $1.0\,\mathrm{m}$ における速度は $0.796\,\mathrm{m/s}$, 半径 $1.5\,\mathrm{m}$ における速度は $0.531\,\mathrm{m/s}$.

3.17 圧力 $p_\mathrm{A} = 6.24\,\mathrm{kPa}$ (ゲージ圧力), $p_\mathrm{B} = 1.90\,\mathrm{kPa}$ (ゲージ圧力), $p_\mathrm{C} = -5.70\,\mathrm{kPa}$ (ゲージ圧力).

第 4 章

4.1 水の流量 $Q = 5.44 \times 10^{-5}\,\mathrm{m}^3/\mathrm{s} = 0.0544\,\mathrm{L/s}$, 空気の流量 $Q_\mathrm{a} = 7.92 \times 10^{-4}\,\mathrm{m}^3/\mathrm{s} = 0.792\,\mathrm{L/s}$.

4.2 損失ヘッド $h_f = 0.388\,\mathrm{m} = 38.8\,\mathrm{cm}$.

4.3 うず動粘度 $\varepsilon = 4.29 \times 10^{-2}\,\mathrm{m}^2/\mathrm{s}$, プラントルの混合距離 $l_\mathrm{m} = 0.134\,\mathrm{m}$.

4.4 摩擦速度 $u_* = 0.256\,\mathrm{m/s}$.

4.5 摩擦速度 $u_* = 0.0559\,\mathrm{m/s}$, 壁でのせん断応力 $\tau_\mathrm{o} = 3.10\,\mathrm{Pa}$, 圧力降下 $\varDelta p = 1033\,\mathrm{Pa}$.

4.6 流量 $Q = 1.28 \times 10^{-3}\,\mathrm{m}^3/\mathrm{s} = 1.28\,\mathrm{L/s}$.

4.7 管の内径 $d = 210\,\mathrm{mm}$.

4.8 ポンプの与えるヘッド $h = 4.56\,\mathrm{m}$.

4.9 粗面の場合の損失ヘッド $h_f = 2.16\,\mathrm{m}$, 滑面の場合の損失ヘッド $h_f = 1.89\,\mathrm{m}$.

4.10 損失ヘッド $h_f = 50.2\,\mathrm{m}$, 圧力降下 $\varDelta p = 604\,\mathrm{Pa}$.

第 5 章

5.1

	水力勾配線	エネルギー勾配線
急拡大部前	22.1 m,	26.7 m
〃 後	24.4 m,	25.3 m
仕切弁前	24.2 m,	25.2 m
〃 後	8.3 m,	9.2 m

5.2 管摩擦による損失ヘッド $h_f = 0.418\,\mathrm{m}$, 入口損失係数 $\zeta = 0.405$.

5.3 示差 $h = 219\,\mathrm{mm}$.

5.4 圧力 $p = 145\,\mathrm{kPa}$.

5.5 流量 $Q = 0.0114\,\mathrm{m}^3/\mathrm{s} = 11.4\,\mathrm{L/s}$.

5.6 表 5.2 から, 仕切弁の損失係数は $\zeta' = 3.22$. 拡張されたベルヌーイの式を ① と ② に

適用し，$p_1 = p_2$, $z_1 - z_2 = h$ より $h = \{1 + \lambda(l/d) + \zeta + \zeta'\}\{V^2/(2g)\}$．よって，$V = \sqrt{2gh/\{1 + \lambda(l/d) + \zeta + \zeta'\}} = 3.59 \,\mathrm{m/s}$．ゆえに，$Q = (\pi/4)d^2 V = 7.05 \,\mathrm{L/s}$．

5.7 水の流量 $Q = 0.0479 \,\mathrm{m^3/s} = 47.9 \,\mathrm{L/s}$．
5.8 角度 30° のときの圧力降下 $\Delta p = 572 \,\mathrm{Pa}$，角度 60° のときの圧力降下 $\Delta p = 17.2 \,\mathrm{kPa}$．
5.9 失われるエネルギー $= 340 \,\mathrm{W}$．
5.10 軸動力 $L_\mathrm{s} = 1.61 \,\mathrm{kW}$．
5.11 軸動力 $L_\mathrm{s} = 40.4 \,\mathrm{kW}$．
5.12 正味の動力 $L_\mathrm{s} = 14.4 \,\mathrm{MW}$．
5.13 最大流量 $Q = 0.18 \,\mathrm{m^3/s}$ で，流量 $\Delta Q = 0.03 \,\mathrm{m^3/s}$ の増加となる．
5.14 $V_1 \leqq 2.85 \,\mathrm{m/s}$．
5.15 $c = \sqrt{K/\rho}$ より，$c = 1443.5 \,\mathrm{m/s}$．
5.16 ジューコウスキーの式から，$\delta_\mathrm{p} = 2.88 \,\mathrm{MPa}$．

第 6 章

6.1 水深 $h = 1.94 \,\mathrm{m}$．
6.2 水深 $y_\mathrm{o} = 2.92 \,\mathrm{m}$．
6.3 最良断面形状は，縦横比が $1:2$ で水深 $h = 2.71 \,\mathrm{m}$，幅 $b = 5.42 \,\mathrm{m}$．
6.4 常流，水路の底面勾配 $i_\mathrm{o} = 0.000273$．
6.5 限界水深 $h_\mathrm{c} = 1.5 \,\mathrm{m}$．
6.6 高さ $x = 0.32 \,\mathrm{m}$．
6.7 流量 $Q = 9.12 \,\mathrm{m^3/s}$，限界水深 $h_\mathrm{c} = 0.980 \,\mathrm{m}$．
6.8 水深 $h_1 = 1.2 \,\mathrm{m}$，速度 $V = 8.33 \,\mathrm{m/s}$．

第 7 章

7.1 抵抗係数 $C_D = 0.359$．
7.2 必要な力 $D = 8.97 \,\mathrm{N}$，必要な動力 $= 119 \,\mathrm{W}$．
7.3 摩擦抵抗 $D_f = 0.535 \,\mathrm{N}$，摩擦係数 $C_f = 0.00198$．
7.4 摩擦抵抗 $D_f = 47.1 \,\mathrm{N/m}$．
7.5 レイノルズ数 1，抵抗 $D = 4.8 \times 10^{-9} \,\mathrm{N}$．
〃 10, 〃 $= 1.3 \times 10^{-7} \,\mathrm{N}$．
〃 100, 〃 $= 6.9 \times 10^{-6} \,\mathrm{N}$．
〃 1000, 〃 $= 4.3 \times 10^{-4} \,\mathrm{N}$．
7.6 (i) の場合の抵抗 $D = 1.73 \,\mathrm{N}$，(ii) の場合の抵抗 $D = 0.433 \,\mathrm{N}$．
7.7 抵抗比 8.0．
7.8 風洞での球のレイノルズ数は，$Re = (Vd\rho)/\mu = 7.14 \times 10^5$．水中で同じ抵抗係数になるにはレイノルズ数が等しければよいので，水の速度 $V_\mathrm{w} = Re\{\mu_\mathrm{w}/(d_\mathrm{w}\rho_\mathrm{w})\} = 16.3 \,\mathrm{m}$．図 7.13 から抵抗係数 $C_D = 0.1$．抵抗 $D = C_D \cdot (1/2)\rho V^2 \cdot (\pi/4)d^2$ より，$D_{250} = 5.23 \,\mathrm{N}$，$D_{50} = 26.1 \,\mathrm{N}$．
7.9 速度 $V = 0.0849 \,\mathrm{m/s} = 8.49 \,\mathrm{cm/s}$．
7.10 必要な動力 $= 0.263 \,\mathrm{MW}$，揚力 $L = 37.8 \,\mathrm{kN}$，レイノルズ数 $Re = 9.12 \times 10^6$．

参考文献

[1] 生井武文校閲, 国清行夫, 木本知男, 長尾健：演習水力学, 森北出版 (1981)
[2] 生井武文, 井上雅弘：粘性流体の力学, 理工学社 (1978)
[3] 生井武文校閲, 国清行夫, 木本知男, 長尾健：水力学, 森北出版 (1971)
[4] 今井功：流体力学（前編）, 裳華房 (1984)
[5] 板谷松樹：水力学, 朝倉書店 (1966)
[6] 市川常雄：水力学・流体力学, 朝倉書店 (1974)
[7] 伊原貞敏：水力学, 共立出版 (1965)
[8] 植松時雄：水力学（第 2 版）, 産業図書 (1975)
[9] 神元五郎：水力学 I, 共立出版 (1964)
[10] 笠原英司：例題演習水力学, 産業図書 (1976)
[11] 管路・ダクトの流体抵抗出版分科会編：技術資料 管路・ダクトの流体抵抗, 日本機械学会 (1979)
[12] 海洋エネルギー利用特集, 日本造船学会誌, 第 637 号, 別冊 (1982)
[13] 機械工学便覧（改訂第 46 版）, 日本機械学会編 (1951)
[14] 草間秀俊：水力学・水力機械, 日刊工業新聞社 (1976)
[15] 佐藤昭二, 合田良實：海岸・港湾, 彰国社 (1980)
[16] 島章, 小林陵二：水力学, 丸善 (1980)
[17] 竹中利夫, 浦田暎三：水力学例題演習, コロナ社 (1975)
[18] 谷一郎：流れ学 第 3 版, 岩波書店 (1967)
[19] 谷一郎, 小橋安次郎, 佐藤浩編：流体力学実験法, 岩波書店 (1980)
[20] 巽友正：流体力学, 培風館 (1982)
[21] 古屋善正, 村上光清, 山田豊：流体工学, 朝倉書店 (1967)
[22] 藤本武助：改著 流体力学, 養賢堂 (1971)
[23] 藤本武助：新編 流体工学大要, 養賢堂 (1968)
[24] 巻幡敏秋, 高須修二, 角哲也：応用水理工学, 技報堂 (2012)
[25] 松永成徳, 富田侑嗣, 西道弘, 塚本寛：流れ学—基礎と応用—, 朝倉書店 (1991)
[26] 森川敬信, 鮎川恭三, 辻裕：流れ学, 朝倉書店 (1981)
[27] 村田暹, 三宅裕：水力学, 理工学社 (1979)
[28] 村山堯編：航空工学概説, 日刊工業新聞社 (1976)
[29] 中山泰喜：流体の力学, 養賢堂 (1979)
[30] 西山哲男：流体力学 (II), 日刊工業新聞社 (1971)
[31] 日野幹雄：流体力学, 朝倉書店 (1979)

[32] 妹尾泰利：内部流れ学と流体機械，養賢堂 (1973)
[33] 本間仁，安芸皎一編：物部水理学，岩波書店 (1967)
[34] G.K. Batchelor, An Introduction to Fluid Mechanics, Cambridge Univ. Press (1967)
[35] Van T. Chow: Open-Channel Hydraulics, McGraw-Hill Book Co. (1959)
[36] R.I. Daugherty & J.B. Franzini: Fluid Mechanics with Engineering Applications (7th ed.), McGraw-Hill Kogakusha (1977)
[37] W.F. Durand: Aerodynamic Theory, Vol. IV, Julius Springer (1935)
[38] S. Goldstein: Modern Development in Fluid Mechanics, Vol. 1, 2, Dover Pub. Co. (1965)
[39] T. Kida, T. Take: JSME, International Journal, Ser. II, 35-2, (1992), p. 144
[40] R.S. Massey: Mechanics of Fluids (3rd ed.), Van Nostrand Reinhold Co. (1975)
[41] R.I. Mott: Applied Fluid Mechanics, Charles E. Merrill Pub. Co. (1972)
[42] R.T. Knapp, J.W. Daily & F.G. Hammitt: Cavitation, McGraw-Hill Book Co. (1970)
[43] R.M. Olsen: Essentials of Enginnering Fluid Mechanics (2nd ed.), International Textbook Co. (1966)
[44] H. Schlichting: Boundary-Layer Theory (6th ed.), McGraw-Hill Book Co. (1968)
[45] V.L. Streeter: Handbook of Fluid Dynamics, McGraw-Hill Book Co. (1961)
[46] D.J. Tritton: Experiments on the flow past a circular cylinder at low Reynolds numbers, Journal Fluid Mechanics, 6 (1975), p. 547
[47] M. Van Dyke: Perturbation Methods in Fluid Mechanics, Parabolic Press (1975)
[48] J.K. Vennard & R.L. Street: Elementary Fluid Mechanics, John Wiley & Sons (1976)

さくいん

あ 行

- 圧縮率 ・・・・・・・・・・・ 6
- 圧 力 ・・・・・・・・・・・ 16
  - ——回復率 ・・・・・・ 107
  - ——係数 ・・・・・・・・ 157
  - ——中心 ・・・・・ 26, 163
  - ——抵抗 ・・・・・ 146, 156
  - ——のエネルギー ・・・ 43
  - ——ヘッド ・・・・ 21, 43
- アネロイド気圧計 ・・・・・ 22
- アボガドロの法則 ・・・・・ 4
- アルキメデスの原理 ・・・・ 29
- 暗きょ ・・・・・・・・・・ 131
- 安 定 ・・・・・・・・・・ 30
- 一次元流れ ・・・・・・・・ 39
- 位置のエネルギー ・・・・・ 43
- 位置ヘッド ・・・・・・・・ 43
- 一様でない流れ ・・・・・・ 131
- 一様な流れ ・・・・・・・・ 131
- ウェーバ数 ・・・・・・・・ 202
- うず定理 ・・・・・・・・・ 171
- うず動粘度 ・・・・・・・・ 79
- うずなしの流れ ・・・・・・ 59
- うずのある流れ ・・・・・・ 60
- 運動のエネルギー ・・・・・ 43
- 運動量厚さ ・・・・・・・・ 149
- 運動方程式 ・・・・・ 40, 49
- 運動量の法則 ・・・・ 51, 53
- 運動量方程式 ・・・・・・・ 152
- 液柱圧力計 ・・・・・・・・ 22
- 液柱計 ・・・・・・・・・・ 22
- エネルギー勾配線 ・・・・・ 97
- エネルギー保存則 ・・・・・ 174
- エルボ ・・・・・・・・・・ 112
- 円形翼列 ・・・・・・・・・ 165
- 遠地津波 ・・・・・・・・・ 190
- オイラー数 ・・・・・・・・ 202
- オイラーの運動方程式 ・・・ 42
- オセーン ・・・・・・・・・ 161
- オリフィス ・・・・・・・・ 193
- 音 速 ・・・・・・・・・・ 122

か 行

- 開きょ ・・・・・・・・・・ 131
- 壊 食 ・・・・・・・・・・ 117
- 開水路 ・・・・・・・・・・ 131
- 海底地震 ・・・・・・・・・ 190
- 海底変動 ・・・・・・・・・ 190
- 回 転 ・・・・・・・・・・ 59
- 可逆断熱変化 ・・・・・・・ 5
- 角運動量の法則 ・・・・・・ 58
- 角振動数 ・・・・・・・・・ 187
- 火山の爆発 ・・・・・・・・ 190
- 加速度 ・・・・・・・・・・ 41
- カルマンのうず列 ・・・・・ 158
- ガンギエークッターの公式 ・ 134
- 干渉係数 ・・・・・・・・・ 165
- 完全気体 ・・・・・・・・・ 4
- 完全流体 ・・・・・・・・・ 37
- 管ノズル ・・・・・・・・・ 194
- 管摩擦係数 ・・・・・・・・ 73
- 機械的な摩擦損失 ・・・・・ 175
- 規則波 ・・・・・・・・・・ 187
- 擬塑性流体 ・・・・・・・・ 10
- 気体定数 ・・・・・・・・・ 4
- 喫 水 ・・・・・・・・・・ 30
- キャビティ ・・・・・・・・ 119
- キャビテーション ・・・・・ 117
  - ——係数 ・・・・・・・・ 118
  - ——現象 ・・・・・・・・ 117
  - スーパー—— ・・・・・・ 119
- 吸出管 ・・・・・・・・・・ 126
- 境界層 ・・・・・・・・・・ 148
- 強制うず ・・・・・・・・・ 61
- 極曲線 ・・・・・・・・・・ 164
- 近地津波 ・・・・・・・・・ 190
- クッタ-ジューコウスキーの
  定理 ・・・・・・ 168
- クッタの条件 ・・・・・・・ 170
- 群速度 ・・・・・・・・・・ 189
- 形状係数 ・・・・・・・・・ 149
- 形状抵抗 ・・・・・・・・・ 146
- ゲージ圧力 ・・・・・・・・ 21
- 限界水深 ・・・・・・・・・ 139

- 限界速度 ・・・・・・・・・ 139
- 検査面 ・・・・・・・・・・ 51
- 後 縁 ・・・・・・・・・・ 162
- 後 流 ・・・・・・・・・・ 148
- 合流管 ・・・・・・・・・・ 117
- 抗力係数 ・・・・・・・・・ 148
- 国際単位系 SI ・・・・ 2, 203
- コック ・・・・・・・・・・ 115
- コリオリの加速度 ・・・・・ 51
- コールブルックの式 ・・・・ 90

さ 行

- 最良の形 ・・・・・・・・・ 136
- シェジーの公式 ・・・・・・ 134
- 仕切弁 ・・・・・・・・・・ 113
- 指数法則 ・・・・・・・・・ 82
- 失 速 ・・・・・・・・・・ 164
- 質量流量 ・・・・・・・・・ 52
- 質量力 ・・・・・・・・・・ 17
- 射 流 ・・・・・・・・・・ 139
- 自由うず ・・・・・・・・・ 61
- 縦横比 ・・・・・・・・・・ 163
- 収縮係数 ・・・・・・・・・ 103
- 重力単位系 ・・・・・・・・ 203
- ジューコウスキーの仮説 ・・ 170
- 出発うず ・・・・・・・・・ 169
- 循 環 ・・・・・・・・・・ 62
- 状態方程式 ・・・・・・・・ 4
- 常 流 ・・・・・・・・・・ 139
- 深海波 ・・・・・・・・・・ 187
- 水圧機 ・・・・・・・・・・ 18
- 水 撃 ・・・・・・・・・・ 121
- 水車効率 ・・・・・・・・・ 175
- 水力勾配 ・・・・・・・・・ 97
- 水力勾配線 ・・・・・・・・ 97
- 水力効率 ・・・・・・・・・ 175
- 水力発電所 ・・・・・・・・ 174
- 水力平均深さ ・・・・ 92, 131
- 水 路 ・・・・・・・・・・ 131
- ストークス流れ ・・・・・・ 158
- ストークスの式 ・・・・・・ 161
- 静 圧 ・・・・・・・・・・ 44
- せ き ・・・・・・・・・・ 196

さくいん

節弦比 ・・・・・・・・・・・・・ 165
接触角 ・・・・・・・・・・・・・ 12
絶対圧力 ・・・・・・・・・・・ 21
絶対温度 ・・・・・・・・・・・ 4
全　圧 ・・・・・・・・・・・・・ 44
　——力 ・・・・・・・・・・・・ 16
前　縁 ・・・・・・・・・・・・・ 162
浅海波 ・・・・・・・・・・・・・ 187
せん断応力 ・・・・・・・・・ 8
せん断流れ ・・・・・・・・・ 60
全抵抗 ・・・・・・・・・・・・・ 146
全ヘッド ・・・・・・・・・・・ 43
総　圧 ・・・・・・・・・・・・・ 44
相似則 ・・・・・・・・・・・・・ 201
相当管長 ・・・・・・・・・・・ 113
層　流 ・・・・・・・・・・・・・ 71
　——境界層 ・・・・・・・・ 152
　——底層 ・・・・・・・・・・ 80
　——はく離 ・・・・・・・・ 160
速度分布の普遍則 ・・・ 82
速度ヘッド ・・・・・・・・・ 43
束縛うず ・・・・・・・・・・・ 170
そり線 ・・・・・・・・・・・・・ 162
損失係数 ・・・・・・・・・・・ 85
損失ヘッド ・・・・・・ 73, 85

=== た 行 ===

対数法則 ・・・・・・・・・・・ 81
体積効率 ・・・・・・・・・・・ 175
体積弾性係数 ・・・・・・・ 6
ダイラタント流体 ・・・ 10
楕円運動 ・・・・・・・・・・・ 187
玉形弁 ・・・・・・・・・・・・・ 115
ダランベールの背理 ・・・ 157
断熱指数 ・・・・・・・・・・・ 5
中心線 ・・・・・・・・・・・・・ 162
中　立 ・・・・・・・・・・・・・ 30
蝶形弁 ・・・・・・・・・・・・・ 115
長　波 ・・・・・・・・・・・・・ 187
直線翼列 ・・・・・・・・・・・ 165
直角な衝撃波 ・・・・・・・ 143
津　波 ・・・・・・・・・・・・・ 190
津波高 ・・・・・・・・・・・・・ 190
津波の伝播速度 ・・・・・ 190
抵抗係数 ・・・・・・・ 148, 163
定常流 ・・・・・・・・・・・・・ 37
ディフューザ ・・・・・・・ 106
動　圧 ・・・・・・・・・・・・・ 44
等エントロピー変化 ・・・ 5
等温変化 ・・・・・・・・・・・ 5
導水管 ・・・・・・・・・・・・・ 126
動粘性係数 ・・・・・・・・・ 8
動粘度 ・・・・・・・・・・・・・ 8
止め弁 ・・・・・・・・・・・・・ 114
トリチェリーの水銀気圧計 ・・・ 22
トリチェリーの定理 ・・・ 45

=== な 行 ===

1/7 乗べき法則 ・・・・・・ 82
波 ・・・・・・・・・・・・・・・・・ 186
波エネルギー ・・・ 176, 187
波周期 ・・・・・・・・・・・・・ 186
ニクラーゼの式 ・・・・・ 87
二次流れ ・・・・・・・・・・・ 110
ニュートンの粘性法則 ・・・ 8
ニュートン流体 ・・・・・ 8
粘性係数 ・・・・・・・・・・・ 8
粘度 ・・・・・・・・・・・・・・・ 8

=== は 行 ===

排除厚さ ・・・・・・・・・・・ 149
背水曲線 ・・・・・・・・・・・ 142
はく離 ・・・・・・・・・・・・・ 158
ハーゲン‐ポアズイユの法則 75
波高 ・・・・・・・・・・・・・・・ 186
バザンの公式 ・・・・・・・ 134
波数 ・・・・・・・・・・・・・・・ 187
パスカル ・・・・・・・・・・・ 16
　——の原理 ・・・・・・・・ 17
波長 ・・・・・・・・・・・・・・・ 186
バッキンガムの π 定理 ・ 198
発電機効率 ・・・・・・・・・ 175
発電所の出力 ・・・・・・・ 175
跳ね水 ・・・・・・・・・・・・・ 142
波浪発電 ・・・・・・・・・・・ 176
非圧縮性流体 ・・・・・・・ 5
比エネルギー ・・・・・・・ 137
比較回転度（または比速度）・・・ 176
比重 ・・・・・・・・・・・・・・・ 2
微小振幅波 ・・・・・・・・・ 189
ひずみ変形 ・・・・・・・・・ 59
比体積 ・・・・・・・・・・・・・ 4
非定常流 ・・・・・・・・・・・ 37
ピトー管 ・・・・・・・・・・・ 46
非ニュートン流体 ・・・ 10
標準気圧 ・・・・・・・・・・・ 19
表面張力 ・・・・・・・・・・・ 11
広がり管の効率 ・・・・・ 107
ビンガム流体 ・・・・・・・ 10
不安定 ・・・・・・・・・・・・・ 30
風　車 ・・・・・・・・・ 175, 184
風波 ・・・・・・・・・・・・・・・ 186
風力エネルギー ・・・・・ 175
風力発電 ・・・・・・・・・・・ 175
吹きおろし ・・・・・・・・・ 171
不規則波 ・・・・・・・・・・・ 187
復元偶力 ・・・・・・・・・・・ 30
普遍気体定数 ・・・・・・・ 4
浮揚軸 ・・・・・・・・・・・・・ 30
浮揚体 ・・・・・・・・・・・・・ 29
浮揚面 ・・・・・・・・・・・・・ 30
ブラジウスの式 ・・・・・ 87
フランシス水車 ・・・ 58, 178
プラントル‐カルマンの式 ・・・ 87
プラントルの混合距離 ・・・ 79
浮　力 ・・・・・・・・・・・・・ 29
　——の中心 ・・・・・・・・ 29
フルード数 ・・・・・・・・・ 201
ブルドン管圧力計 ・・・ 22
プロペラ水車 ・・・・・・・ 182
分岐管 ・・・・・・・・・・・・・ 117
分岐流線 ・・・・・・・・・・・ 167
分散方程式 ・・・・・・・・・ 189
平均圧力 ・・・・・・・・・・・ 16
平行移動 ・・・・・・・・・・・ 59
閉水路 ・・・・・・・・・・・・・ 131
ヘーゼン‐ウィリアムスの公式 ・・・ 135
ペルトン水車 ・・・・ 54, 177
ベルヌーイの式 ・・・・・ 43
ベンチュリ管 ・・・・ 47, 194
ベンド ・・・・・・・・・・・・・ 110
ボイルの法則 ・・・・・・・ 5
ポテンシャル流れ ・・・ 59
ボルダの口金 ・・・・・・・ 103

=== ま 行 ===

摩擦速度 ・・・・・・・・・・・ 80
摩擦抵抗 ・・・・・・・・・・・ 146
マッハ数 ・・・・・・・・・・・ 202
マニングの公式 ・・・・・ 135
密　度 ・・・・・・・・・・・・・ 2
迎え角 ・・・・・・・・・・・・・ 162
無拘束速度 ・・・・・・・・・ 180
ムーディ線図 ・・・・・・・ 90
メタセンタ ・・・・・・・・・ 30
　——の高さ ・・・・・・・・ 30

毛管現象 12
モーメント係数 163

─────── や 行 ───────

有効落差 126, 175
誘導抵抗 171
U字管圧力計 23
揚抗比 164
揚 力 147
　──傾斜 164
　──係数 163
翼 162
　──型 162
　──弦線 162
　──弦長 162
　──幅 163
　──面積 163

─────── ら 行 ───────

ランキンの組合せうず ... 63
乱 流 72
　──境界層 153
　──はく離 160
理想流体 37
流 管 38
流跡線 38

流 線 38
流体動力 125
流脈線 38
流量計 192
理論出力 175
臨界レイノルズ数 .. 72, 158
レイノルズ応力 78
レイノルズ数 72, 201
レイリーの式 120
レオロジー 10
連続の式 40

著者略歴

宮井　善弘（みやい・よしひろ）（故人）
　1944 年　大阪帝国大学工学部航空学科卒業
　1961 年　工学博士（京都大学）
　1985 年　大阪府立大学名誉教授

木田　輝彦（きだ・てるひこ）
　1963 年　大阪府立大学工学部機械工学科卒業
　1972 年　大阪府立大学工学博士
　2004 年　大阪府立大学名誉教授

仲谷　仁志（なかたに・ひとし）（故人）
　1967 年　大阪府立大学工学部機械工学科卒業
　1969 年　大阪府立大学大学院工学研究科修士課程修了
　1977 年　大阪府立大学工学博士
　1991 年　大阪府立大学助教授
　1995 年　同上退職

巻幡　敏秋（まきはた・としあき）
　1960 年　大阪工業大学工学部機械工学科卒業
　1965 年　大阪府立大学大学院工学研究科修士課程修了
　1983 年　大阪府立大学工学博士
　2005 年〜現在　（株）ニチゾウテック技術コンサルティング事業本部顧問
　　　　　　　〜大阪電気通信大学大学院客員教授

編集担当　上村紗帆（森北出版）
編集責任　石田昇司（森北出版）
組　　版　プレイン
印　　刷　エーヴィスシステムズ
製　　本　協栄製本

水力学（第 2 版）　© 宮井善弘・木田輝彦・仲谷仁志・巻幡敏秋　2014

1983 年 5 月 28 日　第 1 版第 1 刷発行	【本書の無断転載を禁ず】
2011 年 9 月 20 日　第 1 版第 28 刷発行	
2014 年 11 月 25 日　第 2 版第 1 刷発行	
2023 年 9 月 8 日　第 2 版第 5 刷発行	

著　　者　宮井善弘・木田輝彦・仲谷仁志・巻幡敏秋
発 行 者　森北博巳
発 行 所　森北出版株式会社
　　　　　東京都千代田区富士見 1-4-11（〒102-0071）
　　　　　電話 03-3265-8341 ／ FAX 03-3264-8709
　　　　　https://www.morikita.co.jp/
　　　　　日本書籍出版協会・自然科学書協会　会員
　　　　　JCOPY ＜（一社）出版者著作権管理機構　委託出版物＞

落丁・乱丁本はお取替えいたします.

Printed in Japan ／ ISBN978-4-627-66072-4